Nourrir en harmonie avec l'environnement

TROIS ETUDES DE CAS

Environment and social sciences
Environnement et sciences sociales
5

MOUTON · PARIS · LA HAYE

Nourrir en harmonie avec l'environnement

TROIS ÉTUDES DE CAS

A. Bergeret, O. Godard, H. L. Morales
S. Passaris, C. Romanini

MOUTON · LA HAYE · PARIS

Ouvrage publié avec le concours
de la Maison des sciences de l'homme, Paris

ISBN 90-279-7684-8 (Mouton, La Haye)
2-7193-0844-7 (Mouton, Paris)

Imprimé en Angleterre

Nous tenons à remercier les personnes et les institutions qui nous ont aidés dans la réalisation de cette étude :

Messieurs Boerema, Mistakidis, Pedini, Robinson et Troadex de la FAO, Division des pêches, Rome

Monsieur Ph. Sérène d'Aquaservice (France)

Docteurs A. Ballester et R. Margalef de l'Instituto de investigaciones pesqueras, Barcelona

Monsieur et Madame Jacques Rougerie du Centre d'architecture de la mer, Paris

Monsieur R. Chevrier et les pêcheurs du Languedoc-Roussillon

Monsieur Duclerc de l'ISTPM de Sète (France)

L'Institut royal des sciences naturelles de Belgique, Bruxelles

Le CNEXO (France)

TABLE DES MATIERES

I

NOUVELLES APPROCHES A LA PRODUCTION ALIMENTAIRE

Anne Bergeret, Solange Passaris

INTRODUCTION

On a souvent tendance à privilégier l'importance de quelques produits de base pour l'alimentation, principalement les céréales. Ceci conduit à penser la résolution des problèmes alimentaires en termes d'accroissement de leur production, qui se traduit en termes d'amélioration des rendements, assujettis eux-mêmes à la quantité d'inputs modernes investis : semences sélectionnées, engrais, pesticides, herbicides, etc. On aboutit ainsi à une prédominance de modèles standardisés : standards alimentaires, standards technologiques.

Les critères d'évaluation de la production agricole sont le plus souvent étroitement économiques, dans une optique de court terme, sans considération des impacts écologiques et sociaux. La Révolution Verte, parce qu'elle a suscité beaucoup d'espoirs, est exemplaire à cet égard.

Or, les situations sont variées, les solutions sont variées, pour respecter à la fois les contraintes d'environnement, assurer les besoins de production et de consommation, et être accessibles aux couches de la population les plus défavorisées.

L'écodéveloppement cherche à promouvoir des techniques de production qui satisfassent à cette diversité. Faire de l'écodéveloppement c'est aussi aider les populations à s'organiser et à s'éduquer en vue de la meilleure utilisation possible des ressources propres à leur milieu pour satisfaire à leurs besoins. L'écodéveloppement ne se définit donc pas seulement sous l'aspect écotechniques mais également par son aspect institutionnel, culturel et social. Par *écotechniques* il faut entendre des techniques de production de biens et de services destinées à satisfaire les besoins des populations locales, et adaptées aux conditions économiques, sociales et écologiques : ces techniques s'attachent donc à mettre en valeur le milieu local considéré comme un potentiel de ressources, et tout particulièrement les ressources dites renouvelables. Cette exploitation, évidemment doit s'opérer en veillant au respect des grands cycles écologiques qui sont la condition même de la renouvelabilité de ces ressources.

Trop souvent en effet, l'agriculture s'est orientée vers une spécialisation, vers une activité unique, en sacrifiant le jeu des complémentarités qui répond simultanément aux exigences écologiques et aux besoins productifs des paysans, au premier chef en matière d'alimentation.

C'est pourquoi notre étude s'est fixée comme objectif de montrer qu'il peut exister des alternatives variées en matière de production alimentaire en dehors des paradigmes dominants.

Ces solutions dépendent des contextes spécifiques dans lesquels elles doivent s'inscrire, et peuvent faire appel aux connaissances et techniques traditionnelles, comme à des recherches scientifiques et techniques plus ou moins poussées. Il n'est donc pas question ici de bâtir une stratégie mondiale alternative en matière de production alimentaire, mais d'illustrer, au travers d'exemples provenant essentiellement de la littérature comment, dans certains cas, les besoins alimentaires ont été, sont, ou pourraient être satisfaits, compte tenu des ressources localement disponibles et d'une gestion harmonieuse de l'environnement.

Nous aborderons d'abord, dans le premier chapitre, les problèmes de la gestion des ressources de base de la production alimentaire. Puis nous examinerons en deuxième chapitre les possibilités de réévaluation du potentiel de ressources alimentaires, végétales, animales, aquatiques, qu'elles soient traditionnelles ou nouvelles. Le troisième chapitre portera sur le choix des techniques dans la chaîne de production : critères de choix, alternatives énergétiques, filières technologiques. Enfin, nous amorcerons une approche des systèmes de production fondée sur l'intégration des écotechniques propres à assurer la production nécessaire aux besoins alimentaires, tout en garantissant le renouvellement de la base de production.

1 GESTION DES RESSOURCES ET ENVIRONNEMENT

La notion d'écodéveloppement repose sur une prise en compte intégrale de l'environnement sous le double angle des contraintes et des potentialités. La production d'aliments, qui est l'un des objectifs fondamentaux du développement, s'appuie essentiellement sur les ressources offertes par l'environnement naturel dont elle tire son substrat. Néanmoins, dans le choix des modes d'exploitation de ces ressources, davantage d'attention doit être portée à la gestion des écosystèmes au coeur desquels ces ressources s'inscrivent. Ainsi, ils pourront se perpétuer, voire améliorer leur potentiel productif à long terme.

Les facteurs de production essentiels, la terre, l'eau, les engrais qui sont à la base de la production agricole sont en quantité limitée relativement à l'expansion démographique, facteur limitant important pour la production alimentaire dans les années à venir. Or, on assiste dans de nombreux cas à un gaspillage de ces ressources conséquent à une mésutilisation ou une mauvaise gestion. Il importe de substituer à une gestion étroitement productiviste une gestion pluridimensionnelle qui n'oublie pas les impératifs de reproduction du milieu naturel. Par ailleurs, la façon d'utiliser ces facteurs de production est l'expression d'une organisation socio-économique et de choix culturels. D'une part une hiérarchie de choix s'impose quant à leur utilisation qui implique des arbitrages, d'autre part, la conception même des ressources utilisables ou non et de techniques ad hoc peut ou doit, dans certains cas être transgressée.

1.1 LES TERRES

La plupart des terres fertiles sont déjà utilisées par l'agriculture. Les estimations globales des terres que l'on pourrait mettre en culture varient de 2.254 millions d'hectares cultivables selon la FAO (FAO 1974a) à 2.900 millions d'hectares selon le spécialiste américain Revelle (Revelle 1974) soit 22% des sols terrestres ou le double de la surface actuellement cultivée.

Mais, il faut tenir compte du fait que l'homme, par son action inconsidérée, détruit des terres cultivées ou cultivables : érosion, inondations, salinisation, alcalinisation, altération des constituants organiques forment autant de systèmes "miniers" d'exploitation agricole et forestière. Selon une estimation du Programme des Nations Unies pour l'Environnement (PNUE), le nombre d'hectares de terres agricoles perdus chaque année par suite d'activités humaines orientées vers une rentabilité économique à courte vue (infrastructure, urbanisation, industrie, techniques agricoles non adaptées) est tel qu'il conduirait à une perte de 10 millions d'hectares avant la fin du siècle (UNEP 1975, p. 45).

Un récent rapport suédois aboutit à cette conclusion que l'actuelle désertisation au Sahel est due principalement à l'action de l'homme : surpâturage, excès de culture, coupe de bois, feux. La charrue à disque détruit toute végétation pérenne et laisse le sol à nu exposé aux diverses formes d'érosion. On a mesuré des pertes de 12mm de sol par an et parfois plus, dues à l'action de cette charrue dans des terres semi-arides. Au bout de quelques années, ces sols deviennent stériles par suite de l'amputation subie, à laquelle s'ajoute désormais une incapacité à retenir l'eau et les constituants organiques (Rapp 1974).

Cet exemple illustre comment, à côté de la croissance démographique trop souvent invoquée, la pression sur les terres cultivées devient d'autant plus forte que la culture vivrière a été dans de nombreux cas dépossédée des meilleures terres au profit des cultures liées au commerce international (coton, arachide, café, etc...), contraignant à une utilisation croissante de terres marginales. Ainsi, l'expansion de l'agriculture sur des pentes trop fortes a entraîné une grave érosion en Indonésie et dans d'autres pays. L'agriculture itinérante sur brûlis, qui, dans son principe, respecte un cycle écologique suffisant pour permettre la reconstitution du milieu avec des rendements souvent satisfaisants (en termes d'énergie et de travail) aboutit, lorsque la durée nécessaire à la régénération ne peut plus être respectée, à la destruction de la forêt et à l'appauvrissement accéléré des sols comme on a pu l'observer notamment aux Philippines et en Afrique tropicale. Il y aurait ainsi de nombreux exemples à citer : surexploitation dans certains cas de sociétés traditionnelles, inconséquences écologiques de l'agriculture moderne résultant de l'optique des rendements à court terme qui sacrifient les coûts environnementaux à long terme.

Il est clair qu'une réaffectation de sols doit être réalisée en donnant la priorité à la production alimentaire, et que des changements technologiques radicaux doivent être opérés pour obtenir des modes de production adaptés, respectant les contraintes écologiques tout en assurant la conservation des ressources.

Les principaux moyens d'action suggérés dans le cadre du projet n° 3 du MAB, Programme sur l'Homme et la Biosphère (UNESCO) pour préserver le capital biologique des zones arides au nord du Sahara vont dans ce sens. Ils visent :

- à corriger les dégradations découlant des technologies agricoles, en limitant l'agriculture aux espaces où elle ne risque pas d'entraîner l'érosion des sols, en rationalisant les modes d'exploitation des terres irriguées, en intégrant les productions en provenance des systèmes pastoraux extensifs et des systèmes agricoles intensifs, et en adoptant des techniques alternatives adaptées au savoir-faire des populations comme aux caractéristiques des milieux
- à atténuer, voire supprimer les effets du surpâturage en constituant des réserves fourragères, en jouant sur la diversité de composition et de structure des troupeaux d'animaux domestiques et sauvages, en adoptant des systèmes de pâturage en rotation, ce qui suppose un changement et un renforcement des modes d'organisation des éleveurs dont il convient de tenir compte en priorité
- à atténuer ou supprimer le déboisement des espèces pérennes utilisées comme combustible domestique, notamment en étudiant les possibilités d'utilisation de nouvelles formes d'énergie, solaire ou éolienne par exemple.

"Mais, souligne Gilbert Long, coordinateur du projet, il faudrait se garder de croire à l'efficacité de l'une ou l'autre des solutions proposées, si un plan d'ensemble n'est pas établi qui veille à équilibrer les fonctions des divers compartiments de l'écosphère et qui prennent tout particulièrement en considération les phénomènes qui se manifestent aux interfaces entre les divers systèmes (abiotique, écologique, biologique, socio-économique)" (Long 1975).

Le programme brésilien de reforestation constitue à cet égard un exemple d'autant plus riche d'enseignements que la revalorisation des sols appelle en effet un reboisement approprié. Le défrichement d'une importante partie de la forêt native pour la remplacer par des pâturages a eu des effets nocifs sur la faune et la flore laissant prévoir des conséquences dramatiques à plus long terme. La rétention de l'eau est diminuée et l'érosion du sol s'accroît à un rythme tel qu'elle perturbe les réseaux hydrographiques et la distribution des pluies. Les compagnies privées chargées de la reforestation reboisent en pins ou en eucalyptus, espèces totalement étrangères à l'écosystème amazonien qui par sa diversité et sa complexité est peut-être la plus riche du globe ; la faune et la flore originelles réduites presque à néant se trouvent remplacées par une prolifération d'insectes provenant des forêts d'eucalyptus (Kerr 1974).

La reforestation pose en effet le problème du choix des espèces : il s'agit de faire appel non seulement à des espèces appropriées à l'écosystème, mais aussi socialement utiles. Dans les zones arides par exemple, l'on aura avantage à préférer des espèces fourragères : arbres et arbustes fourragers (Le Houerou 1975).

En outre, la reforestation ne peut se concevoir hors de la dimension sociale, qui suppose souvent une mobilisation de main-d'oeuvre. L'expérience montre que les masses paysannes sont d'ordinaire peu concernées par un travail gratuit dont elles ne pourront apprécier le bénéfice qu'à très long terme parfois, ou lorsque la structure agraire est telle qu'elles ont peu d'espoir d'en retirer des fruits. Leur mobilisation ne peut résulter que d'un consensus social tel qu'on peut l'observer notamment dans le cadre de la Chine populaire. Néanmoins, lorsque des conditions favorables sont réunies, c'est-à-dire lorsque l'on se trouve dans une région caractérisée par une structure socio-économique relativement égalitaire et homogène, et que les paysans perçoivent le bien-fondé d'une intervention pour assurer la conservation et le maintien de la fertilité des sols, on peut assister à une mobilisation pour des actions collectives. C'est ce qu'illustre un exemple à Madagascar, dans la région de Soanindrariny, où des opérations de reboisement ont été prises en charge par des associations paysannes regroupant les petits cultivateurs.

L'écodéveloppement ne consiste pas seulement en une gestion soucieuse des contraintes écologiques des ressources exploitées. Il ouvre aussi de nouvelles possibilités de mise en valeur de ressources. L'association : production d'aliments-agriculture-terres cultivées se révèle trop restrictive. Des milieux très diversifiés, un très large éventail de techniques peuvent servir de support à la production alimentaire.

A cet égard, les forêts offrent diverses possibilités : agrisylviculture, élevage et agriculture, faune sauvage gérée, semi-élevage, pisciculture-sylviculture, extraction de protéines de feuilles, etc.

Les terres inondées et les marécages, usuellement considérés inexploitables, peuvent se prêter à l'aquiculture (voir partie III).

Les déserts peuvent devenir des potagers à hauts rendements, comme le prouve l'exemple d'Abu-Dhabi. Sur une zone désertique en bordure de mer a été installée une unité de dessalement d'eau de mer qui permet l'irrigation de deux hectares et demi de sable couvert de films de plastique. On produit ainsi une tonne par jour en moyenne de légumes de haute qualité dont les rendements sont, comparés à ceux des champs américains, quatre fois supérieurs pour les tomates et cinq fois pour les concombres (Hodges 1975).

Les zones arctiques également devraient présenter un potentiel productif, à condition que les tentatives de développement sortent du cadre des modes d'exploitation de l'agriculture des zones tempérées, qui consiste pour l'essentiel à introduire des espèces étrangères aux écosystèmes polaires. Certains spécialistes envisagent l'élevage ou le semi-élevage du caribou, peut-être du boeuf musqué, du bison, du yack, du renne ou du mouton. Les recherches sur la mise à profit des pâturages de la toundra et de la toundra forestière, et des longs jours de l'été arctique pour l'agriculture de plein air ou de serre, demeurent encore très limitées. Cette lacune laisse entrevoir des possibilités peu exploitées jusqu'à présent (Le Jeune 1974).

A la limite, on pourrait même produire des aliments dans des milieux totalement artificialisés. Des Autrichiens ont proposé la création de tours maraîchères à l'intérieur même des villes, avec un système de culture hydroponique. Les citadins pourraient ainsi bénéficier de produits plus frais et d'un système de dépollution de l'air de leurs zones d'habitation grâce à l'échange d'oxygène et de gaz carbonique entre les tours maraîchères et les immeubles mitoyens, à la faveur d'un système d'air conditionné (Rthner 1974). Aux Etats-Unis, les expériences du Groupe de Technologie Communautaire (Community Technology) témoignent aussi de possibilités de production alimentaire en milieu urbain (Hess 1975).

Bien que l'avenir de la bio-industrie soit encore incertain, d'ores et déjà on peut produire des substances alimentaires de façon tout à fait artificielle. Certaines expériences n'en sont encore qu'à un stade expérimental ; d'autres, comme les cultures de protéines, en sont déjà à un stade de production industrielle.

Certes, parmi les exemples que nous venons de citer, certains sont très sophistiqués et impliquent des investissements élevés, tandis que d'autres sont peu coûteux. Mais, l'idée sur laquelle nous voudrions insister ici, c'est que la production d'aliments ne repose pas uniquement sur l'agriculture, mais qu'il peut exister des solutions très diverses adaptées aux différents milieux écologiques, tenant compte des divers niveaux de développement des forces productives - disponibilités en ressources, en capital et en technologie - et des spécificités culturelles.

1.2 L'EAU

Avec la terre et l'énergie solaire, l'eau est assurément l'un des éléments-clé de la production alimentaire. L'intensification aussi bien que l'utilisation des terres marginales dépend étroitement du contrôle de l'eau tant en volume qu'en accès en temps opportun. L'intensification rend possible une meilleure expression de potentialités naturelles sous réserve d'une conservation et amélioration des ressources en terre et en eau.

L'eau peut être considérée sous un double aspect : comme un facteur du processus de production agricole, et comme un milieu propre à l'exploitation de nouvelles ressources alimentaires (aquiculture).

Nous l'aborderons ici sous le premier angle et sous cet aspect, la gestion de l'eau comporte trois volets :

- le contrôle de l'eau
- le développement de nouvelles ressources en eau
- une meilleure efficience de l'exploitation de l'eau disponible.

1.21 *Contrôle de l'eau*

Bien que, depuis le début de ce siècle, les superficies en terres irriguées aient été multipliées par quatre et atteignent aujourd'hui 190 millions d'hectares, un contrôle satisfaisant de l'eau dans ces zones irriguées demeure le plus souvent très imparfait. En agriculture irriguée, des récoltes médiocres peuvent résulter d'un manque comme d'un excès d'eau. Un important gaspillage en découle, gaspillage qui entraîne des déséquilibres écologiques, tels la salinisation ou l'alcalinisation des sols, ou bien des maladies humaines comme la bilharziose aux graves conséquences sur la santé et les possibilités de travail.

Nombreux ont été les grands projets prestigieux, vastes barrages et grands canaux, souvent construits à grand frais par des entreprises étrangères. En dépit de l'expérience considérable acquise dans ce domaine, de sérieuses difficultés de management de ces grands ouvrages subsistent : ils concernent à la fois les réservoirs et les systèmes hydrographiques tant en aval qu'en amont. Cependant, les problèmes de sédimentation sont plus importants pour les petits barrages que pour les grandes retenues d'eau. Mais le captage des eaux expose de vastes surfaces à un niveau de basses eaux qui entrave les implantations humaines, l'agriculture et la pêche. Nulle part sous les tropiques un programme de réinstallation de population ne s'est révélé jusqu'ici pleinement satisfaisant. Habituellement, les coûts sociaux, économiques et écologiques ont été considérablement sous-estimés au départ. On peut citer par exemple le développement de la bilharziose (ou schistosomiase) qui illustre l'impact nocif de choix techniques hasardeux (Lemma 1973). Les bénéfices ne sont pas davantage évalués de manière satisfaisante.

A cet égard, les décisions devraient se fonder sur la prise

en considération de l'ensemble des effets induits par l'ouvrage projeté, une attention spéciale devant s'attacher à la prévision des impacts sur l'environnement et la santé publique. D'importantes modifications peuvent affecter la nature physique, chimique et biologique des eaux tant en amont qu'en aval. Les problèmes de sédimentation, la dynamique de la végétation aquatique (risques d'infestation et d'eutrophisation), les changements concernant la vie aquatique et ses répercussions sur les poissons comestibles, les modifications des eaux souterraines constituent autant de points d'investigation préalable. Le coût prévisionnel de ces études, des déplacements de population, les risques de maladies transmissibles par des vecteurs aquatiques et le coût de leur prévention, l'ensemble d'infrastructures nécessaires aux besoins futurs des populations transplantées doivent faire l'objet d'évaluations prospectives (The Institute of Ecology 1973).

En définitive, compte tenu du niveau souvent élevé de ces coûts sociaux, économiques et écologiques, une stratégie soucieuse d'optimisation aura avantage à identifier d'abord les autres alternatives possibles à ces grands travaux.

1.22 *L'exploitation de nouvelles ressources en eau*

Les nouvelles ressources en eau éventuellement utilisables pour l'agriculture sont essentiellement les eaux salées et saumâtres. Certains ont formé le projet d'utiliser les ressources des glaces polaires et ont même pensé à acheminer des icebergs près de leurs côtes, mais à l'heure actuelle de tels projets ne peuvent paraître que fantasmatiques.

Le dessalement de l'eau de mer à des fins d'irrigation. En Arizona, une unité expérimentale utilise un procédé fonctionnant au fuel comme dans l'émirat d'Abu Dhabi ; en Israël, des projets proposent l'emploi de l'énergie nucléaire. Un dessalement faisant appel à ce type de technique est assurément très coûteux . Il existe néanmoins à l'échelle des besoins familiaux ou villageois des procédés faisant appel à l'énergie solaire dont le coût est beaucoup plus accessible (voir 3.4).

L'utilisation des eaux saumâtres. De prometteuses expériences d'irrigation avec de l'eau de mer ont été accomplies sur les côtes des mers Noire, Caspienne et Baltique. En Estonie, un système s'étendant à 50.000 acres irrigués est en cours de réalisation. Plusieurs pays poursuivent des recherches dans ce sens. Les eaux saumâtres, assez fréquentes en zones arides, pourraient devenir la base d'une agriculture appropriée. Diverses espèces telles que le blé, la betterave à sucre, les tomates ainsi que d'autres espèces moins connues s'accommodent d'une eau avec une teneur de 3.000 mg de sel par litre (National Academy of Sciences 1974, pp. 38-44). Nous reviendrons plus loin sur ce point (3.3). Outre la mer, les réserves d'eaux fossiles, souvent caractérisées par une forte teneur en sels minéraux (donc impropres à la consommation sous forme d'eau potable) pourraient être mises à profit pour l'irrigation en ayant recours à des techniques minières de forage. D'importantes réserves d'eau fossile saumâtre existeraient dans le Sahara, le Sinaï, le Négev et le désert de Nubie (Valery 1972).

1.23 *Une meilleure efficience de l'exploitation de l'eau*

Cela nécessite un arbitrage entre les différents usages et une réglementation adéquate précisant les modes d'utilisation et de rejets. Il convient de souligner ici l'importance d'une gestion globale, c'est-à-dire plurisectorielle. Selon les degrés de pureté exigés pour les différents usages, une rotation de l'eau devrait pouvoir être envisagée. Par exemple, l'eau potable, après avoir servi à des usages urbains, pourrait être utilisée ensuite comme eau de refroidissement industriel, et terminer enfin son cours comme eau d'irrigation.

L'on sait le rôle essentiel joué par l'irrigation dans la production agricole mondiale : en climat semi-aride, la différence de rendement entre une terre cultivée en sec et une terre irriguée est de l'ordre de 1 à 5 parfois même de 1 à 10. Néanmoins, les pertes dues aux pratiques inadaptées d'irrigation sont élevées. Les estimations font apparaître que, dans la plupart des réseaux, la quantité d'eau qui parvient effectivement aux champs cultivés ne représente que 40% du total. Il suffirait d'une amélioration de 20% de l'efficacité de l'irrigation dans le monde pour économiser de quoi irriguer 28 millions d'hectares supplémentaires par an (Saouma 1972). L'action devrait porter en priorité sur le contrôle de l'évaporation dans les canaux d'irrigation et les réservoirs, et sur le contrôle de l'eutrophisation qui entraîne une prolifération d'herbes et algues qui obstruent retenues d'eau et canaux. Pour acheminer l'eau d'irrigation, des tuyaux souterrains seront souvent avantageux. Des matériaux de fabrication peu onéreuse seront envisagés chaque fois que possible : terre cuite vernissée, ferrociment, etc.

Là où l'irrigation n'a pas encore été mise en place, divers modes de petite irrigation (voir plus loin) associés à des ouvrages de petite hydraulique (petites retenues d'eau multiples...) constituent des alternatives qui méritent un examen attentif. En effet, ce type de solution peu spectaculaire présente de nombreux avantages : coût d'investissement peu élevé, brefs délais d'entrée en production (à comparer avec les années préalables à la mise en service des grands barrages), recours à la force de travail et d'ingénierie locale, économie de devises, meilleure adéquation aux besoins et gestion ultérieure plus aisée par les utilisateurs-constructeurs. En revanche, l'irrigation de conception étrangère est toujours une technique chère, souvent associée à une technicité agricole contraignante, à un encadrement dense et à des cultures commerciales exportées. Ce type d'option mérite donc réflexion et doit être mis en balance avec d'autres alternatives.

Si l'on tient compte en outre du fait que d'autres pertes en eau sont liées à la structure foncière et organisationnelle inégalitaire en place, l'on conçoit que la petite hydraulique construite par les paysans en morte-saison, avec un appui technique ou financier éventuel, permette une prise en charge, par l'ensemble des intéressés de statut socio-économique analogue, d'une gestion plus efficace du réseau d'irrigation, et constitue probablement la seule alternative rapide pour parvenir au contrôle effectif de l'eau. La condition essentielle du succès réside dans une structure suffisamment égalitaire des parcelles irriguées et dans un soutien actif - mais non assorti d'une tutelle contraignante - des pouvoirs publics aux organisations paysannes de gestion.

Des projets d'irrigation mal conçus ou mal contrôlés peuvent provoquer des phénomènes d'érosion, de latéritisation, d'alcalinisation, d'envasement des canaux et des réservoirs, des maladies endémiques, le déséquilibre des écosystèmes aquatiques, la destruction de centaines d'espèces et la prolifération d'espèces indésirables (IUCN 1974 & 1975, pp. 207-222). Tout en évitant ces dégradations, il s'agit de trouver des solutions qui évitent les pertes en eau, et de déterminer le seuil de rentabilité optimal par unité d'eau fournie aux cultures. Un cas exemplaire d'utilisation efficiente des ressources en eau est celui d'Israël, où la production agricole a presque doublé depuis 1961 sans augmentation importante de la consommation d'eau (Klatzman 1975).

La lutte contre les pertes d'eau par évaporation peut aussi être efficacement recherchée par des pratiques culturales appropriées. L'une d'elle, récemment expérimentée avec succès en Afrique, consiste à enfouir des coques d'arachide (ou, probablement, tout autre matière organique lignifiée hachée) à raison d'environ 15 tonnes à l'hectare. Cette incorporation au sol de coques et/ou de compost provoque un doublement des rendements. Sachant que l'évaporation au cours des premières semaines de la végétation représente le facteur de loin le plus important de l'évapotranspiration, un contrôle même partiel de l'évaporation met à la disposition des plantes des quantités d'eau très significatives par rapport à leurs besoins. Car si la croissance perdue pendant les premières semaines de végétation ne se rattrape pas, inversement, tout gain de croissance aux stades jeunes se traduit normalement (sauf accident écologique) par une augmentation de production (Billaz 1975b).

Souvent négligé depuis la période coloniale, comme l'a montré Elizabeth Whitcomb (1974) le drainage est tout aussi indispensable que l'irrigation et remédie aux risques liés à l'usage de celle-ci. Pour sa conception, il sera fréquemment avantageux de l'étudier conjointement avec la lutte contre les inondations qui peut être obtenue par un vaste ensemble de petits travaux de reboisement, écrans végétaux, petites dérivations et retenues d'eau multiples réalisés durant les morte-saison agricoles (Henle 1974, pp. 138-139). Ces travaux qui améliorent la productivité agricole et la mettent à l'abri des risques, créent des emplois et assurent la maîtrise et la conservation des sols et des eaux.

De même, des précautions doivent être prises en ce qui concerne la construction de puits et forages en zone aride, afin d'éviter les effets négatifs pour l'environnement et les populations à moyen et long terme. L'exemple du Sahel est malheureusement significatif de telles erreurs découlant d'une approche sectorielle. On y installa des forages équipés de stations de pompage au débit bien plus important que ceux des puits traditionnels, construits et entretenus par les éleveurs. Ces forages permirent un abreuvement abondant pour de nombreuses bêtes. Mais cela entraîna une forte concentration du bétail auparavant plus dispersé, autour de ces forages. Les abords furent dévastés : le surpâturage et les piétinements supprimèrent toute végétation. Ainsi ces forages entraînèrent autour d'eux autant de déserts. Pour les troupeaux l'alternative devint alors de mourir de soif au milieu de beaux pâturages, ou mourir de faim aux abords des forages. Entre temps, les réseaux de puits traditionnels à débit réduit, délaissés, non entretenus, s'éboulaient (Bugnicourt *et al.* 1975).

En revanche, dans le Sahara algérien, les stations de pompage installées pour permettre principalement l'extension de la culture irriguée de luzerne, n'ont été utilisées qu'à 10 ou 30% de leur capacité, bien que l'eau soit un facteur limitant. En effet, les fellah de la région ont délibérément préféré perpétuer le système traditionnel local de la rhétarra (drain constitué d'une galerie à hauteur d'homme qui vient capter l'eau d'une nappe de 10 à 20 mètres de profondeur), système conçu, construit, entretenu et géré par l'ensemble du groupe, fournissant à chacun à tour de rôle, une eau gratuite en proportion du travail d'entretien fourni. On remarque que les fellah ont préféré ce système avec toutes ses imperfections et ses obligations, à la fourniture d'une eau par une technique exogène et hors de leur contrôle, payable en espèces, et induisant des rapports marchands (Menesson 1972).

Ces deux exemples mettent en relief l'importance du cadre institutionnel et des choix techniques dans la disponibilité et le contrôle de l'eau. Les modalités d'exploitation des réseaux d'adduction d'eau agricole sont définis par une législation ou un droit coutumier qui précise les conditions d'utilisation. Une réglementation adaptée devrait prendre en considération tous les aspects techniques, économiques, financiers, socio-culturels et écologiques de l'utilisation de l'eau. Dans bien des cas, l'on constate que la réglementation en vigueur renforce les inégalités sociales et l'inégalité des structures foncières.

L'eau est l'un des facteurs dynamisant du développement rural à condition que les choix techniques soient effectués en tenant compte de l'extrême variété des situations écologiques et sociales, comme des solutions alternatives.

1.3 LES ENGRAIS

Il est hors de doute que les engrais sont indispensables à l'accroissement de la productivité agricole : dans les années récentes, 30 à 40% de cet accroissement aux Etats-Unis a été imputable à une utilisation croissante d'engrais industriels. Pour les pays du Tiers Monde, cet accroissement serait de l'ordre de 50% (Wittwer 1975). Néanmoins, leur usage insuffisamment modulé en fonction des besoins spécifiques des plantes a souvent entraîné des détériorations des écosystèmes : eutrophisation des eaux due aux résidus des engrais phosphatés et azotés, excessive concentration de nitrites dans l'eau, responsable de maladies chez les enfants et chez les jeunes ruminants (méthémoglobinémie), persistance de résidus dans les aliments, perturbations des pêcheries, pollution des eaux souterraines (Alexander 1974).

La situation actuelle se caractérise par une répartition irrationnelle et inéquitable de l'engrais : une grave sous-utilisation d'engrais minéraux là où sévit la sous-alimentation et où des quantités modiques pourraient engendrer les accroissements les plus considérables ; sur-utilisation des fertilisants industriels là où l'on atteint des rendements décroissants et des effets toxiques. Selon la FAO, 78% des engrais mondiaux sont utilisés par les pays développés dont la population représente seulement 30% de la population mondiale (FAO 1974b).

Une meilleure répartition de l'engrais et son accessibilité aux pays du Tiers-Monde et en particulier aux petits paysans, d'autant plus difficile aujourd'hui depuis le quadruplement du prix des engrais azotés de 1971 à 1974, devrait se fonder sur la recherche des taux d'efficience optimum. En effet, 50% seulement de l'azote et 30% du phosphate appliqués sous forme d'engrais sont effectivement utilisés par les plantes (Wittwer 1975). Des recherches récentes ont permis de mieux apprécier les besoins en engrais - concentration et proportions relatives des nutrients (NH_4/NO_3 ratio) - pour un accroissement de productivité optimum. Des expériences peu nombreuses mais rigoureuses permettent de déterminer pour chaque espèce le programme de fertilisation optimal, programme qui demeure toujours valide pour l'espèce concernée. Ces expériences ont mis en évidence des possibilités de production requérant des quantités sensiblement moindres que certaines applications actuellement en usage ou conseillées. Habituellement, les récoltes font apparaître une courbe de réponse optimale à partir d'un certain niveau de nutrients dans la zone raciniaire et à l'intérieur de la plante. Au-delà de ces niveaux optimaux se situent la zone d'excès qui est atteinte d'abord avec "l'apport de luxe", puis la zone de toxicité, toutes deux liées à une fourniture d'engrais excessive (Ingestad 1974).

Cette maîtrise des conditions est plus aisée à réaliser dans le cas de l'agriculture hydroponique et dans les serres. Mais la maîtrise de la fertilisation minérale des sols agricoles, par les quantités d'engrais industriels qu'elle met en jeu, revêt un caractère d'urgence plus aigü. Il importe en outre, de prendre en considération l'ensemble des aspects de la fertilité des sols : hydrique, physique, minérale, organique, biologique... étant entendu que ces divers aspects sont interdépendants. A cet égard, les données montrent qu'un sol tropical qui ne reçoit que des engrais chimiques perd environ 75% de sa substance organique originelle après dix années de culture (Dhua 1975). Bien que la perte de matière organique soit un problème moins grave pour les sols tempérés, de nombreuses expérimentations ont fait ressortir le lien entre la structure organique des sols et les rendements.

A l'inverse, si les engrais organiques fournis en quantités suffisantes apportent la plupart des éléments nécessaires, toutefois ils ne permettent pas de remédier aux carences précises. Un usage combiné d'engrais organiques et minéraux, tenant compte à la fois des besoins des plantes et des sols, peut seul permettre le meilleur usage des quantités limitées disponibles, un bon rendement et la conservation du milieu. Pour leur part, les pays du Tiers Monde peuvent tirer avantage d'une réévaluation des possibilités d'utilisation d'engrais organiques sous de multiples formes. La spécialisation des activités agricoles qui entraîne une dissociation de l'agriculture et de l'élevage, constitue évidemment un handicap à une utilisation conjointe d'engrais minéraux et organiques.

On peut dénombrer cinq sources principales d'engrais organiques :

- les composts urbains
- les composts ruraux
- les déjections animales

- les eaux usées des agglomérations et des industries agro-alimentaires
- les déchets et résidus organiques (des abattoire, etc.).

En Inde, environ la moitié des bouses de vache produites annuellement dans le pays sont utilisées comme combustible. Convenablement traitées, elles pourraient fournir plus de 2 millions de tonnes d'azote. L'on évalue à 657 millions de tonnes le potentiel de production de compost urbain (Dhua 1975). Une stratégie s'impose pour mettre à profit les diverses sources de fertilisants organiques, et pour surmonter les problèmes de collecte, transport, fermentation, etc.

D'autres alternatives offrent d'autres moyens de limiter le recours aux engrais industriels minéraux :

- l'utilisation des engrais verts : on estime qu'un semis de trèfle "sweet clover" en rotation avec une culture de blé, enterré un an après, fournit environ 170 kg d'azote par hectare au sol (Pimentel 1973).
- un plus large recours aux légumineuses qui possèdent la propriété de fixer l'azote de l'air grâce à leur association symbiotique avec des bactéries les rhizobium fixés en nodules auprès de leurs racines. Les légumineuses grâce à cette association n'ont pas besoin d'un apport extérieur d'engrais azotés et possèdent la propriété d'être généralement riches en protéines. De plus, au cours de cette association une partie de l'azote fixé est exporté dans le sol.

  Diverses formes d'association peuvent être mises à profit : cultures en mélange et intercalaires, cultures de couverture de sol (légumineuses sous les cocotiers...), cultures de mil ou d'arachide associées avec des légumineuses hautes comme les Faidherbia, culture d'herbacées et de légumineuses basses fourragères sous les arbres légumineux dans un but d'élevage...autant de possibilités sur lesquelles nous reviendrons en quatrième partie.

  Il est possible d'améliorer et les rendements des légumineuses et l'exportation d'azote dans le sol, le l'on possède des souches de rhizobium particulièrement efficaces, ce qui implique un travail de recherche pour la sélection de souches. On peut alors procéder à l'inoculation du champ ; les rhizobium se présentent sous la forme d'une poudre blanche que l'on dispose sur le sol. Ce procédé peu coûteux d'après les cas où il a été expérimenté est extrêmement efficace et permet d'appréciables résultats (Inra 1971 ; Guichaumaud & Obaton 1973).
- la culture d'algues bleues dans les rizières, pratique courante dans divers pays asiatiques, assure une fixation symbiotique de l'azote analogue à celle des rhizobium associés aux légumineuses, qui peut atteindre jusqu'à 100 kg d'azote

en 120 jours de végétation (Billaz 1975b).

- l'association pisciculture-agriculture fournit aux cultures une eau d'arrosage ou d'irrigation enrichie en éléments organiques. L'empoissonnement des rizières favorise l'accroissement des rendements en riz, car le poisson ramollit le sol et facilite la décomposition des engrais, créant ainsi de bonnes conditions pour la croissance du système racinaire du riz (Morales 1975).

L'usage des engrais est à repenser, tant pour le maintien de la fertilité du sol que pour assurer une bonne productivité des cultures en fonction des milieux écologiques, des choix techniques et des contextes socio-économiques. Les recherches et expérimentations montrent que de multiples sources d'engrais organiques accroissent l'efficience des engrais chimiques. Sans s'y substituer totalement, ils permettent du moins de limiter sensiblement la dépendance des engrais industriels rares et chers. La fixation biologique de l'azote offre également de grandes possibilités à cet égard.

1.4 GESTION INTEGREE DES RESSOURCES : LE RECYCLAGE DES DECHETS

Dans le processus de production, les ressources consommées ne sont que partiellement transformées pour l'obtention du produit désiré ; le reste devient déchet polluant s'il n'est pas recyclé. En particulier dans l'agriculture, plus l'activité est spécialisée, plus le milieu est artificialisé et l'écosystème simplifié. Ainsi les effluents de l'élevage sont dissociés des champs à fertiliser, la céréaliculture ne fournit plus de litière pour les animaux, les pailles ne sont pas enfouies dans le sol pour en améliorer la structure organique, mais sont généralement brûlées, etc. On aboutit souvent dans l'agriculture moderne à une situation de monoculture où les herbicides éliminent les mauvaises herbes ; les espèces génétiques à haut rendement sont facilement décimées par les insectes, les maladies ; les terres agricoles dénudées sont privées des arbres, des haies ou des herbes qui favorisaient la reproduction d'oiseaux ou d'insectes bénéfiques ; les insectes nuisibles prolifèrent alors librement sans être attaqués par leurs prédateurs naturels. La simplification de l'écosystème agricole élimine des maillons de la chaîne biotique, laissant des vides source d'instabilité. Pour sa survie, le système agricole devient toujours plus dépendant de larges inputs industriels.

Les déchets jouent un rôle essentiel dans le cycle de la matière. C'est parce que tout est recyclé que l'économie de la nature se perpétue. En isolant les déchets des processus de production primaire et secondaire dans les écosystèmes agricoles, l'économie moderne, en procédant au gaspillage des ressources risque de déposséder les générations futures. Les déchets constituent un potentiel productif important, soit directement réinsérable à l'intérieur du cycle productif lui-même, soit en tant que nouvelle ressource.

1.41 *Fertilisation des sols*

Tous les déchets agricoles végétaux convenablement dosés avec d'autres matières organiques propres à accélérer la décomposition (urines, sang...) sont convertibles en compost, fumiers, humus. Un bon résultat dépend de la quantité de matières organiques déjà largement décomposées grâce à une vie microbienne intense. On peut rappeler le cas de la population du lac d'Ukara, à très forte densité démographique, qui avait élaboré un système de production agricole stable très intensif reposant sur une étroite symbiose : agriculture-élevage à base de feuilles de 32 sortes d'arbres.

Les bovins élevés à l'étable sont nourris d'une sélection variée de feuilles et de végétaux, produits de la cueillette et de l'agriculture dans la forêt. Leur fumier est utilisé pour une fumure intensive des champs. Dans ce système la fonction essentielle des bovins est la production de fumure car la viande n'est consommée que très exceptionnellement (Gourou 1971, pp. 160-162).

Dans l'élevage moderne à grande échelle en étable, on commence à pratiquer l'épandage après traitement des fumiers et lisiers des étables. D'une manière générale, l'association agriculture-élevage constitue une complémentarité de base.

Le recyclage du fumier bovin va s'opérer à grande échelle pour fertiliser une vallée désertique entre Dhubaï et Koweit : 5.000 tonnes par mois de fumier, en provenance des Etats-Unis, mélangées à du bois, seront épandues sur le sol où l'on sèmera d'abord de l'herbe pour créer une couche d'humus de 30 à 35cm d'épaisseur. La mise en culture serait possible au bout de six années ("Mirage ou miracle" 1975).

Les déchets et eaux usées des agglomérations urbaines et des industries agro-alimentaires sont recyclables soit par épandage, soit par compostage. Un important programme est en cours d'achèvement à Mexico, avec l'appui du Programme des Nations Unies pour l'Environnement. Quatre installations doivent traiter environ 500 tonnes métriques de déchets par jour. Trois de ces installations fonctionnent déjà. Un laboratoire assiste les quatre installations dans l'analyse chimique et bactériologique des déchets et des composts. L'objectif d'autofinancement a déjà été atteint pour l'une des unités. En outre, les conditions de travail des ouvriers y sont supérieurs à celles de bien des industries américaines (Golueke 1975). Des expérimentations américaines réalisées sur des cultures de blé ont confirmé l'effet favorable de l'application de compost, tant sur la qualité et la quantité de la récolte que sur la structure du sol.

1.42 *Production d'aliments pour l'élevage*

Les déchets offrent des potentialités variées en tant qu'aliments ou additifs pour l'alimentation des animaux, à commencer par les excréments souvent utilisables par d'autres espèces.

Les fientes de volailles constituent un excellent aliment pour les bovins, riche en protéines et en acide urique, et présentent l'avantage d'une déshydratation et d'une conservation aisée. Aux Etats-Unis, l'Organic Pollution Control a construit un déshydrateur de fientes de volailles. Le coût de déshydratation d'une tonne de fientes est d'environ 35 dollars, et l'aliment obtenu vaut de 100 à 120 dollars la tonne. Des expériences ont cours également au Pérou avec des résultats encourageants (Bacigalupo 1974).

Une société américaine s'est spécialisée dans le recyclage du fumier bovin. Le processus comporte une phase de fermentation et une phase de filtrage et aboutit à un aliment d'une haute teneur en protéines dont le prix de revient n'est que le tiers de celui des protéines couramment utilisées comme additif des céréales aux Etats-Unis. Les déchets des abattoirs (plumes, entrailles...) peuvent aussi servir à la fabrication de farines riches en protéines. La plupart des déchets organiques de l'agriculture ou des industries agro-alimentaires peuvent être recyclés pour l'alimentation du bétail. Les procédés en sont très variés : les uns sont très élaborés, d'autres au contraire sont simples et peu onéreux. Ainsi une installation pilote doit être installée à Beliz, en Amérique du Sud, qui consiste en un simple réservoir muni d'un agitateur et d'un filtre, pour la transformation des fruits abîmés et des mélasses ("Food from Waste" 1975).

On connaît les sous-produits de la canne à sucre : têtes vertes, molasses, bagasse, boues filtrées et cakes pressés. Un hectare qui produit environ 70 tonnes métriques de canne à sucre, fournit 5 tonnes de têtes vertes, 2 tonnes de molasses et 8 tonnes de bagasse. Les molasses, en sus de leur propre valeur nutritive, peuvent être ajoutées à d'autres aliments du bétail pour les rendre plus appétissants. De nombreux travaux et expérimentations sont en cours sur les mutiples possibilités de recyclage des sous-produits de la canne à sucre. Aux Caraïbes, le remplacement du broyage par une méthode de pelage des cannes récoltées donnerait une pulpe directement utilisable pour l'alimentation du bétail sur place (IUCN 1975, p. 154).

Le nombre de sous-produits ainsi utilisables dans les tropiques est très élevé. Leur utilisation pourrait contribuer à un accroissement majeur de la production de bétail si on l'associe à une intensification des pâturages existants et à une intégration de l'élevage à l'exploitation de la forêt (arbres légumineux) ; cette méthode épargnerait de nouvelles destructions de vastes superficies forestières. Une technique canadienne, actuellement expérimentée au Centre des Sciences Tropicales de San José de Costa Rica, consiste à transformer en aliment pour les ruminants, par un procédé d'hydrolyse partielle du bois, les bois tout venant, sous-produit actuellement sans valeur des exploitations forestières. Une telle innovation laisse entrevoir d'importantes perspectives d'alimentation stable du bétail à partir de sous-produits forestiers, ressource particulièrement abondante du tropique humide.

Un autre domaine de ressources pour l'élevage consiste en la culture de levures, champignons, bactéries qui peuvent se développer sur presque n'importe quel substrat organique : vinasses, résidus des huileries, déchets de bois... Y a-t-il des dangers réels de toxicité comme certains le prétendent ? Des unités de production à petite échelle et au capital restreint auront-elles des chances de devenir opérationnelles ? Le dossier reste ouvert.

1.43 *Gestion intégrée des déchets*

Le projet d'Odessa (Texas) est à ce titre exemplaire car, fondé sur une gestion globale, il prévoit une réinsertion des déchets dans le cycle productif. Il s'agit d'un programme d'utilisation complète des déchets par recyclage, l'un des objectifs principaux étant la restauration des terres érodées du périmètre de l'agglomération. Il vise notamment : la récupération des matériaux solides (métaux, verre, poterie, plastique), le compost, et l'utilisation des effluents pour l'irrigation. Son originalité réside dans sa taille et dans son aspect systématique, malgré une relative simplification par rapport au projet initial. (Les divers éléments apparaissent dans le schéma de la page suivante).

Les déchets solides, urbains et agricoles, sont broyés et ajoutés à un système simplifié de boues activées. Les eaux usées et les déchets solides sont traités ensemble par un procédé unique. Les substances flottantes sont écumées et les constituants récupérés (ex. graisses, plastiques...) ; les substances submersibles sont draguées et ramassées (métaux). Les boues activées sont exydées biologiquement et utilisées pour restaurer les terres dégradées ou fertiliser les terres en culture. Les eaux sont mises à profit pour l'irrigation intensive des terres agricoles ; ainsi purifiées elles viennent ensuite reconstituer le système naturel des eaux souterraines. Les unités d'engraissement de boeufs, les porcheries, poulaillers, abattoirs et autres unités de production ou de transformation de produits alimentaires sont toutes concentrées autour du centre bio-industriel (Wolf 1974).

Il faut bien sûr souligner que de tels projets sont plus aisés à réaliser lorsqu'existent des infrastructures de récupération des eaux usées et des déchets, ce qui n'est pas le cas de la plupart des agglomérations urbaines de nombreux pays du Tiers-Monde. Dans ces pays, l'un des probèmes les plus difficiles de la planification urbaine concerne les réseaux sanitaires, tout particulièrement dans les zones urbaines déjà en place. Des systèmes tels que le multrum, système suédois qui permet la digestion des déchets humains et domestiques organiques, ou le biopot, invention également suédoise, constituent des solutions simples et probablement aisément réalisables, d'hygiène et de production d'engrais organiques (Centre des Sciences Interdisciplinaires, s.d.).

FIGURE 1. PROJET D'ODESSA (d'après Wolf 1974)

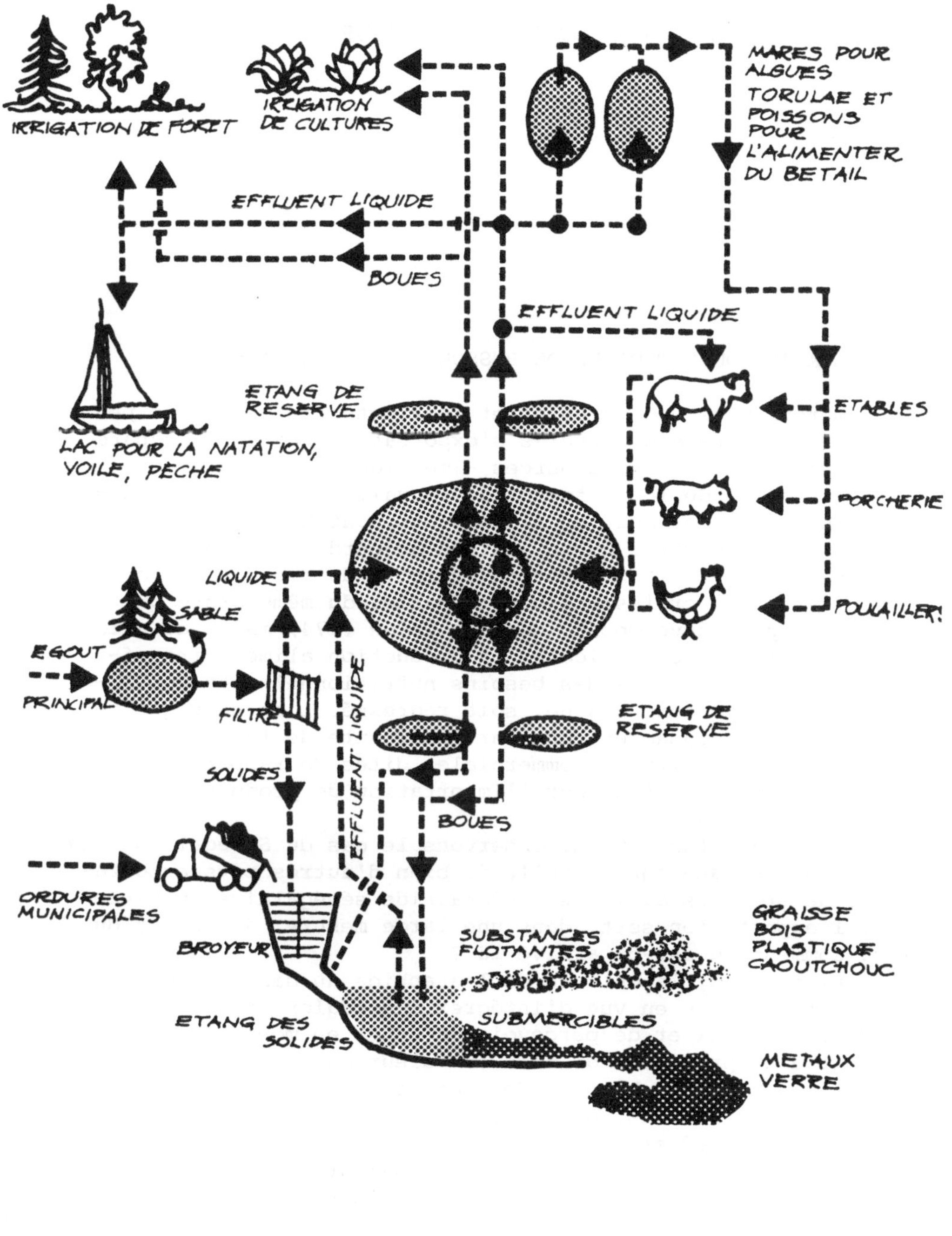

2. EXPLORATION DES DOMAINES DE RESSOURCES

2.1 REEVALUATION DU POTENTIEL DE RESSOURCES ALIMENTAIRES

De nombreux pays ont vu en effet leur potentiel agricole peu à peu dévié vers des cultures d'exportation qui ont accaparé l'essentiel de leurs ressources - meilleures terres et une large fraction de leurs forces de travail - au détriment des cultures vivrières qui, au fil des ans, ont perdu leur priorité initiale. En sorte qu'on assiste aujourd'hui à une situation paradoxale : la production agricole du Tiers Monde a connu un rythme de croissance considérable, du même ordre que celui des pays développés (Nations Unies 1974) mais, au sein de cette production agricole, la production alimentaire affectée à la couverture des besoins nutritionnels des populations locales a soit stagné, soit régressé. L'on sait que de nombreux pays consacrent une part dominante de leur potentiel agricole à des cultures commerciales dites de rapport (cash crops) destinées à financer l'importation de produits alimentaires et autres.

A titre d'illustration, observons le cas du Sénégal dont la situation est analogue à celle de bien d'autres pays exportateurs de produits agricoles. L'arachide sénégalaise cultivée pour l'exportation sert, dans une large mesure, à acheter du riz. Comment en est-on arrivé là ?

Dans ce pays, la culture de l'arachide au dix-neuvième siècle a été imposée en vue d'intégrer les régions rurales aux marchés mondiaux et de percevoir un impôt en monnaie. Cela a conduit à un processus de mise en valeur agricole tourné vers la satisfaction des besoins des marchés extérieurs. Les structures administratives, économiques et techniques furent organisées pour encadrer cette monoculture. Parallèlement, les articles de fabrication étrangère faisaient disparaître l'artisanat utilitaire. A partir d'un certain seuil, le déficit des producteurs d'arachide en produits vivriers (dont le prix de vente est maintenu artificiellement bas, ce qui décourage leur production) et biens de première nécessité les conduit à l'endettement. La dette devra être remboursée à la récolte, en arachide, à un taux usuraire. Les paysans se trouvent ainsi contraints à cultiver davantage d'arachide. Le processus d'une agriculture axée vers l'exportation associée à une dépendance croissante pour l'approvisionnement en vivres est installé et s'autorenforce. A l'indépendance du pays, la monoculture de l'arachide représentait au Sénégal de 75 à 80% de la valeur totale des exportations et alimentait le budget national pour plus de 40%.

A ce jour, peu de pays sont parvenus à modifier cette structure de production héritée de l'ère coloniale. Le système économique international et, bien souvent, l'assistance technique extérieure renforcent cette tendance au déclin de l'agriculture vivrière. L'utopie d'exportation se perpétue et la dépendance externe se renforce. La stratégie du système précédent, non modifiée, accélère les tendances antérieures et, parmi elles, le découragement, pour des raisons d'intégration aux marchés mondiaux, de constitution de réserves vivrières qui allaient autrefois de pair avec le système traditionnel. Pour survivre et rembourser leurs dettes, les paysans sont contraints de cultiver en arachide des surfaces toujours plus importantes, au détriment de leurs cultures vivrières. Or, si en 1913 100 kg d'arachide s'échangeaient contre 118 kg de riz, en 1968 cette même quantité d'arachide ne permettait plus d'acheter que 34 kg de riz (Copans 1973 I, p. 167 ; Suret-Canale 1964 , p. 372).

A l'indépendance, bon nombre d'états se sont trouvés pris dans l'engrenage d'une stratégie non choisie par eux au départ. Pour ces pays, cela signifiait exporter toujours davantage d'arachide, de coton ou de coprah pour acheter à l'étranger les denrées alimentaires indispensables à la subsistance des populations.

Aujourd'hui, ces importations alimentaires au coût croissant deviennent de plus en plus difficiles à couvrir. Par ailleurs, fournissent-elles une nourriture adéquate ? A-t-on mesuré les impacts de cette structure de production sur la conservation des sols, des eaux, de la flore, de la faune ?[1]

1. Paul-Marc Henry écrit à propos de la situation alimentaire en Afrique :

> L'on sait aussi que les régions mieux arrosées sont déjà entrées dans le processus de dégradation du milieu naturel et de baisse de rendement des cultures traditionnelles... Il s'agit bien d'un appauvrissement général du potentiel naturel de vie que ne peut en aucun cas compen-

Certains pays en sont arrivés à une situation telle qu'il leur est devenu très difficile de se faire une idée de leur propre potentiel à satisfaire les besoins alimentaires de leur propre peuple (Janzen 1973).

En tant que mission, la nutrition exige donc une réévaluation systématique des ressources locales actuelles ou potentielles, comme du style technologique adopté. Si l'objectif prioritaire devient la couverture des besoins nutritionnels des populations locales, il convient :

- d'élargir au maximum l'éventail des sources alimentaires disponibles, afin de remédier aux risques élevés de malnutrition liés à la dépendance d'un petit nombre de produits de base non régulièrement disponibles tout au long de l'année (aléas d'approvisionnement).
- de réviser à la fois les choix de produits et les choix de techniques en fonction du double objectif de l'autosuffisance en volume et en qualité, gage d'une répartition plus équitable, d'une meilleure gestion et valorisation des ressources disponibles (hommes, eau, terre, énergie solaire...). Cette révision doit se fonder sur des critères écologiques propres à assurer la pérennité des systèmes de production, compte tenu de l'accroissement de la population.
- de jouer au maximum sur les complémentarités nutritionnelles pour rééquilibrer les régimes alimentaires : ainsi les régimes à base de tubercules devront être complétés par quelques protéines animales (un peu de viande et de poisson), des légumes-feuilles et des fruits. Les régimes à base de céréales, toujours déficitaires en lysine, seront plus difficiles à rééquilibrer et devront être complétés par des légumineuses et des protéines animales en apport suffisant (Mondot-Bernard 1974, p. 25).

2.2 AMPLEUR ET DIVERSITE DES BASES NUTRITIONNELLES ANCIENNES

Des recherches historiques entreprises en Afrique, en Asie comme en Amérique projettent un éclairage indispensable à la compréhension de la situation nutritionnelle d'aujourd'hui. Autrefois, dans ces trois continents, l'alimentation reposait sur un très grand nombre d'aliments divers, tant d'origine végétale qu'animale, de qualité nutritive souvent élevée. Un savoir et une technologie empirique assuraient habituellement un régime équilibré, grâce à une vaste gamme d'associations com-

---

ser la distribution de revenus d'origine industrielle, mais qui au contraire, semble s'accélérer au fur et à mesure que les revenus importés l'emportent sur les revenus naturels. (Introduction à Mondot-Bernard 1974).

plémentaires destinée à assurer une sécurité d'approvisionnement tout au long de l'année. Cette large assise alimentaire permit par exemple en Afrique l'éclosion de cités, de royaumes et d'empires avant l'arrivée des Européens au quinzième siècle (Idusogie 1973). Durant l'ère pharaonique, de nombreux pays européens étaient nourris par les greniers de l'Egypte. Dans un important article, Idusogie énumère quelques-unes des nombreuses sources d'alimentation en Afrique. Parmi les ressources végétales : légumineuses, céréales, racines, tubercules, autres féculents, noix diverses, graines oléagineuses, fruits, légumes, champignons. Parmi les ressources animales : poissons, oiseaux et animaux sauvages ou domestiques, tortues, oeufs, miel, insectes, serpents, etc. Si la famine et la malnutrition sévissaient occasionnellement, ces situations étaient probablement souvent liées aux épisodes guerriers et aux razzias.

Les sources d'alimentation semblent avoir été plus étendues encore dans le Pacifique selon divers auteurs (Massal & Barrau 1956 ; Peters 1957 ; McKee 1957) : nombreuses espèces de taros, ignames, patates douces, manioc (racines et feuilles), arbres à pain, multiples variétés de bananes, nombre considérable de légumes verts, de plantes sauvages nutritives, de légumineuses (dont le remarquable pois ailé à l'exceptionnel potentiel), noix diverses, noix de coco, poissons, gibier...

En Amérique, un symposium de la Nutrition Society (Nutrition Society 1953) a fait ressortir la très large assise alimentaire et le remarquable équilibre de l'alimentation indienne Aztèque. Le maïs était complété par un très grand nombre de racines, légumineuses, pulpes, graines et baies. Ce symposium constatait qu'en de nombreux cas, en 1953, les variétés locales mexicaines ou d'Amérique Centrale possédaient une valeur nutritive plus élevée que les variétés correspondantes des USA. Les spécialistes attribuaient cette qualité aux souches génétiques bien adaptées aux conditions locales de sol et de climat.

Une technologie culinaire très élaborée contribuait intensément à assurer la qualité et l'équilibre du régime. On peut citer par exemple :

- la cuisson du maïs avec traitement à l'eau de chaux à 60° ou 80°C qui améliorait sensiblement sa qualité nutritive en libérant la nyacine par une hydrolyse alcaline (Dupin 1974) ; celle du manioc éliminait la toxicité propre à certaines variétés. Les chroniqueurs espagnols furent surpris du nombre de mets cuisinés offerts sur les marchés indiens.
- le choclatl, boisson préparée de diverses manières avec des additifs variés.
- la pulque, boisson fermentée tirée du maguey (un agave dont les racines étaient mangées comme légume) dont l'analyse chimique a révélé un montant élevé de protéine, thiamine, acide ascorbique et acide nicotinique.

- la tortilla dont le mode de préparation en fait une source importante de calories et de minéraux, et une source non négligeable de quelques vitamines (Nutrition Society 1953).

Une enquête effectuée en 1946 révéla, à la surprise de ses auteurs, que le statut nutritionnel des enfants pauvres mexicains était à l'évidence supérieur à bien des égards à celui des enfants américains (Lockart, Miranda & Harris 1946, p.235 ; Harris 1946, p.974).

Ces recherches s'accordent à souligner les conséquences nutritionnelles négatives de l'introduction des cultures de marché : la terre et le travail disponibles pour la production vivrière ont commencé à décliner. Des sols plus pauvres, plus secs ou plus en pente furent mis en culture sur lesquels, d'ordinaire, seul le manioc, plante peu exigeante en sol et travail, pouvait être cultivé. Son expansion en Afrique comme en Asie est étroitement liée aux cultures d'exportation. Mais si le manioc demande peu de soins et produit des calories en quantité appréciable, il présente l'inconvénient d'une très faible teneur en protéines et, de plus, ces protéines sont de médiocre valeur biologique car déficientes en plusieurs acides aminés indispensables, en particulier méthionine. Le manioc n'est donc qu'un aliment énergétique. Idusogie souligne le danger d'utiliser le manioc comme culture vivrière de base, d'autant que cette introduction massive d'un aliment pauvre a coïncidé avec une réduction importante des ressources en gibier par suite du remplacement de la forêt par des plantations. Nous reviendrons plus loin sur ce délicat problème du manioc.

C'est ainsi qu'en divers continents, la publicité et l'effet de démonstration aidant, on en est arrivé à une valorisation excessive des "aliments de l'homme blanc" au détriment des aliments locaux (WHO 1969), et donc à une dépendance croissante des céréales, du lait ou d'autres denrées importées (Idusogie 1973). Désormais, les populations urbaines à faible revenu n'ont accès qu'à une nourriture insatisfaisante en qualité et en composition. Car il faut souligner ce fait, qu'un régime alimentaire monotone, reposant sur quelques produits, engendre presque inéluctablement la malnutrition.

L'autosuffisance doit donc être recherchée non seulement en quantité, mais surtout en choix de produits diversifiés (base alimentaire végétable et animale élargie), en qualité nutritionnelle, et en disponibilité tout au long de l'année et des années pour pallier d'éventuelles rigueurs climatiques.

2.3 INVENTAIRE DES POTENTIALITES NUTRITIONNELLES DES RESSOURCES VEGETALES LOCALES

Sur 250.000 plantes identifiées, moins d'une centaine seulement sont mises à profit à une échelle significative comme source de nourriture. Le nombre d'espèces cultivées de nos jours s'est dangereusement rétréci sous l'influence d'une agronomie mise au service d'une rentabilité commerciale à court terme. Beaucoup de variétés locales sont délaissées au profit d'une agriculture toujours plus standardisée.

Les Hanunoo des Philippines connaissent plus de 280 plantes vivrières dont ils utilisent 87 espèces principales. Un savoir et une technologie empirique spécifique à chaque civilisation visait à procurer par des voies très diverses des régimes alimentaires fondés sur une vaste gamme d'associations complémentaires d'aliments savoureux. Avec plus ou moins de bonheur suivant le degré de perfectionnement atteint au sein de chaque civilisation, la sécurité était la mission impartie à l'agriculture et à la technique alimentaire.

L'ampleur des connaissances détenues par les paysans est très généralement méconnue ou sous-estimée par les agronomes, techniciens et responsables administratifs des opérations de mise en valeur ou d'encadrement agricole. Une enquête effectuée en 1972 au Mexique parmi les membres de cinq *ejidos* de la région forestière de Los Tuxtlas (Veracruz) a mis en lumière les vastes connaissances écologiques des *ejidatarios* dont l'ancienneté sur les lieux n'était pourtant que de quatre à dix ans. L'étendue de leur connaissance du milieu, loin de se limiter à la structure de l'écosystème (éléments de l'ensemble), s'étendait aux relations entre les espèces et à leur utilité actuelle ou potentielle. Outre les espèces principales cultivées sur l'*ejido*, 31 espèces étaient employées à des fins alimentaires (Toledo 1975).

A plus forte raison doit-on supposer profonde la connaissance acquise par des populations vivant dans un milieu donné depuis des générations, des siècles ou des millénaires. A cet égard, les connaissances relatives aux conditions du maintien de la productivité de l'écosystème (science de la régénération) constituent un capital inestimable, même si les conditions socio-économiques actuelles empêchent leur mise en oeuvre effective dans l'immédiat (Johnson 1974).

2.31 *Modalités de mise en valeur des ressources et conséquences pour l'alimentation*

Les programmes de mise en valeur qui comportent des déplacements de populations rurales comptabilisent rarement la perte du savoir et du savoir-faire entraînée par le déracinement et la transplantation hors du terroir d'origine. L'exode rural est un autre aspect de cette décapitalisation, fait qui explique aussi les fréquents échecs assortis d'un coût très élevé des opérations d'installation de chômeurs urbains dans des zones que l'on se propose de mettre en valeur.

De manière plus subtile mais non moins lourde de conséquences, le transfert plus ou moins forcé de systèmes de production originaires des zones tempérées et des systèmes socio-économiques et culturels associés conduit à une expropriation du savoir-faire de nombreuses sociétés paysannes. Moins visible que l'expropriation de la terre, cette dépossession du capital de connaissances et de techniques accumulé au fil des générations revient à une spoliation de la qualité paysanne, en d'autres termes à une prolétarisation rurale. Sous des noms divers, nombre de sociétés d'intervention et de coopératives obligatoires caractérisées par un encadrement technique dense et contraignant relèvent d'une analyse de ce type. La dépossession technique et la faiblesse des résultats obtenus au prix d'investissements et de coûts de fonctionnement lourds constituent le corollaire d'un transfert de technique inconsidéré faisant table rase à priori du savoir et du savoir-faire des populations rurales concernées. La monoculture est l'aboutissement extrême de ce transfert technique fondé sur cette table rase associée chaque fois que possible à des espaces dits "vierges". La simplification extrême qui caractérise la monoculture et répond au désir de contrôle étroit de l'encadrement constitue le stade ultime de l'abandon de systèmes culturaux plus complexes faisant appel à un ensemble diversifié de plantes cultivées ou utilisées dont la richesse et la diversité constituaient un gage de sécurité pour la satisfaction des besoins alimentaires et autres de la génération actuelle comme de celles à venir.

Un processus analogue de réduction de systèmes culturaux complexes et par suite plus stables, en dépit d'une productivité souvent faible, est impulsé par les transnationales agro-industrielles agissant soit directement soit par le mécanisme des contrats de production.

Au contraire, le recours à un plus grand nombre de plantes et de variétés assure une meilleure répartition des risques, permet de jouer sur les interactions entre plantes comme les complémentarités nutritionnelles pour rééquilibrer les régimes déficitaires.

2.32 *Critères d'estimation des ressources*

L'on sait que les "ressources naturelles" traduisent les estimations d'une civilisation sur son milieu. Il s'agit là d'un concept culturel.

Or, les estimations des ressources des tropiques, notamment, ont été faussées par des critères élaborés dans les zones tempérées, marquées d'un préjugé céréalier et liées à un triple mode d'utilisation des richesses végétales : les champs, les pâtures et les bois (*ager*, *saltus* et *silva* pour les Romains). Après une ère scientifique et technique axée sur les ressources et les besoins des zones tempérées et de leurs habitants, il s'agit de s'attacher à déceler, par un regard neuf, le potentiel des tropiques, des zones arides ou semi-arides, des zones montagneuses, etc. Judicieusement exploité, le potentiel de ressources spécifiques à ces milieux doit permettre de multiplier les sources d'alimentation. L'acquis scientifique, mobilisé au service de l'objectif d'une production fondée sur les ressources locales, dément le mythe de techniques universelles et libère l'imagination enracinée dans chaque contexte culturel.

Chaque région peut réinventer son mode d'alimentation, compte tenu de ses goûts et préférences culturelles souvent exclusivement présentés comme des contraintes alors qu'ils offrent également des opportunités. Les habitudes alimentaires ne sont jamais statiques. L'adoption souvent rapide de certains aliments en provenance des pays industrialisés prouve précisément le caractère dynamique et évolutif des modes d'alimentation. Ce caractère dynamique et flexible des habitudes alimentaires offre la possibilité d'un dégagement progressif de la dépendance externe, grâce aux ressources spécifiques du milieu : espèces directement comestibles ou transformables en produits alimentaires via la conversion animale ou par l'intermédiaire d'une technique appropriée.

Dès lors, un recensement des aliments en termes exclusivement monétaires, c'est-à-dire fondé sur leur valeur marchande, se révèle singulièrement limitatif et inadéquat face aux besoins alimentaires croissants qui ne s'expriment pas nécessairement en terme de "demande". Un inventaire des ressources alimentaires doit se fonder au premier chef sur la valeur nutritionnelle (valeur d'usage) telle qu'elle découle des propriétés intrinsèques des espèces végétales considérées.

La détection de ces propriétés nutritionnelles peut s'opérer grâce :

- aux études anthropologiques et ethnobotaniques axées sur la redécouverte de la richesse scientifique et technique accumulée par les grandes civilisations et les sociétés florissantes
- aux inventaires écologiques qui permettent d'identifier les interrelations propres à chaque écosystème de manière à déceler les moyens d'élever leur productivité (par le maniement des chaînes trophiques, par exemple) tout en assurant la stabilité et la pérennité de l'écosystème
- aux recherches de techniques appropriées ou écotechniques propres à rendre effectivement utilisable à des fins alimentaires les ressources du milieu, au moindre coût, et sans entraîner d'effets négatifs sur l'écosystème ou les hommes.

Les possibilités d'alimentation humaine apparaissent considérables dès lors qu'on recherche l'utilisation optimale des végétaux : soit directement pour nourrir les hommes, soit indirectement pour nourrir des animaux comestibles. En fait, dans la plupart des cas, on aura avantage à appréhender et évaluer ensemble les deux voies d'alimentation : la canne à sucre, par exemple, constitue un aliment à la fois pour les hommes et pour le bétail.

En fait, toute discrimination entre plante utile et inutile est à réviser car une "mauvaise herbe" d'aujourd'hui peut fort bien se révéler un produit de base demain.

Ainsi, une technique de pointe, l'extraction des protéines des feuilles de plantes cultivées, sauvages, ou de "mauvaises herbes" ouvrira peut-être un immense domaine de ressources biologiques susceptible de procurer conjointement un aliment de complément pour les humains et des sous-produits pour l'alimentation des ruminants. Les travaux de Pirie viennent de déboucher sur des expériences en Inde et au Nigeria : l'état nutritionnel d'enfants atteints de kwashiorkor s'est amélioré en une dizaine de jours d'adjonction à leur ration de ces protéines de feuilles séparées mécaniquement des fibres non digestibles. Ces dernières sont utilisées comme fourrage pour le bétail (FAO 1975a, p.21).

Cette nouvelle approche devrait permettre de mettre à profit à des fins alimentaires l'immense masse végétale - hormis les parties de plantes déjà comestibles comme légume - caractéristique du tropique humide : feuilles d'arbres, "mauvaises herbes", plantes sauvages, herbacées que l'on peut faucher jusqu'à cinq même dix fois l'an,[2] légumineuses qui ne nécessitent aucun apport d'engrais azoté, plantes aquatiques, toutes richesses caractéristiques du tropique humide où, en revanche, les pluies fréquentes conviennent mal aux céréales. Du point de vue de l'alimentation animale, l'extraction de protéines de feuilles offrirait une utilisation plus économique que les pâturages (plus coûteux xar souvent fertilisés) dont le contenu protéique excède par ailleurs la capacité d'assimilation animale.

Selon certains tests de longue durée effectués en Inde et en Grande Bretagne, les feuilles d'arachide, de tomate, de divers choux (knol-khol, choux-fleurs...), de patates douces, etc. représenteraient un potentiel d'utilisation intéressante de sous-produits de plantes cultivées. La récolte massive des herbes terrestres ou aquatiques qui tendent à devenir des "pestes" (jacinthes d'eau ou *Ipomea reptans, Parthénium hysterophorus, Eichornia crassipes* ...) constituerait un excellent moyen de transformer une nuisance en ressource avec un matériel d'extraction adapté. L'on pourra probablement commencer par faire appel aux petits moulins villageois. Là où des capitaux sont disponibles des procédés d'extraction et de traitement à plus grande échelle mis au point aux USA pour l'alfalfa pourraient

2. A Ceylan, dix coupes d'herbe par an offrent la perspective d'un rendement de 7 tonnes d'extrait protéique sec par hectare et par an (Pirie 1971, p.33).

être envisagés (Kohler & Bickoff 1971).

Toutefois, des investigations et des expérimentations dans diverses conditions locales (contraintes économiques incluses) doivent être poursuivies afin de déterminer avec davantage de précision la faisabilité, l'intérêt et les limites de cette technique. La qualité nutritionnelle de ces protéines est appréciable, à condition que l'extraction soit effectuée à l'état frais. Certains obstacles tels que dessiccation en zones arides et, à l'inverse, fermentation en zone chaude et humide devront être surmontés pour une large utilisation. D'ores et déjà, cette technique, dont la validité doit être appréciée en fonction de l'ensemble des ressources localement disponibles et des autres alternatives possibles, présente un intérêt lorsqu'il s'agit de remédier à certains cas de dénutrition grave.

Néanmoins, en 1973, le Groupe consultatif des protéines (PAG) estimait que la production de concentrés de protéines de feuilles à l'échelon villageois serait impossible pour des raisons vraisemblablement économiques (FAO 1973, p. 40). Quoi qu'il en soit, l'apport protéique ne doit jamais être envisagé seul, ni dissocié des autres aliments constitutifs de l'alimentation (calories, vitamines, minéraux...) et de leur efficacité biologique. C'est l'ensemble alimentaire qui doit être apprécié, et non l'un quelconque de ses éléments. C'est aussi l'accès effectif à cet ensemble qui doit être évalué, au-delà du pouvoir d'achat disponible.

Souvent, il conviendra de prendre quelque distance par rapport au style d'alimentation occidental et aux méthodes de production industrielle d'aliments qu'il implique (Singh 1973) dont le coût les place souvent hors de portée de ceux qui en ont le plus besoin. L'industrialisation des produits alimentaires ne coïncide pas toujours avec certains avantages précis (conservation ou qualité améliorée). Il convient donc de réserver la transformation industrielle aux seuls cas où, suivant ces critères, elle se révèle pleinement justifiée face à d'autres alternatives.

La tâche de chaque région est donc de réinventer des modes d'alimentation spécifiques adaptés à ses ressources propres, à ses références culturelles, au nombre de ses habitants et à leurs besoins physiologiques. Nul argument ne peut prêcher valablement en faveur d'une alimentation uniformisée, standardisée sur toute la surface de notre planète. Dans ce domaine comme dans celui de l'écologie, la diversité est source de richesse et de stabilité.

2.33 *Ressources végétales des régions tropicales*

Bien des spécialistes formés en pays tempérés pensent qu'il n'existe aucun mode de production agricole adapté au tropique humide. Or, dès qu'on se libère du schéma mental qui associe agriculture à champ, plantation ou pré, monocultures dont on connaît la vulnérabilité et les impacts négatifs sur ces sols fragiles, une vision fondée sur l'écologie permet de déceler des alternatives multiples.

Les potentialités des espèces vivrières sont sous-estimées parce que souvent mal connues des responsables nationaux comme des instituts de recherche. Cette situation découle de l'intérêt quasi exclusif porté jusqu'ici aux cultures commerciales destinées aux besoins des populations ou du bétail du monde riche ou des classes aisées, au détriment des cultures alimentaires aptes à nourrir la population du pays. Des possibilités insoupçonnées se révèlent lorsqu'on transfère l'accent des cultures dites commerciales aux végétaux alimentaires locaux. A Trinidad, l'on observe que si les coûts de production des produits vivriers sont souvent élevés, c'est parce qu'ils n'ont pas bénéficié de l'attention des instituts de recherche, des services agricoles et d'encadrement, consacrée aux cultures d'exportation.[3]

En diverses régions tropicales, les racines et tubercules (patates douces, ignames, taros...) offrent davantage de calories à l'hectare par an que les céréales. Si un peu de viande ou de poisson sont disponibles, ainsi que des légumes et fruits tropicaux, l'on obtient un régime alimentaire équilibré.

Les tubercules contiennent surtout de l'amidon ; ils fournissent avant tout de l'énergie (calories), mais certaines variétés ont une teneur élevée en vitamines, en carotène et en sels minéraux. Les tubercules sont complémentaires des céréales, généralement pauvres en minéraux. Un travail d'investigation considérable, mais insuffisamment utilisé, a déjà été mené à bien en Afrique, en Amérique du Sud et Centrale, et surtout en Asie, dans les îles du Pacifique par exemple. La patate douce présente une bonne qualité protéique et ses variétés jaunes possèdent de la carotène (pro-vitamine A). Les ignames sont peu sensibles aux prédateurs comme aux maladies. Ils peuvent produire une récolte considérable neuf à douze mois après leur plantation. Certaines variétés (ex. Barbados) atteignent de très hauts rendements et peuvent être stockées huit mois dans les conditions habituelles de température et d'humidité. Les taros possèdent aussi une bonne résistance et, secs, se conservent facilement. Mais leur teneur en protéines est moins élevée. En revanche, à cet égard, leurs feuilles sont plus intéressantes. D'une manière générale, bien que les tubercules soient essentiellement des aliments énergétiques, leurs protéines

---

3. Une récente comparaison entre cultures vivrières et cacao réalisée au Cameroun a fait apparaître : 1) que la culture vivrière est deux fois plus rémunératrice à l'hectare ; 2) que la rémunération du travail est sensiblement analogue dans les deux cas (Billaz 1975a).

(sauf dans le cas du manioc) peuvent être de meilleure qualité que celles des céréales ; les acides aminés y sont présents en quantités bien mieux équilibrées. En outre, un régime à base de tubercules n'est jamais déficient en acide ascorbique (vitamine C) qu'on ne rencontre pas dans le pain.

2.331 *Le problème du manioc*

En revanche, un recours systématique au manioc comme denrée de base n'est pas sans danger. Originaire d'Amérique, ce tubercule a été introduit en Afrique par les navires qui effectuaient le trafic des esclaves. De là, sa culture se répandit ensuite dans toutes les zones tropicales d'Asie, dans le sillage de l'agriculture de plantation, repoussant l'igname et le maïs plus exigeants en travail. Le manioc permettait d'assurer la survie des travailleurs des plantations, car il s'accommode de terres médiocres, procure toujours un rendement, si faible soit-il, s'adapte aux conditions climatiques sévères, est peu sensible aux maladies et aux attaques des prédateurs, se stocke enfin dans le sol plusieurs mois. Avantage essentiel pour une économie de plantation, sa culture exige peu de travail, d'engrais et de connaissances agronomiques. Au Kerala, des rendements à l'hectare de 32 à 40 tonnes auraient été enregistrés récemment.[4] (Raj *et al.* 1975).

Le manioc offre assurément une source de calories peu onéreuse comparée à d'autres sources. Incontestablement, il doit avoir sa place dans les régimes alimentaires là où sa culture est aisée. Toutefois, il serait hasardeux d'en faire un aliment principal et d'entreprendre sa culture sur de nouvelles étendues car, en tant que denrée de base, le manioc est inférieur en protéines et en vitamines aux autres tubercules (igname, patates douces, taros) dont certaines variétés offrent des teneurs appréciables. Lorsque les terres riches sont consacrées aux cultures de rapport, le manioc devient "la dernière ressour-

---

4. Au Kerala, un rapport récent estime que le manioc a probablement sauvé de la famine les couches les plus démunies de la population par suite du rapport de prix des diverses denrées de base favorable au manioc. Car, selon l'auteur, s'il est vrai que 100 grammes de riz contiennent 345 calories tandis que le manioc n'en contient que 157 seulement, en 1970-71, avec une roupie on pouvait acheter 3.223 calories en riz contre 4.906 calories en manioc. Mais, nous remarquons qu'il s'agit là d'un raisonnement uniquement en termes caloriques qui fait abstraction de la teneur en protéines, vitamines, minéraux, etc. Il est nécessaire de situer l'apport calorique indéniable du manioc dans l'ensemble des sources alimentaires disponibles pour voir si l'équilibre du régime alimentaire est atteint ou non (Raj *et al.* 1975).

ce des travailleurs" selon Terra (Terra 1964). Un accroissement systématique de la culture et de la consommation du tubercule de manioc évite peut-être de mourir de faim mais constitue une menace de malnutrition.

Ce n'est pas un hasard si les cartes de malnutrition [5] protéique (kwaskiorkor) coïncident avec les régions où les enfants sont principalement nourris à base de manioc et de bananes (Manshard 1974, p. 136). La coïncidence est assez nette entre les zones de culture d'exportation et la dénutrition chronique. C'est le cas, par exemple, de la zone de culture et d'industrie du sucre au Nord-Est du Brésil (Chaves 1975).

En bref, le manioc doit être considéré comme une source de calories intéressante pour les adultes, à dose limitée, à condition que sa culture s'intègre dans un ensemble diversifié de céréales, légumineuses, légumes et fruits et que de la viande, du poisson ou du lait soient disponibles. En revanche, une consommation des jeunes feuilles et tiges de manioc (pratiquée à Sumatra, Java et dans d'autres régions asiatiques, mais peu usuelle en Afrique et en Amérique) permet une amélioration sensible de l'équilibre nutritionnel et doit donc être encouragée (Terra 1964).

2.332 *Autres ressources végétales des tropiques*

Les travaux de Terra confirmés par des investigations récentes de Van Epenhuijsen ont prouvé la supériorité nutritive de la plupart des légumes et fruits tropicaux (Van Epenhuijsen 1974). L'analyse met en évidence une teneur en vitamines (principalement A et C ainsi que différentes vitamines B) et en minéraux (calcium, fer...) plus élevée que dans les légumes et fruits d'origine tempérée. L'approvisionnement par les légumes en vitamines et minéraux est appréciable. Lorsque la nourriture est pauvre en protéines (cas des régimes à base de tubercules sans viande ou poisson), les protéines des légumes deviennent à leur tour importantes.

La vitamine C et les minéraux sont fournis par les légumes frais, les fruits et les tubercules tandis que des protéines et d'autres vitamines dont la pro-vitamine A sont offertes par les légumes vert foncé, les jeunes pousses, jeunes gousses et feuilles. Alors que les feuilles vertes communes des régions tempérées n'ont généralement que 1 à 2% de protéines, les jeunes feuilles de manioc, des arbres et des divers buissons (Euphorbe écarlate, Gnetum, Moringa...) ou des plantes grimpantes (*Basella alba*), les jeunes gousses et graines *Phaseolus lunatus*,

5. Ceci est particulièrement net en Afrique et le sous-continent indien qui connaissent les déficits nutritionnels les plus importants.

Trichosanthes anguina ont une teneur en protéines de 4 à 10% du poids frais. Les feuilles d'arbres et arbustes présentent l'avantage de continuer à pousser même en saison sèche et par conséquent, sont un apport alimentaire à une période particulièrement critique.

Le besoin en légumes tropicaux (le terme "légume" étant, dans ces régions, beaucoup plus englobant qu'en pays tempérés) dépend des autres denrées disponibles. Si les légumes doivent fournir une partie des protéines, une superficie de 1,5 à 5 ares par famille est nécessaire. L'emplacement idéal est près de l'habitation, mais ils peuvent aussi être intercalés dans les cultures de plein champ.

En dépit de leurs qualités, les légumes sont les plus négligés de toutes les plantes cultivées. Le remède aux carences nutritionnelles, d'un faible coût et à la portée de la majorité des familles, passe par la réhabilitation de ces ressources remarquablement adaptées aux divers milieux locaux comme à leurs traditions culinaires (Terra 1967).

Les légumineuses et autres graines (pois pigeon, haricots, Awasa nuts ou *Tetra carpidium conophorum*, Egusi ou *Citrulus spp*...) sont plus riches en protéines que les céréales. Ils fournissent de 20 à 25% de leurs calories sous forme de protéines en sorte que de faibles apports constituent un complément très précieux aux régimes déficients en protéines. Le pois ailé ou winged bean (*Psophocarpus tetragonolobus*), légumineuse pérenne des tropiques humides à croissance rapide, recèle un potentiel nutritif exceptionnel pour les hommes comme pour les animaux grâce à ses racines, gousses, feuilles en fleurs. En usage dans le Pacifique, il est étudié actuellement au Brésil (National Academy of Sciences 1975b).

Au Mexique, des recherches viennent d'aboutir à la découverte de deux espèces prometteuses : les graines de *Bromisum alicastrum* possèdent une teneur en protéines de 13 à 15% avec un degré élevé de triptophane (supérieur à celui du maïs) et un contenu d'hydrate de carbone voisin de 70% (analogue à celui du maïs). De surcroît, ces graines contiennent beaucoup de vitamines C et de fer. Et les feuilles de cette plante à haute valeur protéique constituent un fourrage très appréciable pour le bétail. Une autre espèce, la *Mucuna argyrophylla* se caractérise par une forte concentration d'environ 40% d'acide linoléique, fondamental pour la nutrition (Leff 1975). En Amérique Centrale, la *Malva parviflora*, plante sauvage, dont les feuilles sont consommées en certains endroits, se sont révélées à l'analyse d'une exceptionnelle richesse en calcium, fer, vitamines A et C, thiamine et acide nicotique (Nutrition Society 1953, p.54).

Certaines espèces, non profitables directement pour les hommes, peuvent être transformées en protéines animales par des herbivores, allégeant par là les importations de grains actuellement nécessaires pour l'alimentation du bétail.[6]

Il faut faire mention aussi des nombreuses variétés de palmiers à sucre, dont le contenu calorique est similaire à celui du sucre de canne, mais qui contiennent en outre (comme les molasses) d'importantes quantités de fer, calcium et vitamines B.

Il est clair que cet inventaire est très loin d'être exhaustif. C'est la tâche des divers pays tropicaux de découvrir et mettre en valeur leur potentiel de ressources, et d'échanger entre eux connaissances et variétés de plantes.

2.333 *Ressources des montagnes tropicales*

Les possibilités d'accroissement de la productivité vivrière de ces régions aux caractéristiques climatiques spécifiques n'ont été que fort peu explorées à ce jour. Des études ethnobotaniques et des investigations biochimiques et technologiques sont indispensables pour déceler et mettre à profit les ressources végétales de ces écosystèmes. Concrètement, il s'agit de tirer parti des plantes vivrières dont la photopériode est adaptée à ces latitudes (photopériode plus courte que celle des plantes des régions tempérées), capables de supporter les basses températures y compris le gel, ainsi que la sécheresse. Des recherches de ce type sont relativement peu coûteuses et peuvent déboucher sur une assurance efficace contre les disettes, grâce à une diversification des cultures en haute altitude et à des techniques culturales propres à réduire l'impact du gel : buttage, paillis, création de microclimats par la protection d'arbres ou de barrières de protection.

A cet égard, les Andes recèlent probablement d'importantes richesses que l'on commence à inventorier. Parmi les céréales, les graines natives comme la quinua et la canihua, admirablement adaptées à la haute altitude, produisent des protéines d'une qualité incomparable (Bacigalupo 1974). S'il existe plus de mille variétés de pomme de terre, pourquoi ne pas choisir celles qui sont réellement adaptées à la haute altitude ? Certaines variétés de patates douces, de même que certaines variétés de pommes de terre russes, tolèrent bien le froid. On peut citer plusieurs variétés de patates douces andines : *Ullucus tuberosus*, *Arracacia xanthorrhiza*, *Oxalis tuberosa*, *Tropacolum tuberosum*, *Heliantus tuberosus*.

2.34 *Ressources végétales des régions arides et semi-arides*

Ces régions sont dominées par la nécessité d'assurer la sur-

---

6. Sur les 13 millions de tonnes de grains consommées au Mexique, 5,5 millions de tonnes, soit 42%, sont affectées à l'alimentation du bétail (*Excelsior* (Mexico), 13 novembre 1974, cité par Leff 1975, p.90).

vie en dépit des conditions climatiques dont on sait qu'elles atteignent parfois une rigueur extrême. Ces terres fragiles sont souvent peu appropriées à la culture. En revanche, dans l'ancien monde, le nomadisme constitue probablement le mode d'utilisation de ressources marginales et dispersées dans le temps comme dans l'espace, le mieux adapté à ces écosystèmes de grande dimension (Johnson 1974).

Quoi qu'il en soit, tous les nomades cultivent plus ou moins du mil et du sorgho. Au Sahel, en cas de disette, les populations récoltent les graines de *Panicum laetum* ou Kreb, *Echinochloa spp.*, *Cenchrus biflorus* ou Cram-cram, et les consomment sous forme de couscous. Les fleurs, fruits, feuilles ou bourgeons terminaux de certains arbres sont également comestibles : *Adansonia digitata*, *Boscia senegalensis*, *Balanites aegyptiaca*, *Ziziphus mauritiana*, *Hyphaene thebaïca*, *Merua crassifolia*, *Acacias spp.* etc. Il faut citer aussi le palmier rônier (*Borassus aethiopum*) et le palmier Doum (*Hyphaene thebaica*) (FAO-SIDA 1974, p.11).

Dans le Sahel, des arbres sempervirents comme le *Balanites aegyptiaca* et le *Merua crassifolia* et les diverses variétés d'*Acacias* présentent un intérêt considérable.[7] Outre leur apport propre, ces arbres permettent la croissance de plantes fourragères appréciées des animaux. Elles se développent sous leur couronne, à l'abri de l'excès de sécheresse, et se révèlent plus productives que celles qui poussent en pleine lumière. Naturellement, l'ombrage est particulièrement bénéfique non seulement pour le couvert végétal, mais aussi pour les hommes comme pour leurs animaux.

Dans les zones de savanes, les arbres légumineux sont également précieux car ils offrent comme source de fourrage des feuilles vertes, des feuilles sèches tombées au sol, des gousses ou fèves de haute valeur nutritive. En Afrique du Sud, on apprécie surtout le Camelthorn, le Mopane, le Witgatboom

7. L'Université du Ghana a mis en évidence le potentiel d'un autre arbuste fourrager, le *Griffonia* et les espèces apparentées, pour l'alimentation des ruminants, en saison sèche notamment. En effet, cet arbuste légumineux, aux racines profondes, reste vert et succulent durant la saison sèche, et à cette époque peut contribuer jusqu'à 75% des besoins protéiques des ruminants. Il est intéressant de noter que ces arbustes poussent sur des termitières abandonnées que des "experts" en pâturages avaient recommandé de supprimer au bulldozer pour y planter des légumineuses (communication de M.G.C. McDonald Dow, Deputy Director, Board on Science and Technology for International Development, National Academy of Sciences, Washington).

ou Matopie qui pousse sur les fourmilières, le Mbandu (*Longicarpis capassa*) dont la présence est signe d'eau souterraine, le baobab... (Van Vuren 1962).

Paradoxalement, l'on constate que la plupart des plantes cultivées sous irrigation dans les zones arides sont des plantes originaires des régions tempérées où l'eau est disponible en abondance. Des recherches sont nécessaires pour déceler et améliorer les végétaux vivriers ou fourragers caractérisés par de faibles exigences en eau. La détection des plantes sauvages qui survivent dans des conditions désertiques et présentent un intérêt pour l'alimentation humaine ou animale doit s'accompagner de la recherche des génotypes correspondant aux plantes cultivées originaires des régions semi-arides : orge, sorgho, millets, pois, tournesols... Le recroisement avec des variétés sauvages peut permettre l'obtention de variétés plus résistantes à la sécheresse, à cycle végétatif court, tout en conservant des rendements élevés.

La sélection et l'amélioration génétique devraient aussi viser la recherche d'une évapo-transpiration moindre (temps de fermeture des stomates plus long, distribution des stomates sur la plante plus efficace ...), comme c'est le cas de l'agave et de l'ananas ; le critère majeur pour les zones arides doit être la tolérance au manque d'eau par tous les moyens possibles. Ce peut être par des racines plus chevelues et profondes, ce qui implique des efforts accrus consacrés à l'étude de la physiologie de base du processus de résistance à la chaleur et d'utilisation efficiente de l'eau, phénomènes complexes peu étudiés jusqu'ici. Le projet de recherche sur le Tamarugo (*Prosopsis tamarugo*) émanant d'un organisme brésilien, l'ACTI, constitue un premier pas prometteur dans cette direction. Plante du désert salé de l'Atacama au Chili, le tamarugo présente une croissance proportionnelle à la chaleur indépendamment de l'apport en eau. Cette plante pérenne protège le sol, constitue une nourriture pour les moutons et les chèvres et se révèle l'une des rares plantes capables de supporter d'aussi rigoureuses conditions.

Cet exemple illustre à quel point, dans une perspective de détection des ressources alimentaires, il serait erroné de dissocier les espèces directement comestibles de celles qui peuvent servir à l'alimentation animale. De nombreux végétaux dont des arbres (Acacia, caroubier, algarrobo, carouge à miel, marula, etc.) fournissent conjointement une source d'aliments pour les hommes (graines, gousses, fruits) et pour le bétail, la faune sauvage ou même le poisson moyennant une technique de distribution appropriée. De nombreux produits ou sous-produits végétaux non comestibles pour les hommes peuvent être valorisés et transformés en denrée alimentaire grâce à la conversion animale.

La règle d'or de l'élevage doit devenir la non-compétition

avec les sources alimentaires des hommes. Les céréales doivent être réservées aux hommes et les variétés convenables plantées à cet effet. Les animaux pour leur part peuvent être nourris grâce à une gamme diversifiée et considérablement élargie de ressources végétales non utilisables par les hommes. Au voisinage des villes, ce peut être par exemple des cultures de luzernes et stylosanthes sur boues organiques.

Des recherches récentes conduites au Brésil par l'ACTI ont montré que certaines herbes légumineuses tropicales possèdent des bactéries fixatrices d'azote de l'air, ce qui ouvre des possibilités considérables d'utilisation plus systématique.[8] Dans le même esprit, le recours à davantage d'arbustes légumineux serait vivement souhaitable pour nourrir les ovins et caprins. Beaucoup d'arbustes méritent une réhabilitation : *Atriplex lentiformis, A. repanda, A. numularia, Suaeda, Larrea, Flourensia, Prosopsis, Sporolobus, Opuntia...* Leur feuilles, ramilles, bourgeons, fleurs et fruits procurent de hautes teneurs de protéines, du phosphore, de la carotène et, dans une moindre mesure, des hydrates de carbone comme des analyses comparatives conduites aux Etats Unis l'ont mis en évidence. Le nopal mexicain (sorte de cactus) est moissonné pour l'élevage des vaches laitières près des grandes villes. De surcroît, les arbustes légumineux comme les arbres suscitent à profusion les espèces de graminées annuelles qui leur sont associées et améliorent la teneur en azote du sol. Les complémentarités d'arbustes offrent en outre un potentiel supérieur : les associations d'*Atriplex spp.* et d'*Opuntia*, d'*Atriplex* et *Suaeda*, d'*Atriplex repanda* et *A. numularia* sont les plus nutritives pour les moutons et les chèvres. *A. repanda* fournit six tonnes de fourrage à l'hectare (McKell 1975).

2.4 INVENTAIRE ET MODE D'EXPLOITATION DES RESSOURCES ANIMALES

Un regard neuf peut favoriser une utilisation beaucoup plus efficace du règne animal, suivant divers modes de gestion appropriés aux caractéristiques écologiques locales. Ainsi, une

---

8. Les cyanophycées, dont la culture est une pratique courante dans les rizières de certains pays asiatiques, présentent aussi cette propriété de fixation biologique de l'azote. Cette algue bleue pourrait accumuler jusqu'à 100 kg d'azote en 4 mois. Bien entendu, le coût de cet apport est pratiquement nul. L'expérimentation de cultures rustiques de cyanophycées dont la croissance présente une spontanéité remarquable, est envisagée au Sénégal dans le cadre de l'Enseignement Moyen Pratique (région de Fissel-Tattaguine).

meilleure compréhension des écosystèmes tropicaux incite à tenter de perfectionner ce que la nature réussit, plutôt que de détruire une végétation luxuriante dont le rôle protecteur est fondamental.

Suivant les contraintes et ressources locales, on peut choisir entre cinq modes d'utilisation de la faune à des fins alimentaires, alternatives que nous présenterons suivant une complexité croissante.

2.41 *Chasse et capture d'animaux sauvages*

Un premier niveau d'utilisation consiste à prélever à des fins alimentaires une part plus importante de la faune sauvage, au moyen de techniques de chasse, pièges ou captures perfectionnés.

Outre le gros gibier et les ongulés tels qu'antilope et gazelle, merveilleusement adaptés aux zones arides (Gillet 1974, p.26) l'apport de petits animaux, y compris de nombreux rongeurs tels que porc-épic, gerbille, "grass cutter", viscacha, agouti ou aulacode dont la chair est largement appréciée en diverses régions rurales et urbaines d'Afrique, d'Amérique du Sud comme dans certains pays asiatiques, est loin d'être négligeable. Dans les régions pauvres en protéines animales, chaque apport, aussi minime soit-il en apparence, compte surtout pour les enfants et les femmes. La valeur protéique de la chair des rongeurs soutient avantageusement la comparaison avec les autres sources de viande. Cette source est d'autant plus indispensable que les ressources en gros gibier ont subi des prélèvements tels qu'ils menacent le potentiel de reproduction de ces espèces.

De meilleurs méthodes de capture, associées à des techniques de conservation et stockage permettraient de transformer plus largement en aliment les nombreux rongeurs dont le taux de reproduction est élevé et qui se multiplient souvent au point de devenir des fléaux. Des conseils et contrôles sanitaires sont naturellement nécessaires, car l'on sait que certains rongeurs sont les vecteurs de maladies graves. Ces précautions prises, les possibilités sont étendues. Déjà, la chair de la viscacha (*Lagostomus maximus*) des pampas argentines est mise en conserve. L'aulacode fumé dans un four de boue est un mets de choix au Ghana (Den Hartog & De Vos 1973).

2.42 *Gestion de la faune sauvage*

La gestion de la faune sauvage ou "game ranching" offre un excellent moyen de tirer parti de milieux pauvres ou fragiles ainsi que des régions montagneuses. Le couvert végétal protège le sol et évite le surpâturage. Des espèces menacées de disparition, lorsqu'elles deviennent protégées et font l'objet d'une gestion contrôlée, procurent un rendement en viande élevé. Cette méthode repose sur une chasse ou capture sélective des individus âgés et d'une plus forte proportion de mâles. On obtient ainsi une population jeune au potentiel de reproduction important. Le taux de "récolte" doit, bien sûr, être déterminé avec soin. Dans le cas où, comme en Malaisie, l'homme intervient comme un prédateur additionnel du stock de gibier et se trouve de ce fait en compétition avec les prédateurs naturels des daims, tels que tigres, léopards ou panthères, il convient d'envisager un ajustement par un taux similaire de chasse des fauves, afin de maintenir l'équilibre souhaitable entre les deux populations. L'homme dispose du pouvoir de tuer de manière sélective et de préserver ainsi une proportion idéale entre les sexes et la structure d'âge de la faune.

A cet égard, le choix du meilleur moment pour la chasse ou la capture revêt une grande importance. Il se trouve presque toujours parmi les habitants de la région des personnes expérimentées, habiles à prévoir les accroissements sensibles du gibier, à déceler les indices d'une abondance, et à décider des meilleurs jours et heures de capture. D'ordinaire, il est préférable de ne pas déranger les animaux lorsque les jeunes sont encore dans l'âge tendre. Lorsqu'il existe une saison adverse, mieux vaut procéder à la récolte juste avant, car, à cette date, le stock se trouve à son maximum tant en nombre qu'en santé. La saison favorable passée, la nature se chargerait de toute façon de réduire par la mort la population en excédent par rapport aux ressources plus rares en saison sèche.

De simples et peu coûteuses modifications de l'habitat peuvent contribuer grandement à accroître la "récolte". Ces améliorations de l'habitat requièrent une bonne connaissance des besoins du gibier en nourriture, en eau et en sels. Les animaux ont aussi besoin de couvert végétal pour les protéger de la chaleur et de leurs ennemis. Ce couvert protecteur est naturellement important en période d'accouplement et d'élevage des petits. Ce couvert exige des sites appropriés et des matériaux végétaux adéquats.

Une intervention humaine de façon à lever un facteur limitant la satisfaction des divers besoins du gibier permet souvent un accroissement sensible de sa population. La plantation d'arbres ou d'arbustes pour l'ombre et la nutrition, l'aménagement de l'abreuvement (en détournant par exemple un petit cours d'eau), l'apport de pierres à sel sont des méthodes bien connues. Dans la forêt dense, des coupes occasionnelles effectuées en rotation favorisent les plantes herbacées et les fourrés de buissons nécessaires aux herbivores. On laisse ensuite la reconstitution s'opérer naturellement. De nombreuses espèces de la forêt secondaire sont attractives pour les grands herbivores. Le meilleur traitement en forêt dense est une mosaïque de différents stades de régénération avec un réseau de pistes d'accès qui peuvent jouer aussi le rôle de pare-feu ou d'ouvrage anti-érosif si besoin est (Wycherley 1969, pp.109-113). Une mesure nécessaire réside dans le contrôle du braconnage. Mais une population désireuse d'un approvisionnement en viande suffisant et stable peut comprendre le bien-fondé des interdictions et coopérer à ce contrôle.

2.421 *Performances d'une faune sauvage gérée*

Par comparaison avec l'élevage conventionnel, un ensemble diversifié de faune sauvage présente les avantages suivants :

- séculairement adaptée, elle supporte mieux des conditions climatiques adverses (Jones 1974).
- elle transforme en ressources une plus grande variété de végétaux (herbacées, racines, buissons, feuilles d'arbres, etc.) et une biomasse plus importante.
- grâce à cette utilisation "verticale" de la biomasse, une plus grande densité à l'hectare devient possible ainsi qu'une plus grande production de viande exprimée en kg/ha.
- elle intervient discrètement sur tous les niveaux de l'écosystème, activant même la circulation de l'énergie entre les divers niveaux trophiques. Elle n'altère pas le milieu.
- elle procure davantage de viande de première catégorie (41 à 47% contre environ 33% pour le bétail) et offre davantage de viande évaluée en poids mort/poids vif (50 à 67% contre à peine plus de 50% pour le bétail) (Manshard 1974, pp.121-123 ; Erz 1967 ; Garrel 1975).
- le cycle reproductif est habituellement plus court que celui du bétail.
- le coût d'investissement et de fonctionnement est très faible : pas d'achat de bêtes, pas de ponction sur des terres utiles à d'autres usages.

Ces performances en production de protéines animales, si précieuses pour remédier à la malnutrition, comportent cependant quelques inconvénients :

- certaines difficultés de récupération des bêtes peuvent se rencontrer pour les antilopes notamment.
- le parasitisme affecte les gazelles et antilopes du Sahel. Les larves d'oestres diminuent la valeur de leur peau (Gillet 1974).
- le caractère difficilement privatif de l'entreprise est parfois avancé comme un inconvénient de taille. A notre sens, la gestion devrait plutôt relever d'un groupe de village ou de groupes d'éleveurs qui adjoindraient cette gestion de la faune à leur activité pastorale habituelle. Leur connaissance aiguë de l'environnement et l'acuité de leurs facultés d'observation les prédispose à ce type d'entreprise.

- des difficultés de transport et de commercialisation sont parfois évoquées aussi. L'apport en viande doit d'abord satisfaire les besoins des populations rurales voisines. S'il y a excédent commercialisable, il faut probablement prévoir un petit abattoir et des camions frigorifiques.

2.43 *Domestication d'espèces sauvages*

Des essais de domestication sont tentés en diverses régions. En Amérique du Sud, ils portent sur le capybara ou chinguïro (*Hydrochoctus capivara*) le plus gros rongeur du monde, le lamantin ou manatee, et le dugong qui tous se nourrissent d'herbes aquatiques. En Malaisie, les premiers résultats des efforts de domestication du Sambur et d'autres espèces de daim sont encourageants et promettent un niveau élevé de production de viande. Au Ghana, l'élevage expérimental des aulacodes entrepris depuis plusieurs années donne d'excellents résultats ; cette viande est vendue dans des conditions rentables sur les marchés citadins. Au Sahel, la domestication de l'Oryx, antilope locale, dans des ranchs expérimentaux, serait du plus grand intérêt.

2.44 *Semi-élevage*

Un autre niveau est atteint avec le semi-élevage ou "game-farming" en usage au Transvaal, d'espèces bien adaptées au milieu : antilopes, porcs, canards et oies. La distinction avec la domestication est difficile. Tous les stades intermédiaires sont possibles. Les espèces locales trop souvent négligées pourraient être améliorées avec des méthodes scientifiques. Il faut souligner aussi l'intérêt des volailles dont les races locales peuvent jouer un rôle de contrôle biologique car elles sont friandes de mauvaises herbes. On peut les employer à cet effet pour en débarrasser certaines plantations de café, ananas, bananiers... ou, en aquiculture, pour manger les algues et herbes aquatiques trop grossières pour les poissons.

En ce qui concerne les mammifères, des études écologiques sont en cours en vue d'une utilisation (dont la forme reste à déterminer) des bovins sauvages malais : Banteng et Seladang. On peut s'étonner à juste titre de la faible utilisation hors de l'Asie du buffle d'eau dont les qualités ont été décelées dans cette région depuis des millénaires. Le buffle d'eau se nourrit largement d'espèces aquatiques et offre une source de viande et de lait très améliorable, précisément adaptée aux régions les plus dépourvues en protéines animales. Par suite de son attachement aux personnes et particulièrement aux enfants, il se prête admirablement à un cadre familial d'élevage et offre par surcroît une force de travail (Cockrill *et al* 1974). Tout récemment, aux Etats-Unis, on a décelé son intérêt en tant que moyen le plus économique et le plus efficace de faire disparaître les jacinthes d'eau et autres herbes aquatiques source de pollution et d'eutrophication.

2.45 *Nouveaux modes d'élevage intensif*

Ils offrent une possibilité de conversion en protéines animales de sous-produits de nombreuses industries agricoles ou alimentaires : déchets de canne à sucre, de graines oléagineuses, de divers résidus agricoles habituellement considérés comme déchets sans valeur. Les possibilités varient avec les ressources localement disponibles. L'élevage de bovins, tenus à l'étable et nourris d'une combinaison de feuilles d'arbres et d'espèces aquatiques, est l'une d'elles adaptée au tropique humide. L'expérience de certaines sociétés traditionnelles pourrait être avantageusement mise à profit. Dans la région de Careiro, en Amazonie, la récolte des fourrages aquatiques acheminés par de petits bateaux à moteur permet un élevage bovin intensif. Le fumier des étables flottantes constitue le fret de retour qui vient fertiliser une horticulture intensive (O'Reilly Sternberg 1966).

Outre la mise à profit des espèces végétales terrestres et aquatiques à haut rendement photosynthétique, l'utilisation plus systématique du règne animal en jouant sur les divers niveaux trophiques - grenouilles, escargots ou insectes devenant source d'aliments pour des animaux comestibles, lorsqu'ils ne peuvent être consommés directement par les hommes - ouvre encore davantage la gamme des sources de protéines animales aptes à la consommation humaine. Peut-être les plus grandes possibilités de production de protéines animales résideront-elles dans l'élevage industriel des petits invertébrés dont le cycle de vie court et les chaînes trophiques brèves conduisent à un potentiel de reproduction et à des rendements très élevés (Zaika 1974a & b).

Dans chaque cas précis, il s'agira d'éviter le plus possible toute compétition avec des ressources végétales ou des ressources en terre directement capables d'offrir une source d'alimentation pour les hommes. Les animaux que nous mangeons ne doivent pas être nourris au détriment de notre propre nourriture.

2.5 AUTRES RESSOURCES

Les ressources aquatiques doivent être considérées comme un domaine au potentiel considérable, qu'il s'agisse des ressources maritimes dont il faut gérer le potentiel de reproduction de façon à éviter sur-exploitation comme sous-exploitation, mais surtout des ressources aquatiques des eaux continentales, trop peu utilisées jusqu'à présent. (Sur ce sujet se référer à la troisième partie de cet ouvrage.)

Les déchets constituent également un domaine de ressources potentielles. La culture des protéines sur sous-produits pétroliers qui a attiré l'attention du grand public n'est qu'un élément d'un beaucoup plus vaste ensemble de cultures possibles sur des substrats variés : cultures de micro-organismes riches en protéines, de champignons, etc. Cette nouvelle approche de la production alimentaire, utilisée à bon escient, peut permettre de tirer avantage de l'immense diversité des goûts humains façonnés par chaque civilisation.

3 CHOIX DES TECHNIQUES DANS LA CHAINE DE PRODUCTION

3.1 LIMITES DE LA REVOLUTION VERTE ET IMPACT DE L'AIDE

On a présenté la "Révolution Verte" comme la solution-miracle devant assurer l'autosuffisance alimentaire des pays pauvres. Au-delà de la polémique et des positions outrancières, une décantation s'opère peu à peu dans les évaluations et une vue plus réaliste du bien-fondé ainsi que des divers impacts de la Révolution Verte émerge progressivement. S'agissant d'agriculture, la prise en compte du facteur temps au double sens du terme (durée, mais aussi aléas climatiques inter-annuels) est un critère essentiel d'évaluation. Une technologie agricole se juge sur l'ensemble de ses effets au long de dix à quinze années au moins.

3.11 *Impact économique et social*

On peut incontestablement porter à l'actif de la Révolution Verte un substantiel accroissement de la production à l'hectare (en blé par ex.) là où les conditions idéales ont pu être rassemblées : terre riche, climat sec et ensoleillé, contrôle de l'eau, disponibilités financières pour l'achat des inputs industriels (fertilisants chimiques, insecticides, pesticides, herbicides) comme c'est le cas chez les producteurs aisés de la fertile plaine du Penjab. Car la "nouvelle technologie" génético-chimique fondée sur de nouvelles variétés à haut rendement, exige d'être associée à un usage généreux et une disponibilité ponctuelle des semences, des divers inputs chimiques, souvent en conjonction avec l'irrigation qui nécessite en général un apport énergétique (fuel ou électricité).

De nouvelles variétés ont été mises au point, d'abord pour le blé, le maïs ou le riz, puis, plus récemment, pour le sorgho, millet, manioc, diverses légumineuses. Le vocable "révolution verte" se réfère habituellement aux seul blé et riz ainsi qu'au maïs dans une moindre mesure.

Là où la Révolution Verte a pu trouver l'ensemble des conditions favorables pour se répandre, la croissance de la production a été spectaculaire durant cinq ou six années : 37% aux Philippines en 1970 par rapport à la période 1961-1965. Toutefois, cette extension s'est parfois effectuée au détriment d'autres cultures vivrières. Selon Alan Berg, aux Indes, des prix attractifs pour le blé sont partiellement responsables du recul du sorgho et des légumineuses, sources majeures de protéines dans la nourriture indienne. Durant les trois années qui précédèrent la sécheresse, la production per capita de légumineuses régressa de 27%, ce qui signifie une perte de valeur nutritive non négligeable (Berg 1972, p.187). René Dumont précise que la production par tête et par an de légumineuses qui s'élevait à 26 kg en 1956-61 est tombée à 18,7 kg en 1971-1973 (Dumont 1975, p.18).

Au fur et à mesure de l'expansion de la Révolution Verte, un lent mais régulier déclin de productivité se manifeste. Selon les statistiques du gouvernement indien, les récoltes de variétés de blé et de riz à haut rendement sont tombées de quatre à près de deux fois et demie ceux des variétés traditionnelles durant les six dernières années. Certes la sécheresse a contribué à cette baisse de rendement. Néanmoins Nicholas Wade considère que la principale cause de ce "trend" descendant réside simplement dans ce fait que les meilleures terres, irriguées le plus souvent, ont bénéficié les premières des nouvelles variétés. Plus la Révolution Verte diffuse au-delà des meilleures terres sur des terres moins riches, plus le rendement diminue. Comme le remarque Wade, ce fait illustre le fossé qui existe entre la parcelle d'expérimentation des chercheurs et les champs si divers des agriculteurs destinés à utiliser les nouvelles semences et le "package" technique prescrit pour une réponse optimale dans des conditions optimales (Wade 1974).

C'est pourquoi, bien qu'en théorie cette technologie soit neutre, équitable et indifférente à la taille de l'exploitation, dans la pratique il en va un peu différemment.

Les pauvres, tout au moins au-dessus d'un certain seuil qui leur permet d'avoir accès au crédit et de pouvoir affronter quelques risques, "en bénéficient, mais les riches en bénéficient davantage, donc les disparités s'élargissent". Là où les disparités existaient déjà auparavant, la nouvelle technologie les amplifie, observe l'Institut de Recherche pour le Développement Social des Nations Unies (UNRISD) dans son résumé des conclusions d'une recherche globale sur les implications sociales et économiques de la Révolution Verte (UNRISD 1974). Ce rapport précise que les cultivateurs déjà endettés (phénomène partiellement lié à la désintégration de l'artisanat qui oblige les ruraux à acheter des biens de production manufacturés, souvent importés) ont difficilement accès à la nouvelle technique qui impliquerait pour eux un endettement plus grand encore associé à un plus grand coefficient de risque. En outre, cette catégorie de cultivateurs se trouve en situation d'infériorité contractuelle pour accéder au crédit.

A l'autre bout de la hiérarchie sociale, les cultivateurs aisés, pour la plupart déjà intégrés au marché, obtiennent de rapides profits et ont tendance à se mécaniser pour se libérer de la main-d'oeuvre. En théorie, cette mécanisation n'était pas explicitement liée à l'emploi des nouvelles variétés bien que celles-ci demandent davantage de travail, ce qui, dans le cas de grandes exploitations, constitue bien évidemment une incitation à la motorisation. Quoi qu'il en soit, la structure agraire tend généralement à se modifier rapidement : les métayers sont évincés, une concentration de la terre et du capital s'opère au détriment des petits cultivateurs. De nombreuses personnes qui vivaient plus ou moins bien de la terre se trouvent désormais séparées d'elle ("de-landing" of the labour force). La prolétarisation et le chômage s'accentuent, renforçant l'exode rural. La malnutrition fait son apparition dans les familles privées de tout moyen de production agricole ou de gagne-pain (UNRISD 1974, p.25).

Hormis certains cas aux Philippines et en Indonésie où l'emploi familial semble avoir été stimulé, de profonds bouleversements agraires aboutissent à la désintégration des systèmes ruraux qui assuraient des moyens familiaux ou villageois d'existence. L'ensemble des relations : terre-travail-capital, agriculture-commerce-industrie, ville-zones rurales est profondément pertubé par une incorporation accrue aux marchés mondiaux. Car l'exportation de céréales peut fort bien coïncider avec une extension de la malnutrition, comme divers pays en témoignent. De même, l'autosuffisance évaluée uniquement en termes de demande solvable peut coexister avec de larges secteurs de population mal nourris.

3.12 *Effets écologiques*

L'on attend encore une évaluation globale des effets écologiques de la mise en oeuvre plus ou moins intégrale du "package" standard d'inputs chimiques associé aux variétés à haut rendement. Certains faits se dégagent toutefois : la structure microbiologique des sols est altérée et un déséquilibre s'instaure qui, à son tour, engendre des maladies du grain (Kaira disease, etc.). L'irrigation induit souvent une salinisation, alcalinisation ou une nitrification des sols. L'usage non modulé des divers inputs chimiques entraîne des résidus toxiques dans les récoltes, les eaux (dont les nappes phréatiques), la faune et les chaînes alimentaires. La pisciculture de rizière, en usage en Asie, devient désormais impossible privant les populations d'un apport en protéines animales. En bref, c'est tout le problème de la généralisation des variétés à haut rendement à des écosystèmes très divers, et ses implications sur le métabolisme des sols, des eaux et de nombreux organismes vivants qui se trouve posé.

Par chance, l'impact écologique a parfois été moins grave qu'on aurait pu le craindre, par suite du coût élevé des engrais chimiques et des pesticides. En bien des cas, même avant la hausse de ces prix, les producteurs appliquaient des quantités moindres que celles qui leur étaient recommandées.

Indépendamment de ces impacts écologiques, les seuls impacts sociaux de la Révolution Verte ont conduit l'UNRISD à penser que "la plupart des gouvernements hésiteront à s'engager dans une politique si drastiquement décisive et porteuse de conflits" (UNRISD 1974, p.30).

3.13 *Le transfert technique*

En tant que choix de stratégie et mode de gestion agricole, la Révolution Verte repose sur une philosophie sous-jacente. Il s'agissait avant tout, dans l'esprit de ses promoteurs, d'éviter les réformes agraires grâce à un accroissement massif de la production céréalière. L'amélioration de la nutrition, pas plus qu'une meilleure distribution de la production alimentaire, ne figuraient au départ au rang d'objectifs. L'idée était d'accroître d'abord la production pour repousser dans l'avenir le problème d'une distribution plus égalitaire, en s'appuyant sur l'hypothèse implicite qu'un accroissement de la production entraînerait de soi l'amélioration de l'alimentation.

En fait, l'on décèle là une projection du modèle d'agriculture américain à haute intensité capitalistique, considéré comme la voie unique du "progrès". Ce "progrès" a pour corollaire l'exode rural et l'accroissement des inégalités qui sont jugés des maux inéluctables et le prix de ce progrès. L'objectif réel, au-delà de la doctrine officielle, est probablement une intégration accrue des zones rurales du Tiers Monde aux grands marchés mondiaux, et par là, une dépendance renforcée de l'agriculture par rapport à l'industrie, du monde rural par rapport au monde urbain.

Ces objectifs ont pour conséquence le caractère socialement artificiel de l'expérimentation dissociée des structures agraires, (ce dont les phytogénéticiens commencent à prendre conscience) (Jennings 1974 ; Wade 1974) ainsi qu'une structure pyramidale descendante de la vulgarisation organisée de manière à imposer, par un recours éventuel aux techniques de marketing, le message technique qui doit conduire aux achats d'inputs industriels, compte non tenu de la diversité de situation réelle des producteurs comme de leurs terres.

D'un point de vue strictement technique, les lignées de la Révolution Verte sont généralement plus vulnérables aux pertes que les variétés traditionnelles. Ce caractère découle de leur uniformité génétique, renforcée par la monoculture. Des accidents tels que la nielle du blé qui détruisit un cinquième de la récolte des Etats-Unis en 1970 découlent de ce lien génétique. L'Académie des Sciences des USA (National Academy of Sciences) considère que les blés demi-nains produits au CIMMYT comptent parmi les variétés à l'"extrême vulnérabilité génétique potentielle". Par surcroît, les pratiques culturales recommandées tendent à renforcer encore cette vulnérabilité : le semis dense, le feuillage luxuriant, les cultures multiples sans rotation créent un terrain idéal pour une invasion et une multiplication rapide des prédateurs ou une propagation foudroyante des maladies. Toujours selon l'Académie des Sciences, toutes choses égales par ailleurs, le danger de sérieuse perte de récolte due à des attaques majeures de maladie ou d'insectes est plus grand aujourd'hui que par le passé (Wade 1974).

L'espérance de vie d'une variété de blé est de l'ordre de cinq années. Dès lors la sélection génétique en vue de la résistance est un travail de Sisyphe car, dans le cadre de la monoculture, la résistance acquise provoque l'évolution d'une nouvelle "peste". Les accidents survenus par le passé dans les banques de gènes au Pérou comme au CIMMYT prouvent qu'il serait hasardeux de se reposer entièrement sur les institutions pour pallier l'érosion génétique de très nombreuses variétés locales, induite par la sélection puis l'adoption à grande échelle des nouvelles variétés.

Le transfert pur et simple d'une technologie conçue pour les besoins des consommateurs et des agriculteurs américains débouche dans le Tiers Monde sur une technologie coûteuse, parce que largement dépendante d'inputs énergétiques industriels (fertilisants, pesticides, pompage pour l'irrigation...) qui ne peut correspondre qu'à une agriculture commerciale de production de masse et de profits élevés. La Révolution Verte a été conçue en fonction de la monoculture d'une seule variété parce que cette uniformité répondait à la mécanisation, aux désirs des industries en amont comme en aval de la production agricole, ainsi qu'aux critères commerciaux de distribution.

En dernière analyse, c'est une technique créée par des urbains et des industriels de pays tempérés et imposée sur un monde rural agricole inséré dans des systèmes tropicaux très divers. Cette greffe est probablement loin de convenir aux besoins alimentaires, aux diverses ressources humaines et physiques, et surtout à l'exigence de sécurité primordiale pour le Tiers Monde. Ce genre de conviction tend à se répandre de plus en plus largement dans le monde d'aujourd'hui.

3.14 *Impact de l'aide alimentaire*

L'aide souvent associée à ce transfert technique n'est pas non plus une stratégie neutre. Ainsi, la loi 480 destinée à résorber les excédents américains a favorisé essentiellement la pénétration économique des USA dans divers pays. Les dons ou trocs initiaux furent habituellement rapidement suivis par des contrats en monnaie locale, ce qui revenait à des prêts aux agro-industries américaines désireuses de s'implanter dans ces pays pour y trouver des débouchés. En Inde et au Pakistan, ces fonds de contrepartie, propriété des Etats-Unis, représentent un tiers de la masse monétaire locale. La pénétration économique permet le contrôle politique du pays qui perd ainsi toute autonomie et s'installe dans la dépendance. Les vivres américains découragent par ailleurs la production locale et dissuadent les gouvernements de s'attaquer efficacement à toute réforme agraire.

Les autres pays (OCDE, Japon...) disposant de surplus agricoles s'empressèrent de suivre l'exemple américain en vue d'intégrer et téléguider les économies des pays de leur zone d'influence respective, afin que ces pays soient en mesure d'accroître leurs importations dans les pays industriels. En Afrique, la distribution de farine de froment à grand renfort de propagande à provoqué un recul du mil. L'effet de démonstration des classes aisées européennes et locales diffuse un modèle de consommation exogène qui induit des habitudes et des besoins de produits importés. La structure de production se trouve modelée en fonction de l'intérêt d'économies étrangères. Les pays receveurs d'aide se trouvent ainsi dotés d'une structure de production et de consommation qui ne correspond nullement aux besoins fondamentaux de leurs populations. En tout état de cause, l'aide ne peut apporter d'amélioration durable de la nutrition (Sheets & Morris 1974).

3.2 CRITERES DES CHOIX TECHNIQUES

Si le plus important, selon Gõran Ohlin ou Leonard Joy, est d'abord d'éviter les stratégies nocives (Ohlin 1972 ; Joy, Payne & Suckhatme 1971 ; Joy 1973), il s'agit de les remplacer par des stratégies caractérisées par une meilleure gestion des ressources. L'essentiel est de maintenir sans cesse la nutrition à son rang d'objectif prioritaire, et d'évaluer ensuite toute action à cette aune.

Comme le suggère Joy, la première étape consiste à identifier qui (quels groupes sociaux) sont les malnourris et pourquoi. Point n'est besoin de perdre un temps précieux à des enquêtes détaillées : une identification rapide basée sur des indicateurs simples permet un prompt diagnostic, condition d'une politique de nutrition entreprise sans délai. Une action d'urgence s'imposait, par exemple, dès lors qu'on savait en 1972 que 40 à 50% des enfants d'Afrique noire souffraient à un moment ou l'autre de malnutrition protéino-calorique (Sai 1972, p.141). De même, l'on sait qu'en Inde, la malnutrition atteint environ un tiers de la population (Joy 1972).

Or nombreux sont les spécialistes qui en arrivent à la conclusion que l'accroissement des revenus ruraux ne suffit pas à résoudre le problème de la nutrition ou peut même l'aggraver (Joy 1972 ; Ohlin 1972 ; Berg 1972). Il se trouve que les stratégies axées sur la production comme objectif majeur, induisent habituellement la malnutrition chez les petits propriétaires, fermiers, métayers, ouvriers agricoles, paysans sans terre ou cultivateurs de terres marginales, ainsi que dans les zones péri-urbaines.

Tout d'abord, les critères des choix techniques devraient se fonder sur les analyses des situations agraires locales, et viser explicitement l'autosuffisance par et pour les producteurs d'abord comme objectif minimal, puis le développement d'un surplus commercialisable. Pour les économistes, cela implique une modification de la hiérarchie des indicateurs : la croissance physique de la production indépendamment de sa répartition cède la place à l'accès effectif à la nutrition, qu'il s'effectue ou non à travers le canal du marché.

Nous proposons donc les critères de choix techniques suivants :

- Réduction du coût des intrants (inputs) de la production agricole par recours préférentiel aux ressources locales tant pour le choix du produit que pour les moyens de production : espèces et variétés peu exigeantes et bien adaptées, énergie bon marché (solaire, éolienne, hydraulique, animale), sources d'engrais disponibles sur place, lutte intégrée, gestion tirant parti des complémentarités.
- L'objectif est d'aboutir à une gamme diversifiée de produits finaux (denrées alimentaires), d'un coût de revient compatible avec les facteurs de production des petits producteurs. Les prix doivent être suffisamment rémunérateurs pour inciter à la production vivrière, mais suffisamment bon marché pour être à la portée des habitants des zones urbaines à faible revenu.
- L'accès à une alimentation conforme aux besoins physiologiques et aux préférences culturelles raisonnables doit conduire à privilégier la sécurité d'approvisionnement par les moyens les plus variés, ce qui n'exclut pas, bien au contraire, le jeu des complémentarités aux divers niveaux locaux, régionaux, nationaux, etc. C'est la somme d'unités de production multiples comptant d'abord sur leurs propres forces et moyens de production qui constitue l'assise d'une "self-reliance" collective aussi large que possible au niveau national et continental.
- En liaison avec le critère précédent, la qualité nutritive

et les propriétés de conservation soit directes (stockage familial et villageois), soit par l'intermédiaire d'un traitement artisanal ou industriel, doivent recevoir la priorité sur les considérations de valeur commerciale. En d'autres termes, ce sont les qualités intrinsèques du produit qui doivent être prises en considération, et non seulement sa valeur marchande.

- Réduction des effets écologiques négatifs sur l'écosystème concerné et les écosystèmes adjacents. Les systèmes de production doivent être appréhendés comme des éléments d'un complexe vivant, et non comme un simple processus industriel. Ce qui conduit à privilégier l'approche biologique.
- La pérennité, la stabilité de la base de production conduit au choix de techniques de production qui maintiennent, améliorent ou restituent la fertilité des sols, la qualité des eaux et, de manière plus globale, les potentialités de l'écosystème.
- Un niveau élevé d'emploi rural doit être recherché tant dans la production elle-même que dans les activités qui se situent en amont (fabrication, réparation d'outillage...) en aval (conservation, transformation, utilisation des sous-produits) et dans les activités annexes. La décentralisation devient la condition de l'effort d'autosuffisance productive.

3.3 LE PROBLEME DE L'APPORT D'EAU DANS LES ZONES ARIDES

Pour la survie, l'homme dépend du complexe sol-eau et de la vie végétale issue de ce complexe. Près de la moitié de la population mondiale lutte pour subsister dans des zones arides et semi-arides où l'eau est une ressource rare, donc particulièrement précieuse. Dans ces régions, le choix de techniques vise à conserver l'eau, augmenter l'eau disponible pour les plantes et réduire la ponction en eau des végétaux.

Nous évoquerons brièvement quelques techniques prometteuses, bien que souvent négligées ou trop peu utilisées, de façon à illustrer l'étendue de la gamme de techniques disponibles, en sus des méthodes usuelles d'irrigation.

3.31 *Collecte d'eau pour la culture*

Une première méthode consiste dans la collecte d'eau de pluie par gravité dans des systèmes aménagés à cet effet.

L'idée, mise en oeuvre notamment en Israël dans le désert du Negev, est née de l'observation des vestiges des techniques de collecte d'eau de pluie mises en oeuvre il y a 2.000 ans par les Nabathéens (National Academy of Sciences 1974, pp.9-37). L'eau de ruissellement des pentes débarrassées des pierres est conduite dans des canaux puis dans des citernes ou réservoirs.

Ces derniers renouent parfois avec la technique des "saucisses", aujourd'hui remplies de terre et de ciment, en usage au Soudan (National Academy of Sciences 1974, p.20) ; on peut y adjoindre une couverture de sable qui réduit l'évaporation et joue en même temps le rôle de filtre procurant une eau de boisson, suivant une technique expérimentée par le Groupe de Technologie Intermédiaire (National Academy of Sciences 1974, p. 19). Le principe de base de ces méthodes rend possible une agriculture dans des régions qui ne reçoivent qu'une moyenne de 100 mm de pluie par an.

Lorsque les caractéristiques du sol le permettent, l'aménagement de bassins collecteurs, une technique vieille de 4.000 ans, permet la croissance de plantes pérennes à système racinaire profond : artichauts, asperges, orge, sorgho, cultures fourragères. Le millet perlé, au cycle végétatif très court, qui se contente comme d'autres céréales moins connues d'une seule chute de pluie, convient particulièrement à cette technique peu coûteuse car elle ne requiert pas de pompe (National Academy of Sciences 1975a). Comme nous l'avons signalé plus haut, la culture d'arbres fruitiers avec engrais organique et paillis si possible, se prête à cette méthode de concentration de l'eau sur un petit espace. Chaque arbre est planté au point de convergence des eaux dans un petit bassin ou micro-collecteur facile à établir à un faible coût. Au Negev, le coût d'aménagement de ces micro-collecteurs est évalué à entre cinq et trente dollars par hectare. Toutefois, le dessin, la profondeur et la dimension optimale doivent être soigneusement adaptés à chaque espèce. D'autres paramètres interviennent : qualité du sol, degré de pente, précipitations. C'est là que la science peut intervenir.

La mise en oeuvre de cette technique équivaut à une pluviosité de 300 à 500 mm/an. Le principe peut être appliqué sur n'importe quel degré de pente, y compris sur les terrains quasi plats. Sur les fortes pentes, cette technique se rapproche de celle des terrasses successives dont le dessin en zig-zag vise à ralentir et conserver le flot d'eau. L'eau qui ruisselle aux bords des routes (qui jouent également un rôle collecteur) peut aussi être récupérée et utilisée à des fins agricoles.

Ces méthodes ont été expérimentées dans l'Arizona et en Israël surtout, et, dans une moindre mesure, en Inde, Pakistan, Australie, Botswana... Au Niger près d'Agadès, des murs de pierres de 1 m de haut en travers de la pente ont efficacement retenu l'eau des pluies d'été en 1973, donnant naissance à une appréciable pousse d'herbe, évènement exceptionnel à cette date, apportant la preuve que des pâturages peuvent être ainsi reconstitués.

Le choix des espèces capables d'endurer une alternance d'inondation et de sécheresse revêt naturellement une grande importance. Divers procédés d'imperméabilisation des bassins collecteurs, à l'aide d'asphalte par exemple, sont à l'étude.

3.32 *Méthodes d'irrigation en eau douce*

L'irrigation par un système de tuyaux placés sur le sol (ou sous le sol) parmi les plantes, par le contrôle rigoureux qu'il autorise, procure un écoulement adapté aux besoins des plantes avec un volume d'eau minimal. Les pertes par évaporation et percolation se trouvent très réduites. A la différence de l'irrigation classique, l'inexistence de nappes d'eau en surface prive les moustiques d'un habitat. A ce titre, cette méthode doit entrer dans l'arsenal des moyens de lutte contre les maladies transmissibles par des moustiques (paludisme, filariose, fièvre jaune, dengue). Elle permet de rendre productives des terres très en pente ou rocheuses, inaptes à une irrigation conventionnelle. Son coût soutient avantageusement la comparaison avec cette dernière. De plus, la moindre quantité d'engrais requise peut être injectée dans le système et conduite à la racine des plantes, entraînant ainsi une meilleure réponse. Cette technique permet de faire usage d'eau salée (jusqu'à une concentration de 2.500 mg de sel par litre). Elle réduit aussi les risques de maladies des plantes (moisissures diverses), ne donne aucune prise à l'érosion et favorise une meilleure aération et texture du sol.

Toutefois, cette méthode a parfois donné lieu à une publicité abusive. Elle requiert une gestion soignée et semble mieux convenir aux cultures pérennes ou arborées ainsi qu'aux cultures sous couvert de plastique ou de verre. La mise en place et le maintien de ce type d'irrigation demeurent délicats.

D'autres méthodes : tuyaux perforés, arroseurs giratoires ou simplement cruches en terre cuite enterrées sont d'autres exemples d'un vaste éventail de techniques possibles. La méthode des cruches en terre remplies d'eau et enterrées jusqu'au cou, mise au point au Penjab, permet la culture de légumes avec une quantité d'eau tout à fait minime. Ces grandes cruches en terre poreuse, très bon marché, sont couramment produites par l'artisanat dans bon nombre de pays du Tiers Monde (National Academy of Sciences 1974, p.110).

3.33 *Méthodes d'irrigation avec de l'eau salée*

L'eau salée jusqu'à une concentration de 12.000 mg/litre est utilisable pour l'irrigation moyennant certaines précautions. Les plantes halophiles (tolérant le sel) sont plus nombreuses qu'on ne le croît habituellement : orge, blé, betterave à sucre, rye grass, Bermuda grass ou *Cynodon dactylon*, *Agropyrum elongatum* et *A. desertorum*, coton, ainsi que divers arbres tels que palmier-dattier, olivier, pistachier, grenadier... (National Academy of Sciences 1974, pp.38-44). Un drainage soigné est indispensable si l'on veut éviter la salinisation du sol. Il faut savoir aussi que les tests conduits dans les régions tempérées ne sont pas valables pour le tropique aride. Des expérimentations parrainées par l'UNESCO sont en cours en Tunisie (National Academy of Sciences 1974, pp.42-43).

3.34 *Types de puits*

Des procédés variés, souvent millénaires, ont été élaborés par les civilisations des pays arides. Ils peuvent être perfectionnés à l'aide de matériaux ou de techniques de construction plus sûres et plus rapides. Les puits demeurent indispensables pour atteindre les nappes d'eau peu profondes (au-dessus de vingt à trente mètres). L'art du revêtement intérieur a régressé, aussi des progrès sont-ils nécessaires pour assurer une protection efficace contre les effondrements et les souillures.

Les quanats persans, tunnels presque horizontaux permettent de capter une nappe d'eau souterraine dans un cône d'alluvions et amènent l'eau à la surface sans l'aide de pompe. Les quanats sont en usage du Pakistan et de l'Afghanistan (où ils sont appelés *karezes*) à l'Afrique du Nord (*foggaras*) et en Arabie (*falaj*). En Iran, quelque 40.000 quanats fournissent 35% de l'eau du pays.

Le conduit peut atteindre jusqu'à vingt-huit km. La conjugaison de la télédétection, de l'hydrologie, de la géologie et de l'ingénierie moderne devrait revivifier cette précieuse technique et conduire à des procédés de construction plus sûrs ainsi qu'à un conduit plus solide. Une amélioration très souhaitable consisterait à trouver le moyen de fermer l'orifice du quanat en période d'abondance d'eau pour le rouvrir en période de sécheresse.

Les puits horizontaux qui captent des sources constituent une variante des quanats appropriée aux régions montagneuses. Un réservoir de stockage de l'eau peut être ajouté dans les cas d'écoulement mince. Cette technique s'est beaucoup développée dans le sud des Etats-Unis ces quinze dernières années. L'équipement de construction est sûr, simple et portable (National Academy of Sciences 1974, pp.54-63).

Ces quelques exemples illustrent la démarche qui consiste à ne négliger aucune des techniques anciennes qui ont fait leur preuve au long des siècles, quitte à les améliorer. Le recours aux matériaux disponibles sur place doit être systématiquement envisagé de façon à réduire les coûts au maximum et à faciliter l'accès à un grand nombre d'habitants des zones arides. Le puit tubé en bambou offre un exemple significatif de l'intérêt d'une telle démarche (Appu 1974).

Ayant semé des variétés à haut rendement dans l'espoir, bientôt déçu, qu'un voisin lui cèderait son puit tubé en acier, un fermier indien se trouve dans l'impossibilité d'acheter l'équipement neuf nécessaire, d'un montant de 3.000 à 4.000 roupies. Menaçé de perdre sa récolte, il bricole un puit en bambou efficace dans les sols alluviaux sablonneux du Nord-Bihar, ce qui lui revient à 250 roupies. Le forgeron du village assisté d'une dizaine de personnes peuvent le fabriquer en une journée avec des matériaux trouvés sur place ou facile à se procurer : bambou, fibre de coco, clous, fil et anneaux de fer, goudron, vieux sacs de jute.

Cette initiative paysanne est mal accueillie par le Département technique du Gouvernement de l'Etat du Bihar, qui, en l'espace de quatre ans, installe 1.600 puits en acier sur deux districts. Cependant, ce gaspillage d'une matière rare et coûteuse se trouve heureusement limité en raison précisément de son coût, qui demeure élévé même avec l'aide des pouvoirs publics. Or, pendant cette même période, 4.000 puits en bambou sont fabriqués dans les villages, sans le secours des autorités. Devant ce succès, des responsables locaux réussissent enfin, lors de la sécheresse de 1972, à obtenir l'aide publique pour un programme de 14.000 puits en bambou, à réaliser en quatre mois. Par surcroît, 5.000 puits supplémentaires sont fabriqués sans aide. En l'espace de quatre mois, 40.000 hectares se trouvent irrigués par ces puits associés à des pompes Diesel mobiles, utilisées en location. Semblables faits démentent assurément les thèses si communément avancées sur l'inertie paysanne et son refus du progrès technique.

Le bambou offre par ailleurs d'autres possibilités en matière d'hydraulique : digues, tuyaux, fontaines... (Hidalgo 1974). Un traitement chimique pourrait conférer à ces ouvrages de bambou une résistance et une durée de vie accrue.

3.35 *Réutilisation de l'eau et distillation solaire*

L'utilisation des eaux usées par l'agriculture est particulièrement attractive près des villes, pourvu qu'un traitement sommaire des eaux ait été appliqué pour prévenir tout risque d'infection. L'Organisation Mondiale de la Santé a mis au point des directives à ce sujet. La ville de Mexico utilisait néanmoins à des fins d'irrigation une grande quantité d'eau d'égoûts non traitée. En Australie, en Rhodésie, les eaux usées sont utilisées pour la production de fourrage.

La distillation solaire associée à un circuit quasi fermé d'eau avec adjonction de CO_2 pour améliorer les performances de la photosynthèse offre un intérêt là où l'eau de qualité est particulièrement rare. Toute une gamme de méthodes plus ou moins sophistiquées existe, depuis les tunnels de plastique jusqu'aux "maisons vertes" à l'environnement parfaitement contrôlé comme à Abu Dhabi.

3.4 ALTERNATIVES ENERGETIQUES POUR LES ZONES RURALES

3.41 *L'énergie solaire et éolienne*

Bien que les premières recherches en vue de domestiquer l'énergie solaire remontent à l'antiquité égyptienne, l'utilisation systématique de cette source d'énergie non coûteuse, inépuisable et particulièrement abondante en pays arides ou tropicaux, avait singulièrement peu progressé jusqu'à ces toutes dernières années. Sans doute faut-il chercher la raison de cette négligence dans la priorité accordée durant ce dernier siècle aux sources d'énergie commerciales. Le coût élevé de l'énergie commerciale devrait inciter de nombreux pays du Tiers Monde à recourir davantage à l'énergie solaire dans les zones rurales au moins, en maximisant la photosynthèse d'une part, en recourant à divers types de capteurs solaire d'autre part. Comme le souligne Abdou Moumouni, directeur de l'ONERSOL (Office National de l'Energie Solaire) au Niger, les équipements solaires sont appelés à jouer un très grand rôle dans le cadre d'une politique énergétique équilibrée et diversifiée. L'énergie solaire figure au rang des plus précieuses ressources de la plupart des pays du Tiers Monde.

Nous évoquerons brièvement quelques-unes des applications appropriées aux zones rurales qui, sans faire appel à une technique sophistiquée, permettent de répondre à de nombreux besoins : séchage, chauffage, cuisson, réfrigération, production d'énergie mécanique ou électrique, etc.

3.411 *Séchoirs solaires pour la conservation des récoltes*

A un premier niveau technique, les séchoirs solaires, d'une conception très simple, permettent un stockage ultérieur dans de bonnes conditions et améliorent en outre la qualité du produit. Ils ont récemment fait l'objet de recherches dans divers pays : Canada, Brésil, Inde... Mais, c'est dans les Caraïbes que les recherches appliquées sont les plus avancées. Elles ont donné lieu à diverses améliorations successives des séchoirs solaires, visant à diminuer l'encombrement, à améliorer le rendement (par la recherche de l'inclinaison optimale du récepteur) et la durée de vie de l'installation. Les essais, effectués sous différentes intensités solaires (de 900 Kcal. à 5.000 Kcal.) avec divers types de produits (oseille, herbe, cacao, manioc, chips de patates douces, bananes en tranches, ignames hachés, poivre ...) ont sensiblement amélioré la qualité du produit par rapport au séchage habituel. Le choix de la température appropriée à chaque type de produit et à l'ensoleillement est rendu possible grâce au choix du plateau de séchage, car la température décroît du haut en bas de la chambre solaire. Ces séchoirs faciles à construire et à transporter ne demandent aucun entretien et semblent bien adaptés aux régions isolées. Leur coût dépend du choix des matériaux de construction et de la durée de vie souhaitée. Les auteurs, pour une longue durée de vie, ont choisi des bois locaux, des tôles d'acier ou d'aluminium galvanisé et le verre à vitre (Headley & Springer 1973).

Lorsqu'on sait que les pertes directes durant l'entreposage sont de l'ordre de 30% en moyenne sous les tropiques, et qu'elles viennent s'ajouter aux 25% de pertes antérieures, on voit le bénéfice que pourraient apporter des séchoirs solaires. Car la première protection consiste précisément à ne stocker que des denrées aussi sèches que possible.

3.412 *Capteurs en plaques ou collecteurs-plans et moteurs solaires*

Ils convertissent la chaleur solaire en énergie mécanique et éventuellement en énergie électrique. Le principe des collecteurs-plans est simple : le soleil chauffe de l'eau en circulation en circuit fermé dans des tuyaux traversant des collecteurs-plans. L'eau échauffée provoque la dilatation d'un gaz liquide produisant une pression suffisante pour actionner un piston qui, à son tour, actionne une pompe. Le gaz, qui peut être du butane, est ensuite refroidi et liquéfié dans un condenseur, puis réinjecté dans l'évaporateur, et le circuit recommence. Toutefois, une bonne efficacité et un fonctionnement satisfaisant même avec de faibles écarts de température requiert une haute technicité. Les travaux du Professeur Masson, de l'Université de Dakar, aboutirent en 1966 à la mise en fonctionnement de la première pompe solaire. Cinq pompes prototypes fonctionnement actuellement : deux au Sénégal, une en Haute-Volta, une en Mauritanie (pompe Chinguetti) et une au Niger. Le Mexique a passé commande d'un millier de pompes d'1 kw pour l'hydraulique pastorale et d'une pompe de 25 kw pour l'irrigation. Le Mexique et la Lybie envisagent une production industrielle de pompes solaires sur leur territoire. D'autres projets sont en cours d'étude ou de réalisation au Sénégal, et au Niger pour un hôpital (apport d'eau, d'électricité et réfrigération des médicaments). Diverses installations de pompage solaire sont déjà en usage en Ouzbékistan, Turkménie et Géorgie pour l'irrigation et la fourniture d'eau potable.

Les recherches se poursuivent à l'ONERSOL pour améliorer le rendement des moteurs solaires de 1 à 4 CV en vue de la production d'électricité et du pompage en zone rurale. Leur intérêt est évident pour l'exhaure de l'eau des puits et forages, l'irrigation et divers types d'artisanat.[9]

---

9. Tout récemment au Mexique, la technique des capteurs en plaque vient d'être mise en oeuvre à l'échelle d'une petite ville pour l'alimentation en électricité et la couverture des besoins d'irrigation. Dans un très proche avenir, la

FIGURE 2. POMPE SOLAIRE CHINGUETTI

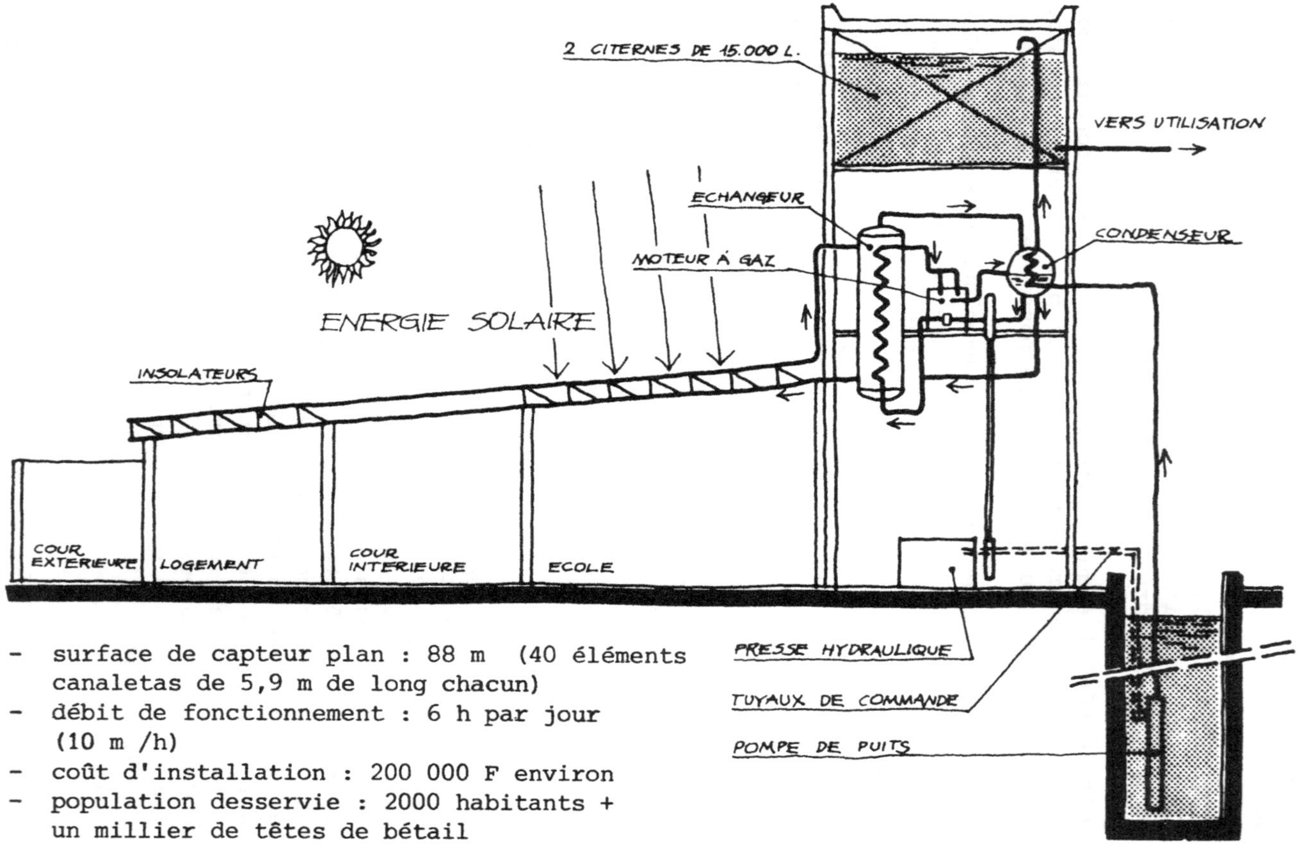

- surface de capteur plan : 88 m (40 éléments canaletas de 5,9 m de long chacun)
- débit de fonctionnement : 6 h par jour (10 m /h)
- coût d'installation : 200 000 F environ
- population desservie : 2000 habitants + un millier de têtes de bétail

3.413 *Chauffe-eau, appareils de cuisson et réfrigérateurs*

Un certain nombre de chauffe-eau solaires d'une durée de vie d'au moins quinze ans, construits par l'ONERSOL, sont actuellement en service au Niger et en Haute-Volta. Les chauffe-eau solaires se comptent par centaines de milliers au Japon, en Australie et en Israël.

Dans les zones sahélo-soudaniennes, la cuisson solaire, même sur la base d'un mi-temps, permettrait de sauver 25 à 30 millions de tonnes de bois. Dans les centres urbains de cette région, le bois est presque le seul combustible. La consommation annuelle de bois d'une famille de cinq à six personnes est estimée à 2,5 à 3 tonnes de bois en zone urbaine comme en zone rurale, ce qui signifie une consommation de bois de 50 à 60 millions de tonnes par an. A cela s'ajoute la consommation de bois comme combustible pour de nombreuses activités artisanales ou industrielles : séchage du poisson, briquetteries (une briquetterie consomme 5.000 tonnes de bois par jour), etc. On voit l'importance de l'alternative solaire dans ces zones où le reboisement, la lutte contre l'érosion, la régénération des pâturages et arbustes fourragers sont la condition de la survie (Moumouni 1973 ; Bonnet & Zoghbi 1975).

Aux Indes, où la bouse de vache est le plus souvent l'unique combustible des zones rurales, des cuisinières solaires permettraient de restituer aux terres cette source d'engrais organique si nécessaire. Les cuisinières solaires semblent d'un usage assez répandu en Asie Centrale (URSS). Une usine de cuisinières, appareils de dessalement et chauffe-eau solaires devait entrer en service en 1974 à Boukhara.

La réfrigération est indispensable dans les dispensaires et hôpitaux pour conserver les médicaments, vaccins, etc. Elle pourrait couvrir d'autres besoins collectifs dans les écoles ou autres locaux publics ainsi que des besoins artisanaux ou industriels (abattoirs, conservation de la viande, du poisson...). La technique est bien établie au niveau expérimental tant en URSS qu'aux USA.

SOFRETES (France) sera en mesure d'installer des équipements fournissant 25 kw/heure. Le prix moyen des capteurs devrait se situer aux environs de 120 F le m^2. Pour une centrale en zone tropicale, le coût du kw/heure se situerait entre 0,093 F (sans stockage) et 0,081 F (avec stockage). Ce coût relativement modique et compétitif apporte la preuve que l'énergie solaire peut être installée à des coûts raisonnables. En outre, au stade de la production industrielle, une sensible baisse du prix des capteurs devrait intervenir (Bonnet & Zoghbi 1975).

3.414 *La distillation solaire*

Des alambics solaires peuvent répondre aux besoins des hôpitaux, dispensaires, pharmacies... ce qui épargnerait 25 à 30 millions de tonnes de bois et deux milliards de kw/heure en zone soudano-sahélienne. Cependant, c'est en serre que la distillation a le meilleur rendement. La production d'eau douce peut répondre aux besoins en eau potable ou à ceux d'une agriculture intensive en "maison verte" en circuit presque fermé d'eau, donc dans des conditions de consommation minimale d'eau saumâtre ou non. Dans les régions chaudes, ces cultures sous abri expérimentées notamment par l'ONERSOL, offrent une protection contre l'excès de chaleur, excès qui peut être couplé avec une opération de dessalement en vue de l'irrigation.

En Haïti, des villageois ont construit en cinq mois un appareil de distillation solaire qui leur fournit de l'eau potable. L'eau de mer est refoulée dans un réservoir par une petite éolienne ; on la laisse ensuite s'écouler lentement dans des bassins chauffés par le soleil à travers le toit en verre. L'eau s'évapore, se condense sur le dessous de la vitre en gouttelettes d'eau pure qui s'accumulent et s'écoulent dans des caniveaux collecteurs. Cet alambic solaire a été construit à partir de verre, béton, feuilles de caoutchouc et produits d'étanchéité faciles à obtenir (Coopération Canada 1974, p.12).

Une autre forme de captage de l'énergie solaire consiste à utiliser l'énergie éolienne qui en dérive.

3.415 *Les aérogénérateurs*

Des progrès notables ont été réalisés dans la mise au point de turbines éoliennes très légères, dans une gamme de techniques plus ou moins coûteuses (de l'éolienne Savonius construite à partir de demi fûts de pétrole jusqu'à la turbine à vent mise au point au laboratoire d'aéronautique du Conseil National de Recherches du Canada). L'Australie s'est plutôt spécialisée dans la construction d'appareils adaptés aux vents forts tandis que des appareils adaptés aux vents faibles et discontinus sont construits en France. Ces derniers peuvent fonctionner même par vent de 18 km/h mais seraient aussi capables de résister à des rafales de vent violent de plus de 200 km/h. Une protection contre les vents de sable est prévue, ainsi qu'une batterie à piles chimiques pour stocker l'énergie et un dispositif de remise en route après une période sans vent. Ces aérogénérateurs peuvent fonctionner sans surveillance ou entretien durant six mois.

3.42 *Le bio-gaz (gaz biologique ou méthane)*

Le méthane est produit par digestion anaérobie dans un fermenteur alimenté en excréments animaux ou humains avec adjonction de résidus agricoles. Ces fermenteurs procurent un combustible propre et des boues résiduelles non pathogènes qui constituent un excellent engrais organique. Ce procédé est évoqué de façon assez développée dans la deuxième partie de ce volume.

En Inde, des unités de bio-gaz constitueraient une solution appréciable pour la production simultanée d'énergie et d'engrais. Si l'on songe que les quatre cinquièmes des Indiens vivent dans des villages et que l'électricité à partir de centrale hydrauliques, thermiques de même que le pétrole en crise ne peuvent subvenir aux besoins villageois (pompes, artisanat, éclairage ...) et que l'utilisation de bois ou de bouse de vache séchée ne constituent pas des solutions satisfaisantes, la pièce maîtresse d'un système d'énergie décentralisé pourrait être l'unité de bio-gaz. Les nombreuses expériences indiennes, fondées sur 8.000 unités de 20 types différents, déjà en service, permettent de conclure que la conversion biologique en gaz méthane serait une utilisation beaucoup plus rationnelle du déchet animal que l'actuelle combustion directe. Ainsi, pour un village de 500 personnes, 250 têtes de bétail et 100 familles, un calcul fondé sur des hypothèses modérées (taux de collecte de 75% des déchets et rendement en gaz de la saison la moins favorable) aboutit à une production supérieure de 25% à l'actuelle consommation totale d'énergie. Les avantages écologiques procurés par la collecte des bouses de vache et des latrines collectives connectées au fermenteur offriraient un meilleur contrôle sanitaire (destruction des pathogènes) et une économie de 0,4 acre de forêt par village et par an.

L'engrais contenu dans les boues résiduelles pourrait satisfaire à une demande supérieure de 25% à l'actuelle consommation moyenne d'un village. Le compostage des boues avec les ordures domestiques permettrait de doubler leur contenu en nutriments. De nombreux déchets organiques sont susceptibles de fermentation, en particulier ceux des industries agricoles ou alimentaires. La culture ou la cueillette de végétaux à haut rendement photosynthétique (ex. la cueillette des jacinthes d'eau qui encombrent les canaux d'irrigation) serait à envisager dans cette perspective.

Estimation remarquable : 26.150 petites usines décentralisées seraient plus avantageuses qu'une centrale thermique de grande dimension à base de charbon. Ces petites unités permettraient une économie de devises, une production agricole accrue, et une simplification considérable des problèmes de transport d'énergie. De telles hypothèses mériteraient une priorité élevée. Signalons que l'orientation actuelle en faveur des unités individuelles, propriétés privées, est alarmante. Elle revient à réserver les unités de bio-gaz aux fermes disposant de trois à cinq têtes de bétail au minimum, soit à 5% des fermes. Ces installations privées tendraient à monopoliser la matière première et à priver les masses rurales d'un combustible vital. Le coût élevé des matériaux actuellement utilisés (acier et

TABLEAU I : CHOIX DE TECHNIQUES EN FONCTION DES DIFFERENTS USAGES RURAUX

Sujet / *Fiche*	énergie solaire	énergie éolienne	énergie géothermique	eau	déchets	construction de maisons	transport	solutions intégrées
cuisson (surface concave)	X							
cuisson (capteur plat)	X							
utilisation de l'énergie solaire pour le chauffage d'eau pour les besoins domestiques	X							
régulation de la température d'une maison	X					X		
capteurs d'énergie éolienne		X						
exemple de l'exploitation de l'énergie géothermique pour les besoins domestiques et agricoles			X	X				
recyclage de l'eau	X			X				

atomisation d'eau		X			
déminéralisation de l'eau	X	X			
pompe solaire	X	X			
méthodes d'épuration des eaux résiduaires		X	X		
installation sanitaire : multrum			X		
installation sanitaire : biopot			X		
production de gaz			X		
utilisation des boîtes métalliques vides comme matériau de construction			X	X	
matériaux de construction					
bambou				X	
roseau				X	
terre stabilisée	X			X	
sable argileux et ciment	X			X	
soufre	X			X	
carton				X	
techniques combinées				X	
exemple d'amélioration des conditions de transport par une simple réorganisation du système de desserte dans la ville					X
bicyclette					X

maison solaire	X		X	X			X
opération écologique	X	X	X	X	X		X
autoconstruction	X	X	X	X	X		X
ferme écologique	X	X	X	X			X
traitement des déchets (projet pour la ville d'Odessa)			X	X			X
exemple d'écodéveloppement urbain	X	X	X	X	X	X	X

ciment qui représentent 40% du coût de l'installation) serait aussi un obstacle à surmonter. Des unités villageoises utilisées collectivement constitueraient une alternative socialement préférable (Prasad, Prasad & Reddy 1974).

3.5 LA LUTTE INTEGREE CONTRE LES ANIMAUX NUISIBLES ET LES MALADIES DES RECOLTES

3.51 *La lutte chimique en crise*

La lutte chimique devient de moins en moins opérante et de plus en plus nocive. Son efficacité est compromise car le recours exclusif à des pesticides et insecticides chimiques consiste en une lutte non sélective qui vise les prédateurs adultes. Or, ces prédateurs développent de plus en plus une résistance accrue tandis que de nouveaux ravageurs apparaissent dans le vide créé par les insecticides non sélectifs. Ainsi, des prédateurs naturels de la "peste" visée (oiseaux insectivores, punaise prédatrice de la punaise du caféier...) sont eux aussi éliminés en même temps que la peste.

Les insecticides chimiques ont aussi des effets imprévisibles : des espèces jusqu'alors indifférentes deviennent nuisibles. En sorte que, pour venir à bout d'ennemis de plus en plus nombreux, l'on est conduit à multiplier les traitements et les quantités utilisées. Ces dernières années, s'est développée la pratique de traitements systématiques dits "d'assurance". C'est alors que la limite de traitements chimiques se manifeste : les frais engagés pour protéger les cultures dépassent la valeur de la récolte, comme ce fut le cas en Amérique Centrale pour la culture du coton (Biliotti 1970, p.2). La monoculture, comme le monoélevage, qui se ramène à une simplification radicale d'un écosystème, favorise la prolifération des parasites de cette culture ou de cet élevage car plus on simplifie l'écosystème, plus il devient vulnérable. L'irrigation classique, l'urbanisation contribuent également à renforcer les zones de reproduction de vecteurs de maladies tels les moustiques.

Nocive, la lutte chimique l'est, non tant par la toxicité directe des pesticides, que par ses conséquences sur l'ensemble de l'écosystème. On connaît la stabilité des pesticides organo-chlorés qui se concentrent dans les tissus adipeux et remontent les "chaînes alimentaires" pour aboutir en fin de trajectoire mille fois concentrés chez le consommateur final, l'homme. Dans les pays tropicaux, les insecticides et pesticides font aussi peser une grave menace sur l'élevage de poisson dans les rizières, soit en morte-saison, soit en association avec la culture du riz. En Asie, ce type de pisciculture est une source de protéines animales loin d'être négligeable, la principale source de protéines animales en Indonésie.

3.52 *La lutte intégrée*

Face à la lutte chimique en crise, la lutte intégrée consiste en la recherche combinaisons optimales de lutte physique, lutte biologique et éventuellement lutte chimique. L'objectif est de supprimer ou au moins réduire au maximum cette dernière.

Les trois méthodes devront être employées chacune avec discernement. Ce qui implique une étude écologique poussée ou au moins une bonne connaissance du milieu, une connaissance approfondie du prédateur et de chacune des trois méthodes. Bref, si la lutte intégrée apparaît la meilleure solution, elle est loin d'être une solution de facilité!

3.521 *La lutte physique*

Elle peut consister en l'amélioration du drainage, le comblement ou la suppression des gîtes de reproduction, divers petits moyens à échelle domestique, et enfin en des méthodes culturales appropriées. S'agissant d'agriculture, nous insisterons sur ce dernier point.

La réévaluation des techniques culturales est d'une importance considérable. Il faut reconnaître que, jusqu'ici, la protection des plantes par les façons culturales a été fort peu prise en considération par l'agronomie. Or, une solution simple consiste par exemple à décaler les cycles de végétation par rapport à celui du parasite. Pour éviter que les punaises de luzernes n'envahissent soudainement les champs de coton voisins, il suffit d'intercaler luzerne et coton en trois bandes de culture, et de planter et faucher la luzerne en trois temps successifs. Un certain équilibre se trouve ainsi assuré. Une modification de la date de plantation du paddy, et, partant, de la moisson, peut dans certaines régions, préserver la récolte de l'attaque des oiseaux migrateurs friands de paddy.

Des recherches doivent être poursuivies pour tester l'hypothèse que diversité et résistance aux perturbations sont en relation directe dans les tropiques. De nombreuses observations suggèrent déjà que la diversité renforce la stabilité. Les cultures associées ou cultures en mélange offrent un moyen de réduire tant les attaques de prédateurs et maladies que l'envahissement par les mauvaises herbes (Tourte 1974). Nous avons vu que le choix du mode d'irrigation influe aussi sur le contrôle des maladies (moisissures surtout). En revanche, ce qui est certain, c'est que des épisodes de dévastation se produisent dans des écosystèmes agricoles ou forestiers hautement contrôlés basés sur la monoculture, en dépit d'abondants et ponctuels services de protection phytosanitaire. On connaît les récents accidents américains. Au Pérou, le Ministère de l'Agriculture évaluait à 38,2% la production potentielle perdue par les diverses pestes en 1970.

La prolifération des insectes peut être en relation avec la texture du sol. En pays tropical l'enfouissement des pailles, si possible pré-humidifiées sous forme de compost ou de fumier, améliore incontestablement la structure du sol grâce à l'aération, fruit de l'activité de la mésofaune (termites surout). L'absorption de silice, amenée par la paille de paddy enfouie au labour, augmente la résistance du riz à la piriculariose et à l'helminthosporiose, et probablement aussi à d'autres maladies. En revanche, certaines fumures minérales semblent favoriser les attaques d'insectes (Celton 1973, p.25 ; Charreau 1972, p. 50). L'agronomie moderne redécouvre les thèses avancées il y a une trentaine d'années par Sir Albert Howard qui affirmait que les épidémies étaient davantage liées à des pratiques culturales défectueuses qu'aux insectes et virus proprement dits (Howard 1940).

Dans le même esprit de contrôle cultural des facteurs nuisibles à la récolte, on peut signaler la submersion des deux tiers des mauvaises herbes dans les rizières comme pratique traditionnelle efficace. Un planage soigné et une hauteur d'eau de 10 cm minimum au moment voulu suffit à empêcher le développement des échinochloa qui concurrencent si vigoureusement le riz.

La plupart de ces méthodes de contrôle cultural ont été élaborées par les paysans au long des siècles. La culture d'une légumineuse non attaquée par la peste, en alternance avec la céréale suffit à provoquer une réduction sensible des prédateurs dont beaucoup s'éteignent faute de nourriture. Un examen soigneux des jeunes plants de riz, avant le repiquage, est aussi un moyen de contrôle simple et efficace. Selon les recherches d'Ingrid Palmer, des moyens de contrôle cultural existent pour dix-sept des vingt-sept principales "pestes" et maladies du riz et d'autres céréales cultivées en Asie (Palmer 1972, pp.77-78). Toutefois, dans le cadre de plusieurs récoltes annuelles sur la même terre, certaines de ces méthodes, tel le piétinage des rizières par les buffles, deviennent difficilement pratiquables, car le travail des buffles est alors trop lent. D'une manière générale, les rotations culturales diminuent les risques car chacune des cultures est sensible à des pestes différentes. La culture en rotation est recommandée notamment pour les patates douces.

A noter que la poussière des pistes ou des labours non indispensables tue plus d'insectes bénéfiques que de pestes. Des pièges basés sur les attirances offrent un autre moyen de contrôle souvent utilisé en Asie : des lampes installées dans les zones menacées permettent de piéger la plupart des pestes nocturnes et des hannetons adultes que la lumière ultra-violette attire (Wycherley 1969).

A l'inverse du recours aux pesticides chimiques qui revient à surajouter un input commercial aux façons culturales, la démarche de la lutte physique consiste à insérer la protection des plantes dans l'ensemble des techniques culturales, et à identifier pour les combattre les conditions favorables à l'apparition des pestes, qu'elles soient liées à l'eau, au sol ou aux variations climatiques. Cette démarche présente en outre l'avantage de s'appuyer sur les facultés d'observation qui sont l'apanage de bien des civilisations paysannes.

3.522 *La lutte biologique*

La lutte biologique consiste à utiliser un être vivant (animal, bactérie, champignon, virus...) pour détruire ou limiter l'ennemi visé. Deux types d'intervention sont possibles :

- soit l'obtention d'un équilibre durable : les prédateurs sont éliminés ou plus fréquemment limités en dessous de leur seuil de nocivité
- soit une intervention en masse d'être vivants souvent produits en laboratoire ou en entreprise et amenés au moment voulu.

Ces méthodes sont surtout en usage aux USA, en URSS et en Inde. L'inconvénient de la méthode biologique réside dans le fait que ces interventions sont spécifiques d'un seul ravageur, alors que le plus souvent, les ravageurs d'une culture donnée sont multiples. La solution devra alors être recherchée dans une technique culturale plus adéquate. Par ailleurs, si l'intervention biologique ne se révèle pas un succès, il faut recourir à l'intervention chimique et l'on risque alors d'annihiler l'acquis biologique. D'où l'importance de la phase préparatoire à la lutte biologique. Cette phase préparatoire comporte toujours une étude bio-écologique, et souvent un élevage massif de l'auxiliaire en laboratoire.

L'étude bio-écologique vise à bien connaître les caractéristiques dans l'espace et dans le temps de la population de ravageurs, afin de déterminer le moment et les modalités d'intervention optimales. Habituellement, il sera plus avantageux de s'attacher à prévenir le cycle de pullulation de l'espèce, ce qui implique le recours à des méthodes d'évaluation, à des études de dynamique des populations. Au niveau de chaque zone agricole homogène, une petite station de prévisions et d'avertissement dotée de liaisons radios peut effectuer des contrôles relativement simples, des pronostics d'évolution, et identifier les refuges des prédateurs.

Parallèlement, dans le cas de monocultures surtout, il faut souvent envisager l'élevage massif de l'auxiliaire désiré en insectarium ou en laboratoire. L'on produit ainsi des Trichogrammes utilisés contre les noctuelles du coton, du maïs, des betteraves, des choux, ou contre les carpocapses du blé. L'élevage massif est aussi utilisé avec succès pour lutter contre les mouches des fruits, les cochenilles des agrumes, la cochenille blanche du palmier-dattier, la mouche de l'olive, les acariens... Dans d'autres cas, il s'agira de multiplier des bactéries (*Bacillus thuringiensis*) qui provoqueront la maladie des insectes indésirables. D'un emploi aussi facile que les insecticides chimiques, ces préparations biologiques sont sans danger pour l'homme comme pour les animaux supérieurs et les autres insectes (Biliotti 1973, p.113). Dans la lutte contre le carpocapse des fruits en URSS, le résultat est tout à fait comparable à celui obtenu par la lutte chimique.

Le prix de revient est beaucoup moins coûteux que celui des insecticides chimiques, surtout si l'on s'attache à utiliser comme nourriture pour l'élevage en insectarium des substances peu coûteuses. A l'insectarium de Palerme, le remplacement de la farine de carotte par de la poudre de luzerne a abaissé de 90% le coût du milieu nutritif.

Déjà en 1967, en URSS, plus d'un million d'hectares avaient été traités par voie biologique. Au Kenya, l'ICIPE (International Centre of Insect Physiology and Ecology) considère que la lutte biologique est susceptible d'apporter des réponses rapides et d'un coût très raisonnable à un certain nombre de problèmes urgents pour l'Afrique (De Wilde 1975). En ce qui concerne le riz et les cultures céréalières annexes en Asie, sept cas sur vingt-sept au moins peuvent relever de la lutte biologique (Palmer 1972).

Pour le Tiers Monde, une alternative, moins coûteuse à la production de masse en laboratoire ou insectarium, consiste à rechercher dans le lieu d'origine de la plante l'auxiliaire désirable. Des palmeraies entières étaient menacées de destruction en Afrique du Nord, par la cochenille blanche. Or, dans leur région d'origine, en Irak et en Iran, ces palmiers-dattiers résistaient beaucoup mieux aux cochenilles. Des recherches entreprises dans ces régions ont permis de déceler un autre insecte qui faisait partie de l'environnement naturel des palmiers-dattiers et les protégeaient de la cochenille. C'est une petite coccinelle iranienne (*Chilocorus bipustulatus iranensis*) dont les larves voraces étaient capables d'extraire de sous leur bouclier les larves de cochenille blanche. Des colonies de coccinelles furent expédiées en Afrique dans les palmeraies menacées de destruction. Placées en haut des palmiers, elles détruisirent efficacement les cochenilles nuisibles. En 1968 en Mauritanie, une première palmeraien fut sauvée : l'année suivante, tous les palmiers de la région étaient débarrassés du parasite destructeur (FAO 1975b, p. 25).

Aux USA, la lutte biologique s'est beaucoup axée contre les moustiques vecteurs de graves maladies tropicales : paludisme, dengue, filariose, fièvre jaune... Des expérimentations ont été réalisées en Inde, aux îles Fidji, Samoa, Hawaï, au Canada et en Nouvelle Zélande. Certaines techniques apparaissent déjà opérationnelles sous certaines conditions. L'on peut citer par exemple :

- l'utilisation dans les mares ou les rizières, de Gambusies, poissons tropicaux de 5 cm qui dévorent les larves de moustiques, se multiplient rapidement et peuvent être transportés sans difficultés. Ils tolèrent une gamme étendue de température et de salinité ainsi qu'une pollution modérée et peuvent être utilisés en combinaison avec d'autres méthodes (bactéries, nématodes, et même certains insecticides chimiques).

- l'utilisation, pour les gîtes larvaires de faibles dimensions (creux d'arbres, vieilles boîtes de conserve, récipients divers...) de grands moustiques non piqueurs Toxorhynchites dont les larves dévorent celles des moustiques nuisibles.
- le recours aux plantes larvicides, algues qui exsudent une toxine qui empêche la reproduction des moustiques.
- le lâcher de mâles stérilisés, technique particulièrement développée en Inde, où 5 millions de moustiques mâles stérilisés sont élevés chaque semaine.
- divers pièges ou phéromones qui utilisent la substance attractive isolée de la femelle pour attirer les prédateurs en un lieu où l'on procède ensuite à leur destruction. On fait appel à cette technique pour lutter contre les mouches des fruits, du bétail, les cochenilles, les hannetons du cocotier, etc.

A noter le recours à la photographie aérienne au Rwanda pour repérer l'habitat des mouches tsé-tsé (World Bank 1974) et au Mali dans la lutte préventive contre les invasions de sauterelles (Leroux 1973).

Mais il faut savoir que le climat des tropiques humides favorable à la croissance des populations nocives tout au long de l'année pose de délicats problèmes. Les interactions de compétition, prédation, parasitisme, symbiose y sont si multiples et complexes que les résultats obtenus (par les pesticides notamment) dans les régions tempérées ne sont pas nécessairement valables dans le tropique humide (The Institute of Ecology 1973). Le nombre de pestes est plus important et la propension aux maladies plus élevée dans ces régions. Le taux d'accroissement de l'usage des pesticides, de l'ordre de 10 à 15% par an dans les tropiques américains n'est pas sans causer d'inquiétude. Dans certains cas, leur emploi s'est soldé par des effets négatifs : perte des récoltes due à l'apparition de nouvelles maladies, danger direct pour la santé (cas de morts d'homme et nombreux cas de morts de bétail), danger encore mal connu pour le milieu. L'apparition de résistance ou de tolérance aux pesticides chimiques toujours plus grande chez les insectes et vecteurs de maladies, la persistance de résidus toxiques pour le sol, les organismes vivants sur terre, dans les eaux et dans l'air ; les modifications affectant les populations de prédateurs ou parasites naturels qui se chargeaient auparavant du contrôle biologique, sont autant d'effets induits préoccupants.

Des investigations biologiques et écologiques doivent se poursuivre afin que les gouvernements soient en mesure d'édicter des normes réalistes.

En Malaisie, divers cas se sont présentés où des tentatives visant à exterminer une peste relativement mineure se sont soldées par la destruction des prédateurs naturels de pestes beaucoup plus sérieuses aboutissant à une aggravation sensible de la situation initiale. Par exemple, l'emploi de BHC mis au point pour contrôler la malaria a transformé l'Artona, une peste peu grave du cocotier, en danger beaucoup plus sérieux. Quelques acres traités au BHC avec l'Artona pour cible, ont tué les trois parasites naturels des chenilles d'Artona : la mouche Tachinid, la mouche Ichneumon et le scarabée Clerid qui se nourrissaient des chrysalides d'Artona. En conséquence, l'Artona se répandit rapidement sur des centaines d'acres, le parasitisme naturel fut réduit à un cinquième de son niveau normal durant plusieurs mois. Les mouches et le scarabée tués sur une aire considérable mirent longtemps à se remettre de cette atteinte. L'on sait aussi que les oiseaux jouent un rôle important dans le contrôle des larves, chenilles et insectes.

En clair, la complexité des interactions multiples caractéristiques des tropiques humides est telle que le risque est grand de jouer à l'apprenti sorcier et de déclencher un mal plus grand que celui que l'on prétendait combattre en faisant appel aux pesticides de synthèse.

Un usage accru pourrait être fait des ressources spécifiques de ces régions : le *Derris elliptica* ou "tuba" peut être appliqué sous forme de poudre ou d'émulsion comme insecticide de contact. Sous réserve d'un usage modéré, il pourrait être très utile pour réduire les pertes de cultures annuelles ou de légumes. Sa faible persistance et toxicité pour les humains est précieuse. Le derris a été presqu'entièrement supplanté par les insecticides de synthèse. Il y aurait lieu d'encourager sa culture et son usage pour épargner des devises tout en procurant aux habitants un insecticide sûr.

Plus connu est le pyrèthre cultivé dans les régions tropicales plus sèches. Il possède des propriétés analogues à celles du derris, et permet le contrôle des mouches et moustiques. De même, des vecteurs de malaria devenus résistants aux composés de synthèse comme la chloroquine, sont efficacement détruits par la quinine naturelle (Debelmas s.d.). D'autres plantes sylvestres possèdent vraisemblablement des propriétés intéressantes. L'utilisation de l'endod, produit végétal provenant de baies cultivées et récoltées en Afrique, comme mollucicide est d'un emploi facile pour les populations concernées par la lutte contre la bilharziose ou schistosomiase dont les ravages s'étendent considérablement avec l'extension de l'irrigation (Lemma 1973).

3.523 *Une lutte chimique mieux circonscrite*

Troisième élément de la lutte intégrée, la lutte chimique n'est pas toujours nécessaire, mais demeure souvent encore indispensable. Il est possible de l'utiliser de manière plus mesurée et moins hasardeuse, d'une part grâce à un choix judicieux de pesticides rapidement dégradables et ne donnant pas lieu à des phénomènes d'accumulation dans le milieu, d'autre part en agissant sélectivement sur les larves (et non plus sur les adultes) que l'on traite dans les gîtes de reproduction.

En France, l'équipe du professeur Ozenda nous fournit un bon exemple de lutte intégrée faisant appel simultanément à des moyens physiques et chimiques dans le cadre d'une étude écologique poussée. Cette méthode de démoustication procède en deux étapes :

- une étude bio-écologique eut pour but de définir les rapports espèce/milieu. Elle consista en une étude biologique des stades larvaires (durée et condition de la reproduction), puis en une recherche des biotopes larvaires, eaux permanentes et temporaires qui impliqua l'identification et la cartographie de ces biotopes grâce aux associations végétales détectées par photographie aérienne. Suivit une classification en niveaux de conditions écologiques homogènes, complétée par des prévisions de mise en eau et de température.
- une intervention chimique sélective et limitée aux gîtes de reproduction. Cette intervention s'effectue en dix jours avec un produit bio-dégradable à faible concentration, l'abate (un organophosphoré) (Pautou *et al.* 1972).

L'Asie nous fournit une autre illustration du concept de lutte intégrée contre les insectes prédateurs du riz (foreurs et "whorl maggot"). Des entomologistes de l'IRRI ont découvert qu'une seule application d'insecticide par injection dans la zone raciniaire suffisait à remplacer trois traitements par les méthodes classiques d'épandage (Chandler 1974).

En définitive, des connaissances biologiques et écologiques sont indispensables tant pour une stratégie de lutte pertinente et au coût modique que pour éviter de graves effets en retour d'un usage trop généreux de pesticides chimiques.

Le dieldrin utilisé dans la lutte contre la malaria, lorsque le DDT devint inefficace, entraîna la mort de nombreux chats, probablement parce qu'ils se lèchent souvent le poil. Or, ces chats contrôlaient une partie des rongeurs. La population de rongeurs augmenta donc après la mort des chats. En Afrique, l'hypothèse fut émise que le résultat final de ce genre d'action pourrait bien être une recrudescence de peste ou de typhus (Wycherley 1969).

Des connaissances approfondies des diverses chaînes trophiques et des interrelations entre espèces sont la clé de la lutte intégrée et d'un usage prudent des nombreux pesticides.

3.524 *La lutte par la gestion des différents niveaux trophiques*

C'est probablement la solution d'avenir. Il s'agirait de favoriser avec prudence les prédateurs ou parasites naturels (oiseaux de proie, certains serpents et carnivores...) des pestes. Ce type de stratégie serait plus efficace et moins hasardeux qu'un usage indiscriminé de productions industrielles chimiques de synthèse. Il serait plus sûr d'investir dans la formation d'équipes locales qualifiées en biologie et possédant au moins une bonne connaissance empirique du milieu de façon à mettre en oeuvre dans toute la mesure du possible des techniques préventives. Ce type de stratégie plus subtile que des actions massives et systématiques pourrait fort bien se révéler beaucoup plus fructueuse et moins aléatoire que la lutte chimique exclusive. Sa mise en oeuvre en Asie notamment devrait être facilité par les densités souvent élevées de population et s'inscrirait bien dans la ligne de l'héritage culturel de ces populations.

3.6 CHOIX DES TECHNIQUES EN AVAL DE LA PRODUCTION AGRICOLE

3.61 *Limites de l'agro-business*

A ce jour, la transformation des produits alimentaires dans (ou pour) le Tiers Monde est, pour une large part, le fait de grosses industries privées dont l'objectif est la conception et la commercialisation à grande échelle d'aliments composés protéiques obtenus essentiellement à partir d'une matière première bon marché (graines de coton, par exemple, dans le cas de Pronutro ou Incaparina) ou de divers mélanges de produits locaux tels que pois chiches et arachides, ou de formules plus complexes, qui peuvent être très variées.

Ces programmes dits d'"enrichissement" ou de "fortification"[10]

10. Dans le langage courant, les deux termes sont fréquemment synonymes. Mais, aux USA, on entend par "enrichissement" la restitution de la valeur nutritive initiale d'un aliment usiné. Le pain et la farine perdent au cours du processus de raffinement une grande partie de leur teneur en thiamine, riboflavine, acide nicotinique et fer ; l'"enrichissement" consiste donc à ajouter l'un ou plusieurs des éléments perdus à l'usinage. Le "renforcement" ou "fortification" désigne une adjonction d'un ou plusieurs éléments : ex. pain renforcé par du calcium et des vitamines, sel, plus calcium ou fer ou iode, thé plus divers additifs... Le pain, le sel ou le thé servent alors de "véhicule" pour ces additifs. Le Bal Ahar, aliment infantile indien, combinait du blé américain donné, avec des protéines de graines oléagineuses

s'adressent toujours à un vaste marché. Certains produits (ex. CSM : corn-soy-milk) sont conçus comme aliments de sevrage pour les très jeunes enfants. En fait, les industries privées engagées dans ce type de production parviennent difficilement à concilier des coûts de production relativement élevés liés à une technologie assez sophistiquée, aux frais de transport, distribution, marketing... avec l'amélioration effective de la nutrition des groupes sociaux les plus déficitaires. Les malnourris, en effet, se trouvent fréquemment dépourvus de pouvoir d'achat, ou se situent en milieu rural peu monétarisé. Par ailleurs, certains problèmes techniques se sont parfois révélés plus délicats qu'on ne l'avait imaginé : digestibilité, etc. Les programmes de distribution mis en oeuvre par des organismes à but non lucratif se sont avérés très onéreux. Par suite de déperditions inévitables et de difficultés d'acheminement, ces secours d'urgence ont difficilement joué leur rôle (Sheets & Morris 1974). Des responsables de l'action de l'UNICEF, au Sahel, sont même parvenus à cette conclusion que la fourniture de CSM serait, à la limite, nuisible à une action de nutrition à long terme : le CSM peut avoir un impact pédogogique négatif par son analogie avec un produit miracle, un "médicament" distribué par l'aide extérieure, gratuitement. Ces responsables estiment qu'une action de nutrition à long terme ne peut s'appuyer que sur des productions locales.

En conséquence, les nutritionistes mais aussi de nombreux économistes considèrent aujourd'hui avec réserves ce type d'industrie alimentaire. Car leur impact peut être positif - dans les cas de pouvoir d'achat et de conditions d'hygiène élevés - ou bien négatif. Dans ce dernier cas, il peut être temporairement négatif ou durablement négatif. Ainsi les aliments infantiles lancés à grand renfort de publicité sur la radio en arrivent à persuader les mères que de tels aliments sont meilleurs pour leur bébés que leur propre lait. Or, le coût de ces produits est tel que les mères peuvent rarement les acheter régulièrement en quantités suffisantes et les utiliser dans les conditions d'hygiène requises.

On a récemment pris conscience du fait que les substituts du lait maternal (divers laits industrialisés, aliments de sevrage) sont une cause majeure d'une malnutrition croissante, de gastroentérites graves chez les jeunes enfants des classes non privilégiées, voire une cause de mortalité. Et l'on sait les conséquences à long terme sur le développement physique et intellectuel aussi bien que sur les capacités productives, de la malnutrition subie dans le jeune âge.

La rapide expansion de ces divers produits de substitut au

---

locales peu coûteuses, arachide par exemple. Bal Amul, Faffa, etc. sont d'autres formules d'aliments infantiles.

lait maternel est la conséquence :

- de l'effet de démonstration des occidentaux et des classes locales aisées qui imitent leur comportement et leur mode d'alimentation.
- d'une publicité agressive et dénudée de toute valeur éducative de la part des firmes transnationales. Cette publicité est fondée sur l'identification : biberon ou aliments pour bébé = modernité = statut social supérieur.
- de l'influence inappropriée de services médicaux et de santé dont la formation à l'occidentale n'est pas adaptée aux besoins et possibilités locales.

Or, par rapport aux divers substituts, l'allaitement maternel présente divers avantages incontestables :

- il ne doit pas être acheté
- il protège l'enfant du marasme, syndrome de malnutrition, et des diarrhées infectieuses associées
- il diffère du lait de vache par la présence de nutrients nécessaires au développement du système nerveux et en particulier du cerveau
- il a des propriétés anti-infectieuses
- il a un effet contraceptif probablement plus élevé que les diverses techniques contraceptives
- sa signification économique en fait une ressource non seulement familiale, mais aussi nationale.

Des estimations de l'impact macro-économique montrent que le processus de substitution a pris des proportions alarmantes : le docteur Alan Berg a calculé une perte annuelle de 1 milliard de dollars pour le Tiers Monde. Et pour le Chili où seulement 6% des bébés étaient allaités au-delà de six mois en 1970, la perte était évaluée à près de 80.000 tonnes soit l'équivalent du lait de 32.000 vaches (Muller 1975). A Singapour, la diminution de l'allaitement dans les années cinquante s'est soldée pour les familles ou les institutions par une dépense de 1,8 millions de dollars pour l'achat des produits de remplacement. Aux Philippines en 1968, les dépenses étaient de l'ordre de 33 millions de dollars. Au Kenya, on a calculé que la perte de 11,5 millions de dollars représentés par le lait maternel correspondait aux deux tiers du budget de santé et à 25% de l'aide économique moyenne. Et si toutes les femmes de l'Inde cessaient d'allaiter et utilisaient du lait de vache et des aliments industriels de bébé, il faudrait disposer de 114 millions d'animaux producteurs de lait (Jelliffe & Jelliffe 1975).

A cela s'ajoute le coût économique du traitement - si toutefois il est accessible - de réhabilitation nutritionnelle, ainsi que l'impact à long terme (répercussions cérébrales notamment) affectant les enfants qui ont souffert de malnutrition dans leur jeune âge. Rarement un effet de démonstration publicitaire en faveur du mode de consommation occidental aura été à la fois aussi efficace pour modifier les comportements culturels, et aussi nuisible à la santé et aux économies du Tiers Monde.[11]

Bien évidemment, si l'on souhaite que les mères allaitent, il faut leur fournir une nourriture plus riche et abondante. Mais, avec les moyens du bord, cela est plus facile que de fournir une nourriture adéquate à des bébés non allaités. Naturellement, les mères doivent disposer aussi, pour la période du sevrage toujours délicate, d'aliments de complément puis d'aliments appropriés aux besoins des bébés. Mais, comme nous le verrons plus loin, un bon usage des ressources locales associé à une éducation nutritionnelle permet presque partout la mise au point de bouillies ou préparations variées à partir d'aliments locaux. Divers centres de récupération nutritionnelle fonctionnent déjà sur cette base dans plusieurs pays : Haute-Volta, Sierra Léone, Nord Est du Brésil, etc. Le coût d'une journée d'enfant dans ce type de centre est 25 à 30 fois moins élevé que le prix d'une journée d'hôpital (Chaves 1975).

Cependant, pour regagner le terrain perdu par l'allaitement, il faudra beaucoup plus qu'un contre-campagne publicitaire. Le premier congrès de nutrition à Ibadan en avril 1975 a lancé un appel urgent en faveur de politiques nutritionnelles intégrées associant agriculture, santé, éducation et industrie. Or, passer du transfert mimétique des solutions occidentales urbaines à la mise en oeuvre de solutions originales fondées sur la "self-reliance" n'implique pas moins de recherches et exige une volonté politique de promotion d'alternatives à un type d'industrie coûteux et nocif.

3.62 *Un autre objectif industriel : le rapprochement consommateurs-producteurs*

Des aliments infantiles appropriés à la période du sevrage (même s'il a lieu plus tard) demeurent bien évidemment nécessaires. De plus, l'allaitement maternel exige une alimentation renforcée de la mère. La clé d'une meilleure nutrition passe à la fois par la production (jardinage ou petit élevage surtout) d'aliments locaux directement utilisables, et par un autre type d'industrie ou d'artisanat mieux adaptés aux ressources et aux besoins. Ce double dispositif doit se fonder sur une réévaluation des ressources locales associée à une éducative d'auto-formation visant à la meilleure utilisation possible du potentiel nutritif disponible et par une approche technique non biaisée par des a-priori culturels et économiques étrangers.

---

11. Un procès en cours va donner lieu à une confrontation entre Nestlé et un groupe suisse qui a critiqué les activités de marketing de la société dans le Tiers Monde.

Du point de vue de la planification économique, nous avons vu que plusieurs spécialistes estiment qu'"éviter les stratégies nocives est peut-être d'une plus grande importance que les stratégies positives" (Ohlin 1972 ; Brown & Pariser 1975). L'agro-industrie, de par la logique interne de ce type d'entreprises très intégrées verticalement, importe une part des nutriments et fait appel à une technologie complexe. Elle repose sur tout un système de marketing, sans parler des coûts de transports et de distribution, qui grève les coûts en sorte que la valeur nutritive du produit par rapport à son prix de vente unitaire n'est d'ordinaire pas très élevée. De plus, le fait que ces aliments sont de conception et d'origine exogène conduit à un gaspillage de l'ordre de 50% (Dupin 1974). Le docteur Dupin signale que "la société américaine General Foods a dépensé, en publicité au cours de la seule année 1972, 125 millions de dollars, soit une somme nettement supérieure au budget de l'Organisation Mondiale de la Santé qui, pour la même année, était de 82 millions de dollars". En outre, nous avons vu que, faute du pouvoir d'achat correspondant, l'objectif nutritionnel est rarement atteint. L'allongement démesuré de la chaîne production-consommation entrave un accès affectif à une alimentation adéquate. Par surcroît, ce n'est un mystère pour personne que le modèle alimentaire industriel occidental peut difficilement être considéré comme pleinement satisfaisant pour les intéressés eux-mêmes (Robbins 1974).

A l'évidence, il n'y a d'issue que dans une meilleure utilisation des ressources locales par les populations elles-mêmes. Ce qui revient à rapprocher autant que faire se peut la consommation de la production (ce qui n'exclut pas les échanges locaux, régionaux, etc.), à miser sur les produits locaux à haute qualité nutritive tout en jouant systématiquement sur les complémentarités, à intégrer dans la production puis le traitement des produits et sous-produits le maximum de personnes dans les zones rurales, donc faire émerger un pouvoir d'achat par une diversification de l'emploi rural.

De bons programmes doivent commencer par fournir des substituts aux importations. L'argument souvent avancé selon lequel les populations sont résistantes au changement sert partiellement d'alibi à la faible priorité accordée à la nutrition dans de nombreux pays. En fait, les obstacles culturels ne sont pas insurmontables ; les meilleurs manipulateurs de la culture sont les populations elles-mêmes, si une chance leur est donnée. Les politiques nutritionnelles, agro-alimentaires et agricoles peuvent s'écarter de l'approche occidentale appropriée aux seuls besoins occidentaux (Cameron & Jofvander 1971).

3.63 *Critères de choix pour les agro-industries*

Le traitement des ressources alimentaires par de petites unités rurales utilisant des techniques peu coûteuses et maîtrisables, valorise les produits et sous-produits locaux et crée des emplois ruraux. Au lieu des techniques complexes et standardisées proposées par les grandes entreprises, des méthodes simples peuvent valoriser les ressources locales, tout en recourant éventuellement aux recherches de pointe, et conduire à des solutions diversifiées mieux appropriées aux facteurs de production disponibles.

Nous pouvons donc tenter une esquisse des critères devant présider au choix de techniques appropriées à la mise en oeuvre d'un autre type d'industries agro-alimentaires :

- rapprochement consommation-production, donc réduction des coûts liés aux transports et diminution de la dépendance
- traitement prioritaire des ressources alimentaires locales
- recherche de la préservation, conservation et, si possible, de l'amélioration de la valeur nutritive
- recours à des techniques simples, peu onéreuses, maîtrisables
- recours préférentiel aux sources d'énergie locales : solaire, éolienne, hydro-électrique ou méthane
- recherche du meilleur rapport qualité nutritive/coût du produit
- décentralisation accentuée de façon à permettre la création d'emplois ruraux et à diversifier les sources de revenus monétaires.

3.64 *Quelques pistes techniques*

De manière plus concrète, nous pouvons évoquer brièvement quelques directions techniques, nullement limitatives, conformes à ces critères.

3.641 *Séchage, déshydratation et stockage*

Un bon séchage est la condition d'un stockage sans pertes. Le degré de séchage et la température doivent être contrôlés pour chaque produit de façon à éviter les pertes d'éléments nutritifs liées à un séchage trop poussé. Les séchoirs solaires d'une construction peu coûteuse mis au point aux Caraïbes ou au Ghana présentent un intérêt évident.

Le stockage à échelle locale a fait l'objet de bien peu de recherches à ce jour, en sorte que l'on peut espérer que de sensibles progrès devraient être possibles. Il s'agit d'améliorer la forme et la nature de la construction, la ventilation, le contrôle de l'humidité, la protection des rats... Certaines techniques traditionnelles pourraient être réexpérimentées et perfectionnées : maisons de l'igname, divers types de silos à taros, constructions de bambou assurant la protection contre les rats grâce à des procédés ingénieux, chuño andin (pommes de terre coupées en lamelles et déshydratées par l'action successive du soleil le jour et du gel la nuit).

3.642 *Décorticage des grains*

Des vanneuses actionnées à la main peuvent convenir à une grande variété de grains. Un astucieux procédé mécanique mis au point pour le mil et le sorgho permet d'obtenir, après pelage, du son pour l'alimentation du bétail, puis, après décorticage, deux produits distincts : l'un, très riche en protéines pour l'alimentation infantile, l'autre une farine dont le rendement est encore légèrement supérieur à celui obtenu avec les moulins industriels (85-82%). Après le pelage, l'on peut, par une fermentation du mil, en améliorer la qualité sans baisse de rendement.

En ce qui concerne le riz, l'on connaît les pertes en vitamines entraînées par l'usinage (riz blanchi) ; les techniques d'étuvage (parboiling) ou de riz semi-blanchi sont préférables de ce point de vue (Cameron & Jofvander 1971).

3.643 *Fabrication du gari du manioc*

Au Nigeria, 70% de la récolte de manioc est consommé sous forme de gari, en particulier par la population à bas revenu. Un équipement moderne, totalement mécanisé fut d'abord mis au point par le Federal Institute of Industrial Research en collaboration avec une firme anglaise. Il a fallu les conditions de guerre du Biafra pour que des techniciens du FIIR, réfugiés dans cette région, découvrent une technique beaucoup plus simple permettant d'assurer par des moyens de fortune, la production de gari. Leur formule de technique intermédiaire présente de nombreux avantages par rapport à la mécanisation complète : peu d'équipement par travailleur, machines produites et réparées sur place, rendement accru, rentabilité supérieure, dimension restreinte des unités, donc décentralisation possible. Ce sont donc la guerre et des circonstances exceptionnelles obligeant à ne compter que sur ses propres forces qui ont permis que des chercheurs se libèrent de leurs préjugés ou habitudes scientifiques, cessent d'être obnubilés par les modèles enseignés et mobilisent leur compétence et leur imagination pour trouver un procédé de production adapté aux conditions locales.

3.644 *La stérilisation*

D'une technique simple la stérilisation est très avantageuse pour la conservation des fruits, mais moins indiquée pour les légumes. Si l'on peut se procurer des bocaux ou les fabriquer sur place, de petites unités de production peuvent facilement s'implanter. En revanche, la mise en conserve, par suite des difficultés de soudure des boîtes, relève d'une technique plus élaborée.

3.645 *La technique du vide et la surgélation*

Ces deux techniques sont excellentes d'un point de vue nutritif, pour les fruits, légumes, viandes, poissons, etc. La surgélation solaire est une orientation technique qu'il conviendrait d'encourager activement.

3.646 *Les adjuvants*

Souvent traditionnels, le sel, le sucre, le vinaigre... constituent une direction technique d'un intérêt évident qu'il conviendrait d'explorer et expérimenter systématiquement : ex. confitures au sucre de palme, etc. L'amélioration du procédé traditionnel de fabrication de sucre de palme a été mise au point au Cambodge.

3.647 *La fermentation et la germination*

Des procédés très variés de fermentation et germination améliorent souvent la valeur nutritive et la digestibilité tout en détruisant les éventuelles toxines : ex. soja, arachide, "chick pea" (*Cicer auriétinum*), "green gram" (*Phasoleus aureus*), locust bean (*Parkia filicoida*)... Le soja et l'arachide peuvent être fermentés seuls ou associés au riz ou au blé pour obtenir des sauces, pâtes et fromages. Un procédé très intéressant consiste à faire fermenter des petits poissons entiers, seuls, ou avec des céréales et du sel. L'on obtient ainsi des sauces ou des pâtes très nutritives (calcium, lysine...). Les yogourts donnent des produits aussi intéressants mais plus stables que le lait ; combinés avec des céréales, ils peuvent être stockés (Kushuk iraquien) (Cameron & Jofvander 1971).

Au contraire, la bière doit être considérée comme inutile et dangereuse car elle absorbe rapidement la totalité des revenus monétaires d'une famille... Mais d'autres boissons légèrement fermentées présentent un intérêt nutritif, telle la "pulque" d'Amérique Centrale (boisson tirée de l'agave), le qishr et le jabra au Yémen.

3.648 *Autres orientations*

Pour les corps gras, une extraction grossière sur place est toujours à envisager car elle présente l'avantage de rendre localement disponibles tous les sous-produits : tourteaux, etc.

Lors de l'abattage des viandes, la séparation, le lavage et la conservation des abats peuvent être améliorés. De même, il s'agit de rechercher une utilisation locale des sous-produits : sang, os... La charcuterie est à développer dans les régions où elle est possible.

Ce bref aperçu est loin d'être exhaustif. Chaque pays, en partant de son patrimoine technologique éventuellement valorisé par un apport moderne (solaire par exemple) peut contribuer efficacement à enrichir puis diffuser la gamme des techniques alimentaires appropriées aux régions rurales.

4. VERS LA MISE EN OEUVRE DE NOUVEAUX SYSTEMES DE PRODUCTION

Il est clair que la "self-reliance" ne pourra être obtenue que si une grande attention est accordée aux systèmes de production, au niveau des exploitations paysannes, dans toute la diversité de leur environnement humain et écologique. Les plus belles performances en laboratoire ou dans les stations expérimentales réunissant les meilleures conditions, ne seront d'aucune efficacité si les potentialités réelles des cultivateurs et leurs ressources spécifiques ne peuvent être dynamisées, ce qui implique, d'une part, une méthodologie de choix des systèmes de production et, d'autre part, un dialogue à double sens avec les populations rurales dont les spécialistes ont aussi à apprendre (expérience souvent considérable des pratiques culturales vivrières).

4.1 INTEGRATION DES ECOTECHNIQUES SUR UNE UNITE DE PRODUCTION : LA FERME IDEALE DES NEW ALCHEMISTS (MASSACHUSETTS, USA)

Cette exploitation idéale dont on peut voir le schéma ci-après, est basée sur une judicieuse utilisation des sources d'énergie naturelle, des associations d'activités complémentaires (agriculture-pisciculture) et un recyclage minutieux de tous les déchets. En fait, en dehors des investissements de départ pour la construction des divers dispositifs et bâtiments, cette exploitation devrait pouvoir fonctionner sans aucun apport monétaire (engrais, fuel etc.) tout en atteignant une production très élevée. Cette ferme de polyculture produit des céréales, des légumes, des fruits, des poisssons et des volailles. Les cultures sont fertilisées par des apports de compost (produit en C sur le schéma) des résidus du fermenteur et des cultures d'engrais verts ; pour l'irrigation on utilise les eaux piscicoles, riches en éléments organiques. On lutte contre

FIGURE 3. UN EXEMPLE IDEAL D'UNE FERME DE POLYCULTURE AGRICOLE AVEC PISCICULTURE (d'après *The New Alchemists* 1974, p. 59)

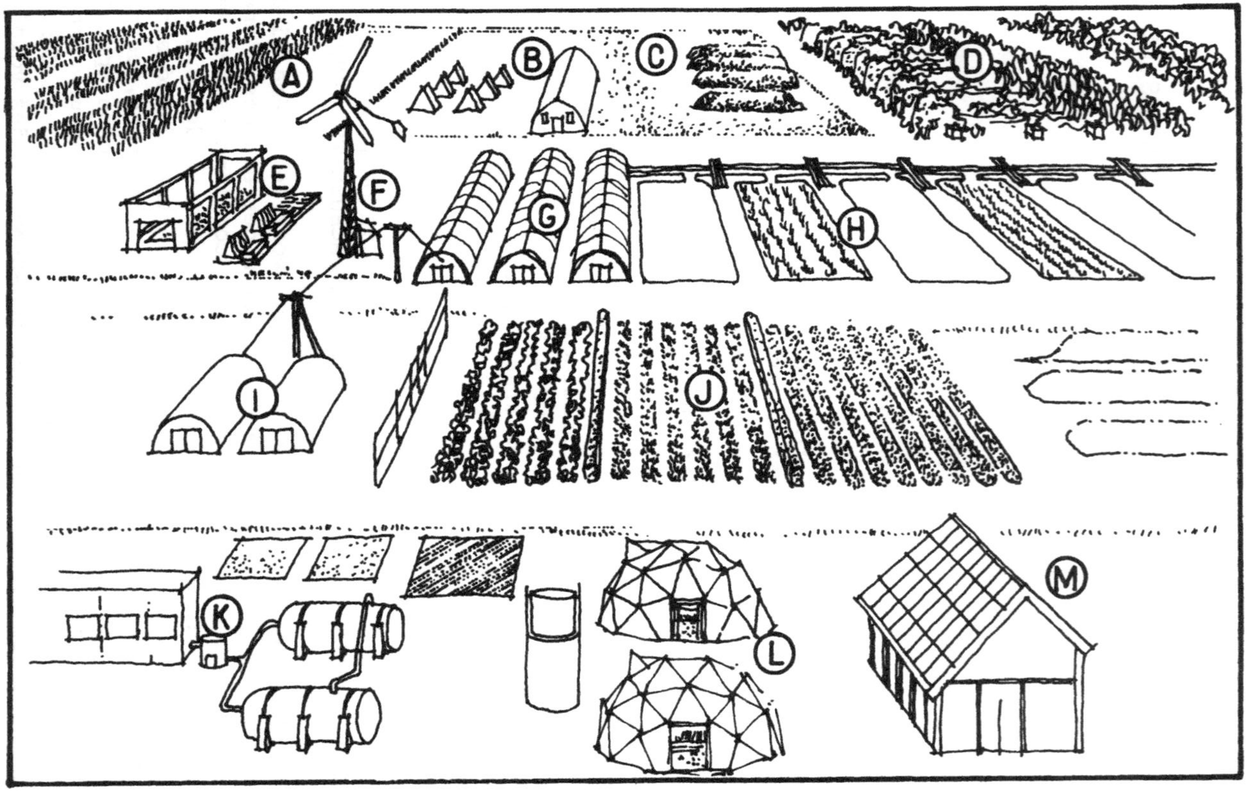

A terrains destinés aux grains et aux fourrages
B installations pour le séchage solaire des récoltes
C terrains en jachère utilisés pour la fabrication d'engrais organiques à partir de résidus végétaux
D vergers associés à la culture d'engrais verts
E production d'aliments pour les poissons, cultures de chenille et de vers
F moulins à vent
G serres pour l'élevage des poissons et crustacés en eaux chaudes
H étangs à poissons à ciel ouvert bordés de cultures
I insectariums destinés à produire des insectes pour protéger les cultures par lutte biologique
J jardin expérimental : légumes, fleurs et divers
K poulaillers aménagés avec un système de récupération des fientes alimentant un fermenteur pour la production de méthane
L serres en forme de dôme
M maison et laboratoire solaire

les parasites des cultures en observant avec attention des rotations et associations de cultures adéquates. De plus, un petit insectarium permet de produire des prédateurs pour la lutte biologique. Des serres chauffées permettent de produire en toute saison.

Les bassins d'aquiculture sous serres permettent la production de poissons et crustacés d'eau chaude ; dans des étangs à ciel ouvert on produit des carpes, tandis que leur périphérie, terre fertile et humide, est cultivée avec profit. Les poissons sont nourris avec les algues qui poussent dans les bassins. Des aliments additionnels sont produits en E, notamment des chenilles et des vers. La volaille est nourrie avec les grains produits. Ses fientes alimentent un fermenteur pour la production de méthane.

Les besoins énergétiques du système, pompage et circulation de l'eau, chauffage des serres et habitations, séchage des récoltes, sont couverts par des installations utilisant l'énergie éolienne, solaire (séchoirs solaires, maison solaire) et le gaz de méthane.

Ce projet est certes très sophistiqué pour être à la portée de n'importe quel village du Tiers Monde, néanmoins sa conception basée sur une parfaite utilisation des énergies libres, des chaînes trophiques et une bonne gestion de l'écosystème est remarquable. Actuellement, les New Alchemists sont en train de réaliser une maison solaire, à la demande du gouvernement canadien, comprenant sous son toit, une unité de production agricole et piscicole, et totalement indépendante énergétiquement, bien que prévue pour des pays à hivers rigoureux. L'une des nouveautés de cette réalisation est la conception des bacs à poissons cylindriques en fibre de verre, d'environ un mètre de diamètre sur deux mètres de haut, qui renferment une très forte densité d'algues et de poissons. Ces aquariums constituent un milieu où les algues et les poissons prolifè rent très rapidement ; ils absorbent la chaleur des rayons solaires qu'ils reçoivent au travers des vitres de la serre et l'emmagasinent avec beaucoup d'efficience. Ces aquariums placés en série constituent un stock de chaleur pour la maison.

4.2 LES JARDINS FAMILIAUX.

Dans les zones tropicales comme dans les régions semi-arides, les jardins familiaux, jardins de cases, peuvent constituer un moyen d'amélioration immédiate et durable des régimes alimentaires déficitaires, par les familles malnourries ellesmêmes. Ils fournissent d'abord des légumes-feuilles, mais aussi des haricots et des fruits charnus, sous la protection des plantes vivaces, arbres et arbustes qui fournissent à leur tour des feuilles et des fruits comestibles même pendant la saison sèche. Outre leur contribution à la nutrition, leur valeur pédagogique d'initiation à un usage plus exhaustif des plantes locales en culture en mélange peut déboucher ensuite sur une production maraîchère intensive et sur un meilleur usage des ressources locales à plus grande échelle.

Deux expériences, fruit d'une étroite collaboration entre nutritionnistes et horticulteurs, se poursuivent au Dahomey depuis 1963 et au Nigeria depuis 1966. Au départ, inspirés de l'horticulture intensive indonésienne, ces projets FAO/fondation NEDERF (hollandaise) s'orientèrent rapidement vers une revalorisation des plantes locales déjà connues et plus ou moins largement utilisées par les populations. Ils ont permis une meilleure connaissance et utilisation des légumes et fruits tropicaux bien adaptés aux conditions locales et très nutritifs, une éducation nutritionnelle et une diffusion des techniques d'horticulture. Dans un second temps, une horticulture commerciale pour les besoins urbains s'est développée au Dahomey surtout. Les mêmes techniciens peuvent partager leur assistance, en saison humide aux jardins familiaux, et en saison sèche aux maraîchers qui cultivent les bas-fonds. Dans 75% des cas, les femmes vendent régulièrement sur les marchés locaux les produits de leur jardin qui dépassent leurs propres besoins familiaux.

Dans le sud-est du Dahomey, l'impact sur la nutrition a fait l'objet d'une enquête. L'essentiel des calories et des nutriments était fourni dans cette région par le maïs ; mais le régime était déficient en protéines, calcium, vitamines B2, PP et C. La ration énergétique était à peine suffisante. Une poignée de légumes-feuilles, c'est-à-dire cinquante à cent grammes par jour - ce qui apparaît très praticable sans entraver les habitudes alimentaires - permet de couvrir entièrement les déficits en calcium et vitamine C et une large part, 76% du déficit en protéines, la moitié du déficit en vitamine B2 et 33% du déficit en vitamine PP. Le petit élevage s'est avéré nécessaire pour assurer la couverture des besoins en protéines, vitamines B2 et PP.

Les analyses pratiquées à cette occasion ont fait apparaître une teneur étonnament élevée en protéines de divers légumes dahoméens : feuilles de patates douces : 10,9 g ; feuilles de manioc : 8,5 à 9,7 g ; amarante, feuilles de gboma. Parmi les plantes fruitières, le cerisier des Antilles, *Malpighia punctifolia*, a révélé une très grande richesse en vitamine C (Van Eijnatten 1969).

Le centre d'éducation et récupération nutritionnelle d'Ilesha s'est peu à peu écarté de l'usage intensif de lait d'importation pour s'orienter vers la recherche de repas bien équilibrés à partir des seuls aliments disponibles sur place. Des tests visant à préciser le mode de cuisson optimal des légümes testés se sont révélés bien adaptés voire excellents pour les enfants. Certains légumes tel l'odu (*Solanum nigrum*) sont assez tendres pour être donnés aux bébés (Wijnhoven 1967). Le winged bean, *Psophocarpus tetragonolobus*, dont nous avons déjà signalé l'intérêt, permet la préparation d'une purée pour bébés à partir des jeunes graines dont les enveloppes s'enlèvent facilement (Grubben 1971). Le dialogue entre villageois, horticulteurs et nutritionnistes a favorisé une auto-formation horticole et nutritionnelle accompagnée d'une revalorisation des connaissances botaniques et culinaires locales. Diverses recettes faisant appel aux productions des jardins ont été découvertes et diffusées.

Par ailleurs, ces expériences ont été l'occasion d'expérimentations dans les conditions socio-économiques réelles du choix des diverses espèces et variétés et de diverses techniques culturales :

- tuteurs vivants, plus avantageux que les bois morts car ils se caractérisent par la durabilité, la résistance aux termites, la production de médicaments, de feuilles et fruits comestibles, et enfin d'ombrage
- haies vives de plantes grimpantes et barrières contre les animaux domestiques
- influence de l'ombrage
- plantes de couverture, engrais vert, paillage ou mulching, plantes anti-érosives
- essais de fumure enfin. Parmi les fumiers organiques, ils ont mis en évidence l'intérêt du fumier de canard dont l'action est très rapide. L'arrosage d'engrais chimiques ne donne de bons résultats que s'il est employé après application de gadoue des villes. Sans gadoue, il provoque de violentes attaques de *Fusarium semitectum*. Quinze tonnes par hectare de gadoue entraînent une bonne réponse à la fumure chimique. En outre, l'utilisation de gadoue par les maraîchers favorise la propreté et l'hygiène des centres urbains (Grubben 1971).

La formation des cultivateurs adultes sur le terrain, assortie de visites-stages, s'est révélée préférable aux stages de jeunes en école pratique d'horticulture.

Aux Caraïbes, un gros effort dans ce sens est entrepris depuis 1972. Il concerne également les populations urbaines. Des compétitions stimulent la production familiale par catégories : 1/ urbaine : plantations en bacs et en pots ; 2/ suburbaine : jardins et arbres fruitiers ; 3/ rurale : jardins et petit élevage ; 4/ combinaison de cultures en bacs et plates-bandes.

Ce type d'action, outre sa valeur éducative, offre des possibilités qualitatives et quantitatives d'amélioration de la nutrition, surtout lorsqu'il est propagé en combinaison avec le petit élevage familial ou un petit bassin de pisciculture, source de protéines animales. Ces jardins offrent un moyen de renverser la tendance très frappante parmi les couches pauvres de la population urbaine, mais aussi rurale, à une diminution de la consommation de légumes, légumineuses et fruits trop chers. Or, de nombreux spécialistes soulignent leur importance nutritionnelle et leur contribution essentielle (énergie, vitamines, minéraux, protéines...) à une nourriture équilibrée. Les possibilités d'assortiments de plantes avec plusieurs espèces vivaces aptes à produire même en saison sèche, la fraîcheur des produits (élément important de leur valeur nutritive), leur faible coût de revient (pas d'intermédiaires, utilisation des déchets ménagers comme fertilisant) constituent un ensemble d'avantages fort appréciables en dépit de leur modestie apparente.

Cette activité conduit assez naturellement à la culture commerciale dont la rentabilité paraît très élevée (en journées de travail) surtout aux abords des villes où la gadoue est disponible sans grands frais de transport. A noter aussi que les femmes et les personnes âgées participent beaucoup à la culture de légumes. Lorsqu'un surplus peut être dégagé et vendu, sa vente procure une rentrée d'argent régulière aux familles, à la différence des grandes cultures qui apportent un montant élevé en une seule fois. C'est là un autre apport à une meilleure alimentation.

Toutefois, le soutien de la recherche scientifique et technique est nécessaire pour le choix des espèces et variétés appropriées, plus particulièrement en ce qui concerne les plantes vivaces qui supportent mieux le manque d'eau et dont l'apport est précieux en période de sous-alimentation. Il faut déceler les légumes et fruits locaux les plus nutritifs, améliorer la lutte contre les maladies, parasites et prédateurs divers par une lutte intégrée. Le petit élevage, rongeurs, volailles diverses qui se nourrissent des déchets familiaux, méritent aussi un appui et conseil technique. Le rôle de contrôle biologique des mauvaises herbes joué par les oies et canards n'est pas à négliger, car il peut être utile dans telle portion cloturée du jardin.

L'engagement de l'Etat sera souvent nécessaire pour résoudre les problèmes fonciers, qui, en maints endroits, peuvent entraver ce type d'action. Car l'installation de véritables jardins avec arbres fruitiers, tuteurs et clôtures vivants, espèces vivaces, exige que la permanence du droit de jouissance soit assurée aux familles. De même, s'agissant de zones urbaines et péri-urbaines foyers habituels de sous-nutrition, c'est dès le stade de la conception et de l'aménagement que l'Etat devrait prendre dispositions propres à favoriser l'éclosion de ces sources complémentaires d'approvisionnement : petit élevage et jardins, éventuellement pisciculture et digesteurs de méthane. Dans le même esprit, les espaces publics pourront être plantés de préférence en arbres fruitiers locaux, source d'appoint alimentaire pour les enfants.

4.3 CULTURES EN MELANGE ET AGRICULTURE A PLUSIEURS ETAGES

Dans le cadre des grands cultures, les cultures en mélange permettent de tirer parti des complémentarités au niveau inter-espèces.

Il est significatif que ces cultures en mélange, appelées aussi cultures en associations ou cultures mixtes, se rencontrent dans toutes les civilisations agraires des tropiques, non seulement dans les "civilisations du végétal" asiatiques, mais aussi en Afrique, en Amérique Centrale, en Inde... Dans les années trente, Howard observait dans ces pays divers ensemencements mixtes : mil, blé, orge, et maîs étaient mélangés avec des légumineuses (pois à pigeon par ex.) souvent plus tardives, dont le système racinaire profond favorisait l'aération des sols. Il constatait que l'ensemble donnait de meilleurs résultats que la culture pure d'espèces dissociées. A Porto-Rico et en Jamaîque, ces cultures mixtes, défis aux grandes propriétés en monoculture, comportent entre autres une ou deux cultures commerciales. Partout, elles utilisent l'engrais organique du bétail, des chèvres, moutons ou porcs et assurent efficacement l'autosuffisance.

Comment se fait-il que ces techniques d'associations culturales aient été si longtemps et si systématiquement méprisées ou méconnues ? L'agronomie, originaire de pays tempérés, par suite de ses liens implicites avec l'industrie de ces pays, ne pouvait admettre que des monocultures. A l'image du modèle industriel, en agriculture, modernisation est devenu synonyme de spécialisation, ce qui, s'agissant de processus biologiques, se traduit par une complexité moindre, d'où une instabilité croissante du potentiel de production devenu plus vulnérable (The Institute of Ecology 1973).

Parce que cultures en mélanges et cultures associées étaient pratiquées dans le cadre d'une agriculture de subsistance, elles ont été a priori assimilées par la recherche agronomique, les techniciens et vulgarisateurs, à un système de culture rétrograde. En fait, ce jugement de valeur se référait implicitement non à l'efficacité physique, mais à l'intégration monétaire et économique au système dominant comme critère d'évaluation réel. En conséquence, tout système de production, aussi perfectionné et complexe soit-il, pourvu qu'il se situe essentiellement dans le cadre d'une agriculture de subsistance, était jugé arriéré et inefficace, en fonction de cette définition singulièrement limitative de la modernité.

Après des décennies où la recherche, l'encadrement, l'administration, bref tout un appareil plus ou moins contraignant a pesé de tout son poids dans le sens de cette conception étrange (parce qu'étrangère) de la modernisation, il n'est pas étonnant que des problèmes de subsistance se posent avec acuité aujourd'hui. Conséquences de décennies durant lesquelles tout le poids des interventions externes a pesé dans le sens d'une déstabilisation des systèmes de production qui visaient comme objectif principal à assurer la subsistance. En bien des cas, cette orientation s'est soldée par :

- une altération du potentiel de production : sol, notamment
- une régression de la complexité du système cultural
- une diminution de la sécurité et de la régularité de l'approvisionnement.

Sans doute, la recherche scientifique et technique devrait-elle plutôt s'attacher à perfectionner, optimiser ce qui existe déjà. Modification et changement ne signifient pas nécessairement progrès ou amélioration. Inversement, un système de production n'ayant pas subi l'impact de cette "modernisation" à sens unique, ne peut valablement être considéré, a priori, comme médiocre. C'est là une question de rigueur scientifique.

Plus récemment, la démarche de modernisation s'est traduite par une contrainte plus subtile : la déstabilisation des communautés paysannes par leur système de production devient le préalable pour isoler et faire émerger des paysans dociles exécutants des directives externes. Cette déstabilisation est devenue le moyen d'imposer le changement tel que le veut le technicien modelé par une formation et un schéma mental exogène. Par définition, ceux qui savent, les techniciens et vulgarisateurs, ont toujours raison ; ceux qui ne savent pas, les paysans, ont toujours tort. Sous-jacents à ce raisonnement, il y a une certaine image du paysan et un modèle d'agriculture qui est en fait celui de l'agriculture occidentale de pays tempérés. Dans ces conditions, le paysan ne pense pas, n'est pas capable de conception, de choix raisonnés.

Il est troublant que diverses évaluations scientifiques récentes concluent unanimement à la supériorité des cultures associées. Ses avantages sont soulignés par divers auteurs (Tourte 1974 ; Norman 1970 ; Soemarwoto 1974 ; Manshard 1974 ; Terre 1967) :

- excellente utilisation des facteurs de l'environnement : eau, éléments nutritifs, lumière solaire, par suite de combinaisons optimales dans l'espace et le temps des appareils foliaires et raciniaires, des besoins en nutrients, de la couverture du sol, etc. Les phénomènes d'érosion et de lessivage se trouvent réduits. Ces complémentarités peuvent être renforcées par des relations synergiques, de symbiose par exemple.
- réduction des attaques et des risques : les attaques de prédateurs et maladies, bien plus variées, ont tendance à être plus réduites. De même, l'envahissement par les mauvaises herbes est entravé. La multiplicité des plantes cultivées entraîne une répartition des risques, toutes les plantes n'étant pas affectées au même degré par les aléas climatiques, phytosanitaires, d'où une très réelle sécurité

pour le producteur.
Au Nigéria, des comparaisons de cultures associées et de cultures pures ont été conduites à deux niveaux de perfectionnement : en "conditions peu évoluées" et en conditions améliorées (fumure minérale, variétés améliorées hybrides notamment).

En "conditions peu évoluées", les types d'associations sont très nombreux avec une préférence pour la combinaison mil-sorgho. En valeur monétaire, les productions des cultures associées surpassent de 62% celles obtenues en culture pure. Globalement, le bénéfice brut moyen par heure de travail est identique, mais l'heure de travail de la période de pointe est mieux valorisée par les cultures associées (+ 26%). Les variations du bénéfice apporté à l'heure de travail sont plus faibles pour les cultures associées que pour les cultures pures, d'où confirmation de la notion de sécurité liée aux cultures associées.

En conditions améliorées, la meilleure combinaison maïs-niébé donne une plus-value monétaire de plus de 60% à l'unité de surface par rapport au sorgho cultivé seul. En cultures intercalaires en lignes alternées (sorho tardif + une combinaison de deux cultures successives) un large bénéfice se dégage par rapport au sorgho tardif en culture pure. Ce bénéfice est de l'ordre du double en valeur monétaire à des niveaux relativement élevés de rendement pour le sorgho en culture pure : 2 tonnes/ha.

La meilleure combinaison expérimentée (deux lignes de mil hâtif + niébé/une ligne de sorgho tardif nain) présente les avantages et les enseignements suivants :

- la perte en rendement du mil par rapport à une culture pure de mil est faible, de l'ordre de moins de 10%
- les revenus par unité de surface et de travail sont plus élevés
- les risques d'érosion et de sécheresse sont diminués
- la mécanisation de la plupart des opérations culturales est possible dans les meilleures combinaisons (semi au tracteurs !).

Les seuls inconvénients signalés sont certaines difficultés de récoltes et de semis en conditions humides : l'exigence d'un bon séchage après récolte pour le mil et la maïs. Ces inconvénients étant facilement remédiables, il est clair que la balance penche en faveur des cultures associées, que ce soit en culture améliorée ou non.

Le fait que l'auteur de ces conclusions déclare, de manière pour le moins paradoxale, que l'extension de la monoculture demeure "inéluctable" pour des raisons du reste non précisées, constitue un fait troublant.

Le principe de ces cultures en mélange, suivant certaines proportions optimales à rechercher, repose sur une meilleure connaissance de la sociologie des diverses plantes entre elles et avec les autres organismes vivants. Elle prend en comte les interrelations soit positives, soit négatives qui existent entre plantes, animaux et micro-organismes d'un habitat particulier (au sens écologique du terme). Elle étudie le rôle actif joué par les sécrétions raciniaires, les substances organiques des feuilles, les odeurs, leur influence sur les autres plantes et sur les insectes qui peuvent être soit attirés, soit repoussés. Selon des recherches américaines, l'euphorbe à lait repousserait les taupes, mulots, rats. L'hysope bleu repousse les insectes. En certaines régions, les cultivateurs entourent la variété intéressante par des variétés amères afin de tenir les insectes en respect, mode de lutte par les techniques culturales.

Aux Philippines, l'IRRI (International Rice Research Institute) a récemment étudié l'influence des plantes entre elles, leurs répulsions et affinités. S'inspirant des cultures en mélanges mélanésiennes ou des "chacras" des Indiens d'Amazonie, l'IRRI a expérimenté l'association maîs-arachide, moins vulnérable aux insectes, et dont le rendement conjugé est de 60% supérieur à celui obtenu par chacune des deux plantes en monoculture. Cet institue a décelé d'autres associations avantageuses : maîs et patates douces ou haricots dorés ; riz, maîs, mungo, soja, patates douces, aubergines, tomates (Manshard 1974). Au Bangladesh, les légumineuses à grain et le maîs semblent bien s'insérer dans des systèmes de production intensifs centrés sur le riz. En Chine, des étudiants en biologie installés dans une commune chinoise ont constaté une association bénéfique entre le maîs et le sorgho.

D'autres associations intéressantes sont signalées par les Américains : blé et maîs ; citrouille et maîs ; mais, haricots, pois, melons ; le haricot de Lima pousse mieux sous le robinier (*Robinia pseudoacacia*) ; les citronniers prospèrent mieux sous les arbres à latex : chêne-verts, goyaviers, heveas...

A l'INCRISAT (International Crops Research Institute for the Semi-Arid Tropics) à Hyderabad, les cultures intercalaires donnent aussi des résultats supérieurs : on plante une culture légumineuse deux à trois semaines avant la récolte du sorgho. L'humidité résiduelle du sorgho favorise l'établissement de la seconde culture. L'association millet perlé et pois pigeon donne de bons résultats.

Grubben signale qu'au Dahomey, les cultures de niébé, tomates, pois d'Angole, oseille de Guinée, goussi, gombo, etc. sont intégrées comme des cultures intercalaires ou secondaires dans les champs de grande culture vivrière (igname, manioc, sorgho, maîs). On sème ces légumes aux endroits perdus, mal occupés par la culture primordiale. On trouve aussi des plantes grimpantes telles que haricots et goussi contre les troncs d'arbres. Mais il est à craindre que les conseils techniques en faveur d'un système "moderne" de monoculture ne fassent disparaître ces pratiques culturales (Grubben 1971).

Particulièrement adaptée au tropique humide, l'agriculture à plusieurs étages successifs se situe dans le même esprit d'optimisation. Les strates superposées, usuellement trois, reproduisent en la simplifiant l'architecture de la forêt tropicale. Quatre fonctions de cette forêt se trouvent ainsi assurées par le système cultural :

- capture des éléments nutritifs
- stockage de ces éléments grâce à la production continuelle de litière et remise en circuit rapide des éléments nutritifs
- protection contre l'érosion
- protection des écarts de température trop brutaux. Le couvert végétal stratifié et permanent adoucit le climat tout en préservant la fertilité.

Mais il convient de rechercher les combinaisons optimales de plantes compatibles entre elles, aux exigences complémentaires (diverses profondeurs d'enracinement et prélèvements nutritifs compatibles) et aux apports nutritifs ou économiques diversifiés : tubercules, racines, arbustes, arbres. Ces systèmes ne demandent pas moins de science et de technique que l'agriculture de plantation d'une seule espèce.

Nous avons évoqué ce système dans le Cahier de l'écodéveloppement sur le tropique humide (voir ce volume, partie II). D'autres combinaisons possibles peuvent être par exemple :

- des cultures additionnelles pratiquées dans les plantations déjà installées : café + papayers (Afrique de l'Est) ; palmiers + cacao (Zaîre) ; café, mangiers, avocats, bananiers (Salvador) ; café, cacao, bananiers sous couvert de Limba (arbre intéressant pour le bois de charpente)
- culture du pyrèthre sous les pins sur les pentes du Meru, en Tanzanie, etc. (Manshard 1974).

4.4 REORGANISATION RURALE DES SYSTEMES DE PRODUCTION : QUELQUES EXEMPLES

D'une manière générale, les nombreuses opérations de développement liées à l'aide - souvent sous forme de sociétés d'économie mixte, nationalisées par la suite - portent la marque définitive de leur conception exogène. Un périmètre bien délimité, objet d'efforts concentrés et d'investissements coûteux, permettrait croyait-on, de maîtriser l'ensemble des facteurs de production (homme inclus). Les options techniques et organisationnelles, projections du schéma mental d'agriculture des pays tempérés, calqué sur l'organisation de la production industrielle (monoculture ou monoélevage) sont à la base des options de départ. Les hommes, absents du raisonnement en termes exclusivement techniques, sont introduits en tant que facteurs de production qu'il faudra manipuler au moyen d'un encadrement dense et rapproché.

La population concernée n'est nullement étudiée en elle-même, dans son mode d'existence et son dynamisme propre. Encore moins est-elle consultée sur les choix qui la concernent. Certains éléments qui la caractérisent sont extraits de leur globalité et réinterprétés dans le cadre d'analyse préfabriqué qui lui est culturellement étranger. La société rurale est donc perçue négativement comme "obstacle" et "frein" au développement. On connaît les épithètes habituellement utilisés à son égard par les techniciens étrangers ou de formation étrangère (même si elle a lieu dans leur propre pays). Le dynamisme propre de ces sociétés rurales reste donc non découvert et non mis à profit.

Ce type d'opération, compte tenu de la masse des investissements monétaires engagés, continue nécessairement sur sa lancée initiale, même si une nationalisation intervient par la suite. Or, la conception étrangère a des effets négatifs dès le moment du choix des systèmes de production - choix effectués implicitement en fonction du modèle de développement occidental, considéré comme seule voie de progrès possible - effets qui, habituellement, vont en se renforçant avec le temps. Mais, pour les sociétés publiques ou privées, continuer devient désormais plus important que réussir.

Ces opérations de développement se révèlent incapables d'assurer l'emploi rural, une meilleure utilisation des ressources disponibles, et notamment de garantir une insertion massive, durable et efficace des jeunes ruraux, à un coût raisonnable. Dans une communication du 27 mars 1972, en Conseil Interministériel, le Ministre du Plan du Sénégal évalue à trente le nombre d'emplois créés pour 100 millions de francs CFA dans une opération de développement agricole. En outre, la plupart de ces opérations sont centrées sur une seule culture, en général une culture d'exportation, alors que l'obsession permanente des exploitations est l'assurance d'une autosuffisance alimentaire et l'accumulation individuelle et collective d'un maximum de production et de productions et de produits différents (République du Sénégal 1974).

4.41 *Deux essais de restructuration rurale*

4.411 L'enseignement Moyen Pratique, au Sénégal, dans la région de Fissel, tente une approche nouvelle visant à intégrer dans la production rurale les 35.000 adolescents environ, scolarisés ou non, qui chaque année se retrouvent pour la plupart laissés pour compte et demeurent hypnotisés par le secteur moderne qui ne peut les intégrer. Cette expérience d'auto-création d'emplois ruraux consiste, en une première étape, d'une année environ, à provoquer la définition d'un "projet d'avenir villageois", sorte de mini-plan, élaboré à la suite de discussions entre

TABLEAU II : AUTO-ANALYSE DANS LE CADRE DE L'ENSEIGNEMENT MOYEN PRATIQUE (SENEGAL)

ressources existantes peu ou mal exploitées → améliorer et augmenter les productions

ressources existantes déjà exploitées

ressources non exploitées (végétales, minérales, animales) → expérimentation des formes de production et d'exploitation

ressources importées

technologies traditionnelles abandonnées, et réactualisées

technologies traditionnelles toujours existantes, adaptées

technologies importées conformes aux exigences de création d'auto-emplois

technologies paysannes nouvelles, crées sur place

(qui toutes respectent la conservation et les conditions de reproduction de l'environnement)

⇓

Produits bruts

Transformés le plus complètement possible pour fabriquer

des biens de consommation
-durables
-semi ou non durables

des biens de production (outils, et machines, simples matières premières, produits 1/2 finis)

Energie naturelle

vente contrôlée

consommation immédiate

échanges internes

stockage conservation

↑

importations (réduites et sélectionnées)

de biens de consommation si possible non concurrientiels de leurs produits dans le terroir

et de matières premières, outils et éléments de matières

jeunes, adultes et responsables de l'EMP. On part de l'analyse commune de la situation actuelle :

- production trop peu diversifiée et carence chronique de production alimentaire
- individualisme et simplification croissante de la production et de la consommation
- rupture des équilibres écologiques (sols) liée à l'absence d'engrais organiques
- dépendance complète des technologies importées non créatrices d'occupations nouvelles et d'auto-développement
- hémorragie des ressources vers les marchés extérieurs
- manque quasi total d'occupation durant les deux tiers de l'année.

Les revenus tirés de l'arachide ne permettent pas de remédier effectivement aux carences alimentaires. La modernisation est jugée trop sectorielle (pas de maîtrise des eaux, d'amélioration du stockage) et entraîne l'économie rurale dans une situation de dépendance croissante.

La définition du projet d'avenir à moyen et long terme devient la condition nécessaire de la réorganisation et de la maîtrise de ce projet librement consenti et décidé par les intéressés eux-mêmes. La formation qu'il convient de donner aux jeunes est ensuite élaborée en commun en fonction de ce projet. Car l'intégration effective des jeunes est conditionnée par l'accord des adultes et des anciens. En revanche, "le chantage" au changement et aux concessions que les jeunes font aux adultes pour leur retour et leur maintient dans les villages est un levier capital pour soulever l'inertie des détenteurs des biens de production. Ceux-ci reconnaissent en effet la nécessité économique de retenir les jeunes dans les villages, nécessité culturelle aussi ..." (République du Sénégal 1974).

Ainsi conçue, la formation des jeunes aboutit à des décisions préalables ou simultanées de transformations économiques et techniques dont le schéma ci-après donne un aperçu (voir schéma page suivante).

4.412 En Haute-Volta, un projet PNUD dont l'objectif est l'organisation de petites entreprises villageoises, s'appuie sur une analyse et une méthodologie analogue. L'analyse des besoins ressentis par les villageois fait ressortir un besoin prioritaire : retenir la jeunesse. Or, cette jeunesse désire une amélioration des conditions rurales de travail et de vie. Là aussi une première étape consiste en de longues discussions et réflexions.

Cette première phase préalable aboutit à la création, en décembre 1972, d'un "fonds commun pour l'équipement du village" qui doit permettre la réalisation du "plan" global :

- 1ère urgence : pont, adduction d'eau à usage domestique (ce qui nécessite un regroupement du village), minoterie, construction de locaux éclairés pour de petites entreprises

- 2ème urgence : transformation du paddy, installation d'un atelier mécanique de soudure électrique, constructions rurales (briquetterie, menuiserie, charpente...)
- 3ème urgence : actions sanitaires complémentaires, école primaire mixte, centre d'éducation rurale pour garçons (un centre pour les filles existait déjà), centre social d'animation, maison de jeunes, terrain de sport, service postal.

En cours de route, d'autres activités non prévues au plan se sont greffées : centre de prévention sanitaire, recherche de débouchés pour le riz décortiqué, appui au groupement de jeunes pour leurs champs de culture collective, équipes sportives, théâtrales et de danse folklorique... Les chefs de famille ont demandé un appui pour la reconstruction des habitations ; une initiation aux calculs de prix de revient a été demandée par les hommes et jeunes gens.

Un malentendu avec l'administration a provoqué durant un temps un blocage partiel. L'administration a été amenée à des transformations organiques : renforcement de la coordination, réunions interministérielles, soutien plus résolu et durable.

En définitive, avec le temps, les résultats se consolident à Sienana : construction d'un nouveau village, d'un pont définitif, d'une infrastructure de qualité, de locaux collectifs, de locaux pour les entreprises, salles de stockage et entrepôts, groupe électrogène et eau potable. Enfin, les cotisations au fonds d'équipement villageois se font plus régulières. L'approbation générale a renforcé la cohésion villageoise (République de Haute-Volta 1974).

4.42 *Un essai de reconstitution de pâturages et de restructuration de l'élevage*

Dans les zones arides ou semi-arides où la mise en culture reste souvent écologiquement périlleuse pour les sols très sensibles aux diverses formes d'érosion, l'élevage demeure en bien des cas le mode d'utilisation le plus approprié. Encore faut-il parvenir à la définition d'un nouvel équilibre hommes/pâturages/troupeaux. C'est là l'objectif de l'expérience de reconstitution des pâturages qui vit le jour dans l'arrondissement de Tchin-Tabaraden au Niger, dans l'une des régions les plus affectées par la désertification. Ce projet visait à la fois :

- "une restructuration sociale sur une base plus territoriale que tribale, capable seule d'intégrer les aspects actuels nécessairement pluri-ethniques
- une restructuration des pâturages et de la strate arbustive
- une restructuration économique : il s'agit en effet d'assurer une alimentation régulière pour les animaux, lors de la soudure surtout
- une restructuration foncière : le projet ne résoud pas ce

problème, mais il permet d'apporter des éléments de réflexion à une politique foncière" (Marty 1974 ; République du Niger 1974).

Cette opération fut lancée en novembre 1973 en collaboration avec les éleveurs Touaregs et Peuls de la région. Ils avaient conscience que la reconstitution de l'élevage dépend aujourd'hui davantage des pâturages que de l'hydraulique. Dans ce but, des semences d'herbes et d'arbres disparues de la région ont été collectées dans une zone éloignée, non loin de la frontière du Mali, où d'excellents pâturages comportant une grande diversité végétale s'étaient maintenus parce ce que sans points d'eau permanents, donc inaccessibles de ce fait aux troupeaux. Trois cent dix sacs de graines ont été récoltés par plusieurs expéditions légères en camion, comportant chaque fois une trentaine de personnes. Après annonce du projet, d'autres graines ont été achetées aux éleveurs de la région qui avaient tout perdu. Des femmes sont venues aussi proposer des graines.

Une première réserve fourragère de 500 ha a été clôturée à l'aide de piquets et de fils de fer barbelés destinés à empêcher l'entrée de tout bétail. L'emplacement de cette réserve fut choisi avec les nomades de cinquante campements de la région. Trois à cinq nouvelles zones fourragères clôturées étaient prévues pour l'année 1975.

Des essais de germination entrepris avec l'aide du Laboratoire d'élevage de Niamey ont permis de déterminer les normes techniques pour la suite de la reconstitution des pâturages. Parallèlement, une pépinière qui joue aussi le rôle de brisevent, permettra d'avoir des plants à repiquer et de gagner une année lors de la prochaine saison.

Ces espaces clôturés sont appelés à jouer le rôle de réserve fourragère en saison sèche. Dès lors que la gestion collective sera mise sur pied avec les éleveurs, la clôture ne devrait plus être nécessaire. Mais c'est une étape indispensable dans l'état actuel de désertification. Les analyses effectuées en effet à Niamey ont révélé que certaines terres ne recélaient plus de graines.

L'objectif, conjugué avec une action éducative, était de parvenir à une organisation territoriale des éleveurs avec une utilisation et une gestion collective de la base de ressource commune, en même temps qu'une restructuration de leur économie et de leur organisation sociale afin de dépasser le cadre tribal d'utilisation. Cet objectif se cherche à travers un dialogue avec les intéressés, et déjà un engagement et une créativité se font jour chez les éleveurs concernés.

Cette opération incarnait une approche nouvelle de recherche avec les intéressés, des modalités conctrètes d'une prise en charge effective et progressive de leur environnement, qu'il importe de prévoir actuellement, tant que le bétail est encore peu nombreux.[12] C'est peut-être la seule alternative aux unités modernes de ranching prévues par des sociétés désireuses de s'implanter dans "les espaces vides" créés par la sécheresse. Le Mali semble déterminé à tenter une expérience analogue sur son territoire.

12. Bien que les résultats techniques enregistrés aient été nettement probants comme le prouvent les observations agrostologiques, cette expérience n'a malheureusement pas continué à recevoir le soutien indispensable à sa poursuite.

5. CONCLUSION : ARTICULATION RECHERCHE - PRODUCTION

5.1. CRITERE DE CHOIX DES PRIORITES EN FONCTION DE L'ANALYSE DES SITUATIONS ECOLOGIQUES ET AGRAIRES

L'analyse des situations écologiques et agraires, pour être valide, doit s'effectuer principalement sur le terrain et à travers un dialogue étroit avec les paysans. Une analyse unilatérale est inévitablement partielle, donc partiale et inadéquate. Mais il faut reconnaître qu'une trop grande disparité de statut entre l'institut de recherche et les paysans peut rendre le dialogue difficile, voire impossible.

Concrètement, il s'agit d'associer dans une approche globale :

- l'étude des systèmes culturaux actuels
- l'étude des techniques paysannes, tant agricoles qu'artisanales, actuelles et passées
- l'étude des contextes socio-économiques et écologiques dans lesquels ces techniques ont pris naissance, se sont transmises ou transformées : structure agraire, division sociale du travail, destination de la production, maîtrise des processus et des marchés
- l'étude de l'interprétation donnée par les paysans eux-mêmes.

5.2. EXPERIMENTATIONS DANS LES CONDITIONS REELLES LOCALES : CONDITION DE LEUR VALIDITE

Des conditions trop éloignées des conditions rurales réelles (ex. bâtiments luxueux, ensemble des facteurs de production disponibles à volonté...) ne sont jamais fructueuses et ne diffusent pas. Ce qui compte, c'est la méthode scientifique, avec un matériel aussi proche que possible de celui qui est en usage dans la région. Car il n'y a pas de recherches nobles avec un matériel sophistiqué et coûteux et de recherches roturières avec du matériel simple, mais il y a une démarche scientifique rigoureuse ou non, et adaptée ou non aux besoins, ressources et contraintes réelles.

5.21 *Deux illustrations de cette démarche : en Tunisie et au Maroc*

5.211 En Tunisie, le Laboratoire d'Economie Rurale de l'INRAT a mis en oeuvre une démarche méthodologique pluridisciplinaire (zootechnie, pédologie...) qui se fonde sur une observation concrète des conditions écologiques, techniques, économiques et sociales de divers types d'exploitation, ceci dans une perspective dynamique d'observation continue du changement.

Le travail en cours a déjà abouti à une intensification, à une diversification (accroissement de la production fourragère et légumineuse), à une sensible progression de la production ovine grâce aux cultures fourragères et à des mesures simples de gestion du troupeau.

Au plan économique, on note une meilleure situation financière, des substitutions importantes d'inputs qui se traduisent par une économie de devises et d'énergie au profit de consommations intermédiaires produites dans le pays.

Mais la nécessité se fait jour d'élargir l'éventail des strades socio-économiques d'exploitations suivies, pour appréhender dans toute leur complexité sociale les possibilités d'intensification. Le rôle du laboratoire se dessine vers une action de formation et d'évaluation continue, mais non de maître d'oeuvre.

5.212 Au Maroc, la station du palmier-dattier a été amenée à prendre en compte l'ensemble des problèmes agronomiques des oasis : productions animales et végétales associées au palmier-dattier. L'approche globale réaliste a abouti à conférer la priorité :

- à l'amélioration des races locales de moutons et lapins - dont les qualités se sont révélés remarquables - et à une amélioration de leur alimentation (luzerne, dattes...)
- à la sélection des blés tendres locaux demi-durs, rustiques, appréciés pour la préparation du couscous et pour leur paille longue utile à l'élevage et à divers besoins domestiques
- aux façons culturales simples, à la fertilisation organique
- à la lutte biologique contre la cochenille du palmier-dattier
- à l'expérimentation de nouvelles productions pour devancer d'éventuels besoins d'avenir : sorgho, plantes à parfum, maraîchage...

Le produit net a été multiplié par deux et par trois, pratiquement sans investissements, sans endettement et dans l'un des milieux les plus pauvres du pays.

5.3. FORMATION, EDUCATION ET ORGANISATIONS PAYSANNES

En fait, les tentatives de ce type sont nombreuses dans bon nombre de pays et divers continents. Sans doute, conviendrait-il de les faire connaître davantage afin qu'elles puissent jouer un rôle de catalyseur et dynamiser les populations voisines.

De cette multitude d'expériences diversifiées et pourtant similaires, des conclusions émergent clairement :

- une priorité réelle accordée à l'agriculture multiplie les ressources alimentaires en les diversifiant et permet aussi la multiplication des petites industries rurales encadrant la production tant en amont qu'en aval (Goodstadt 1974).
- l'initiative des populations ne peut naître que de leurs besoins ressentis. Mais elle ne porte des fruits que si elle est assistée ensuite, à la demande, sous forme d'"aide à s'aider eux-mêmes".
- une action authentique est toujours multisectorielle car elle jaillit de l'ensemble des besoins ressentis.
- le plein usage des ressources locales implique des techniques appropriées, c'est-à-dire effectivement appropriables et maîtrisables par le groupe concerné, et non ressentis comme une imposition externe génératrice de dépendance.
- la restructuration et la réorganisation de la production comme de l'accès aux ressources ne peut s'opérer que si elle est insérée dans un processus de formation reposant sur la confiance a priori dans les capacités d'auto-developpement.
- les premières réussites doivent bénéficier au groupe rural concerné et demeurer sa propriété. Par la suite, la plus-value doit demeurer pour l'essentiel au sein du secteur rural pour y jouer un rôle cumulatif (Sartajajiz 1974).

5.4 CONCLUSION

L'éventail des possiblités humaines et physiques sous-utilisées est considérable. Aussi peut-on affirmer avec force que la malnutrition et la sous-nutrition sont loins d'être inéluctables. Mais le remède à la grave situation actuelle ne peut être exclusivement technique, car il exige une réorganisation de la production telle qu'elle puisse engendrer l'accès à la nutrition. Cela exige simultanément : une restructuration agraire, des technologies appropriées permettant un usage intensif des multiples ressources locales, une vigoureuse action organisationnelle, éducative, sanitaire... Une multitude de solutions très diversifiées, à l'image des contextes locaux comme des héritages culturels si différents, peut seule permettre de réveiller la maîtrise des forces propres des populations, et de mettre en oeuvre leur capacité à assurer leurs besoins fondamentaux et au premier chef, la nutrition.

Mais la pleine libération de ces potentialités dépend néanmoins des organismes de recherche, des responsables nationaux et des décideurs de la scène internationale. Les peuples sont en droit d'exiger au moins qu'on les laisse libres de s'aider eux-mêmes, sans entraver leur action.

BIBLIOGRAPHIE

Alexander, Martin. 1974. "Environmental Consequences of Rapidly Rising Food Output", *Agro-Ecosystems* 1(3)149-264.

Appu, P.S. 1974. "The Bamboo Tubewell, A Low Cost Device for Exploiting Ground Water", *Economic and Political Weekly* 9(26) A-63-65.

Bacigalupo, Antonio. 1974. "Food Supply and Nutrition". Lima, Agrarian University. Communication.

Berg, Alan D. 1972. "The Lessons of the Indian Experiment", *in* : Vahlquist. 1972.

Bibliotti, E. 1970. "La lutte intégrée et l'avenir des interventions phytosanitaires", *Bulletin technique d'information* 249(mai)240-246.

- 1973. "Quelques aspects de la lutte biologique contre les arthropodes nuisibles", *Revue de pathologie comparée et de médecine expérimentale* (mai-juin).

Billaz, René. 1975. "Evaluation du projet de promotion des cultures vivrières d'Ombessa : aspects agro-économiques". (Douala : Institut panafricain pour le développement) ronéo.

- 1975b. *Quelle doctrine agronomique ? Quels objectifs agricoles ?* Paris : Institut de recherche et d'application des méthodes du développement (IRAM)

Bjorkman, Olle & Berry, Joseph. "High Efficiency Photosynthesis", *Scientific American* 229(4)80-93.

Blaxter, Kenneth. 1974. "Power and Agricultural Revolution", *New Scientist* 61:400-404.

Bonnet, Francis & Zoghbi, Joseph. 1975. *Eléments de prospective technologique pour un développement énergétique endogène des pays de la rive sud de la Méditerranée* (Paris : EHESS, CIRED 1975). Mémoire.

Borgstrom, Georg. 1974. "The Food-Population Dilemma", *Ambio* 3 (3-4)109-113.

Bourges, Hector. 1975. "El alga espirulina, una perspectiva

a largo plazo", *Ciencia y desarrollo* 1(2)19-20.
Brown, Norman L. & Pariser, E.R. 1975. "Food Science in Developing Countries", *Science* 188(4188)589-593.
Bugnicourt, Jacques *et al.* 1975. "Sahel 3 : Les nomades, ces marginaux de l'économie moderne", *Le Courrier de l'UNESCO* (avril)20-25.
Cameron, Margaret & Hofvander, Yngve. 1971. *Manual on Feeding Infants and Young Children.* (New York : Protein Advisory Group of the United Systems).
Celton, Jean. 1973. "L'apport de la recherche agronomique à l'intensification de la riziculture malgache", *Techniques et développement* 8(juillet-août).
Centre des Sciences Interdisciplinaires. s.d. *Projet Wälsviker.* Université de Göteborg (Göteborg).
R.F. Chandler, Jr. 1974. *Exciting New Developments in Rice Research.*
Charreau, Claude. 1972. "La jachère peut-elle être supprimée en région tropicale sèche?", *Techniques et développement* 4(novembre).
Chaves, Nelson. 1975. "Le nord-est du Brésil lutte contre la faim", *Le Courrier de l'UNESCO* (mai)28-32.
Cockrill, W.A. *et al.* 1974. *The Husbandry and Health of the Domestic Buffalo.* (Roma : FAO).
Coopération Canada 1974. 15(Juillet-août)12.
Copans, J. 1973. "Stratification sociale et organisation du travail agricole dans les villages Wolof Mourides du Sénégal". Thèse de 3ème cycle, Paris. Miméogr.
Debelmas, A.M. s.d. *Plantes médicinales et éco-développement.* Laboratoire de pharmacognosie, UER des Sciences pharmaceutiques (Grenoble).
Den Hartog, A.P. & De Vos, A. 1973. "Utilisation des rongeurs dans l'alimentation en Afrique tropicale", *Bulletin de nutrition de la FAO* 11(2).
De Wilde, Jan. 1975. "Insect Population Management and Integrated Pest Control", *Ambio* 4(3)105-111.
Dhua, S.P. 1975. "Organo-Mineral Fertilisers : A Necessity for Indian Agriculture", *Economic and Political Weekly* 10(15)616-623.
Dumont, René. 1975. "Crise ou scandale ?", *Le Courrier de l'Unesco* (mai)16-23.
Dupin, Henri. 1974. "Les Facteurs qui influencent les habitudes alimentaires dans les pays en voie de développement", *Impact. Science et société* 24(2)149-155.
Erz, W. 1967. *Wildtierschutz und Wildtiernutzung in Rhodesien und im Ubringen Südlichen Afrika* (Munich : Ifo-Institut).
FAO. 1973. "Concentré de protéines de feuilles", *Cérès* 31 (janvier-février)40.
- 1974a. "Le champ du monde : faits et chiffres", *Cérès* 42 (novembre-décembre)6-7.

- 1974b. *Rapport annuel sur les engrais (1973)* (Rome).
- 1975a. "Les vertes protéines", *Cérès* 43(janvier-février)21.
- 1975b. "Chercher la petite bête", *Cérès* 44(mars-avril)25.

FAO-SIDA. 1974. *Rapport sur la zone sahélienne : stratégie à long terme et programme de protection, de restauration et de développement* (Rome : FAO & Fonds de dépôt suédois).

Felger, R. & Beck, M 1900. "Eel grass (*Zoster marina*) in the Gulf of California. Discovery of Its Nutritional Value by the Seri Indians", *Science* 355-356.

"Food from Waste", *New Scientist* 66(945)134-135.

Garrel, Bruno. 1975. "Les dernières expériences d'élevage des animaux sauvages en Afrique ?", pp. 431-436 *in : L'homme et l'animal*. Premier colloque d'Ethnozoologie, Institut international d'ethnosciences, 28-30 novembre 1973 (Paris : Institut international d'ethnosciences).

Gillet, H. 1974. "Tapis végétal et pâturages du Sahel", *in :* Johnson 1974.

Golueke, Clarence G. 1975. "Principles of Municipal Composting : What the United States Can Learn from Mexico", *Compost Science* 16(3)3-10.

Goodstadt, Leo. 1974. "China's Rural Plan Shapes Up", *Eastern Economic Review* (29 novembre)42-44.

Gotaas, H.B. 1959. *Compostage et assainissement*, Chapter XI (Genève : Organisation mondiale de la santé).

Gourou, P. 1971. *Leçons de géographie tropicale* (Paris : Mouton)

Grubben, G.J.H. 1971. *Expérimentations pour le développement de l'horticulture au sud-Dahomey*. Rapport technique de la 3ème phase du projet FAO/CMCF Dah.4. Centre horticole et nutritionnel de Quando, juin 1968-juin 1971. 86 pp.

Guichaumaud, Y. & Obaton, M. 1973. "Les possibilités d'adaptation et de développement de la culture du soja en France", *Bulletin technique d'information INRA* 282:649-660.

Headley, O. St. C & Springer, B.G.F. 1973. "A Natural Convection Solar Crop Drier, V 26" *in* : UNESCO. *Le soleil au service de l'homme*. Congrès international Paris Maison de l'UNESCO 2-6 juillet 1973 (Paris : UNESCO).

Henle, H.V. 1974. *Report on China's Agriculture*. 1974. (Rome : FAO).

Hepher, B. & Schroeder, G.L. 1974. "Wastewater Utilization in Integrated Agriculture and Aquaculture systems. Environmental Protection Agency", *in : Wastewater use in the Production of Food and Fiber*. Proceedings. Oklahoma City, March 5-7, 1974.

Hess, Karl 1975. "Technology with a Human Face", *Science* 187 (4174)332-334.

Hidalgo, Oscar. 1974. *Bambu, su cultivo y aplicaciones en fabricación de papel, construcción, ingeniería, artesania* (Cali : Estudios Téchnicos Colombianos Limitada) 317 pp.

Hodges, C.N. 1975. "Desert Food Factories", *Technology Review*

77(3)33-40.

Holy, Milos. 1974 "Irrigation and Draining", *in : Water and the Environment* (Rome : FAO).

Howart, Sir Albert. 1940. *An Agricultural Testament* (London & New York : Oxford University Press).

Idusogie, E.O. 1973. "Centuries of Changing Food Consumption Patterns in African Communities", *Food and Nutrition in Africa* 12(July).

Ingestad, Torsten. 1974. "Towards Optimum Fertilization", *Ambio* 3(2)49-54.

INRA. 1971. *Projet de réglementation concernant la qualité des cultures bactériennes commercialisées pour l'inoculation des sols*. Laboratoire de microbiologie des sols (Dijon).

IUCN. 1974.*Ecological Guidelines for Development in Tropical Forest Areas of South-East Asia*. Occasional Paper 10 (Morges, Switzerland).

- 1975. *The Use of Ecological Guidelines for Development in the American Humid Tropics*. Proceeings of the International Meeting held at Caracas, Venezuela, 20-22 February 1974. International Union for Conservation of Nature and Natural Ressources (Morges, Switzerland).

Janzen, Daniel H. 1973. "Tropical Agroecosystems", *Science* 182(4118)1212-1219.

Jelliffe, Derrick B. & Jelliffe, E.F. Patrice. 1975. "Human Milk, Nutrition and the World Resource Crisis", *Science* 188(4188)557-565.

Jennings, Peter R. 1974. "Rice Breeding and World Food Production", *Science* 186(4169)1085-1088.

Johnson, D.L. (éd.). 1974. "L'état du nomadisme pastoral dans la zone sahélienne" pp. 75-88 *in : Le Sahel : bases écologiques de l'aménagement*. Notes techniques du MAB (Paris : Presses de l'UNESCO).

Jones, Allen. 1974. *World Protein Resources*. Medical & Technical Publications (Lancaster) 381 pp. Cf. notamment la deuxième partie : "Animal Protein", pp. 63-152.

Joy, Leonard, 1973. "Economics of Nutrition Planning", *Journal of Agricultural Economics* 24:1 ; reprinted as IDS Communication 107, (Brighton : University of Sussex) p. 12.

Joy, Leonard ; Payne, P.R. ; Suckhatme, P.V. 1971. *Three Papers on Food and Nutrition : The Problem and the Means of Its Solution*.

Kerr, W.E. 1974. "Ecology of Destruction", *Anticipation* 18(août) 26-29.

Klatzman, J. 1975. *Peut-on nourrir dix milliards d'hommes ?* (Paris : Presses universitaires de France).

Kohler, G.O. & Bickoff, E.M. 1971."Commercial Production from

Alfalfa in USA", pp. 69-77 *in* : Pirie 1971.
Leach, Gerald. 1974. *The Man-Food Equation* (London : Academic Press).
Leff, Enrique. 1975. "Hacia un proyecto de ecodesarrollo", *Comercio exterior* 25(1)84-92.
Le Houerou, H.N. 1975. "Problèmes et potentialités des terres arides de l'Afrique du Nord", *Options méditerranéennes* 26:17-35.
Le Jeune, Roger. 1973. "L'agriculture et l'élevage dans le nouveau Québec et l'Arctique nord-américain", pp. 317-335 *in* : Jean Malaurie (éd.) *Le peuple esquimau aujourd'hui et demain* (Paris & La Haye : Mouton).
Lemma, Aklilu. 1973. "La schistosomiase : un défi à la société. La lutte contre une maladie d'origine humaine", *Impact Science et société* 23(2)145-155.
Leroux, Pierre. 1973. "La photo-interprétation, aide à la prévention contre les sauterelles", *Technique et développement* 8(juillet) 31-35.
Long, Gilbert. 1975. "Pour une stratégie de la recherche dans le cadre du projet 3 du MAB, appliqué aux zones arides au nord du Sahara", *Options méditerranéennes* 26:39-48.
Manshard, Walther. 1974. *Tropical Agriculture, A Geographical Introduction and Appraisal* (London & New York : Longmans) 226 pp. First published Mannheim : Bibliographisches Institut 1968.
McKee, H.S. 1956. *Quelques problèmes de l'alimentation dans les îles du Pacifique.*
McKell, Cyrus M. 1975. "Shrubs, A Neglected Resource of Arid Lands", *Science* 187(4179)803-809.
Marty, André. 1974. *Note sur le fonctionnement, la destructuration et les hypothèses d'avenir de l'élevage pastoral dans l'arrondissement de Tchin-Tabaraden* (Paris : IRAM).
Marx, J.L. 1973. "Photorespiration : Key to an Increasing Plant Productivity", *Science* 179(4071)356-367.
\- 1975. "Nitrogen Fixation in Maize", *Science* 189(4200)368.
Massal, Emile & Barrau, Jacques. 1956. *Cultures vivrières du Pacifique Sud.* Les documents techniques de la Commission technique du Pacifique Sud 94 (Nouméa).
Menesson, D. 1972. "L'irrigation dans le monde islamique : l'eau élément culturel", *Options méditerranéennes* 14:15-23.
"Mirage ou miracle?", *Nuisances et environnement* 39(avril 1975)19.
Mondot-Bernard, Jacqueline. 1974. *Essai d'analyse de la situation alimentaire en Afrique.* (Paris : OCDE Centre de développement).
Moumouni, Abdou. 1973. "Prospects of Solar Power", *Ambio* 2(6) 203-213.
Muller, Mike. 1975. "Milk, Nutrition and the Law", *New Scientist* 66(948)328-330.

National Academy of Sciences. 1974. *More Water for Arid Lands. Promising Technologies and Research Opportunities* (Washington) pp. 38-44.

- 1975a. *Neglected Tropical Plants with Promising Economic Value.* BOSTID publications 16 (Washington).

- 1975b. *The Winged Bean, A High-Protein Crop for the Tropics* (Washington).

Nations Unies. 1974. *Le problème alimentaire mondial, propositions en vue d'une action nationale et internationale.* Conférence Mondiale de l'Alimentation (Rome : FAO).

Norman, D.W. 1970. "Cultures mixtes". Rural Economy Research Unit, Ahmadu Bello University, Samaru, Nigeria. Papier présenté au séminaire sur "Les systèmes d'exploitation traditionnels et leur intensification", Ihadan, 16-20 novembre 1970.

"Ocean Farming", *Newsweek* 23(1974)54.

Ohlin, Göran. 1972. "An Overall Strategy of Assistance in the Field of Nutrition", pp. 157-166 *in* : Vahlquist 1972.

O'Reilly Sternberg, H. 1966. "Die Viezucht im Careiro-Cambixegebeit", *Heidelberger Studien zur Kultur Geographie* 15.

Palmer, Ingrid. 1972. *Science and Agricultural Production.* (Genève : UNRISD).

Pautou, G. *et al.* 1972. *Etude écologique des îles du Rhône entre Seyssel et Lyon. Organisation opérationnelle de la démoustication.* Laboratoire de biologie végétale, Université scientifique et médicale de Grenoble (Grenoble).

Peter, P.E. 1957. *Bibliographie des aliments du Pacifique.*Les documents techniques de la Commission technique du Pacifique Sud 100 (Nouméa).

Pimentel, D. 1973. "Food Production and the Energy Crisis", *Science* 182(4111)443-448.

Pirie, N.W. 1971. *Leaf Protein : Its Agronomy, Preparation, Quality and Use.* International Biological Programme. Handbook 20 (London, Oxford & Edinburgh : Blackwell).

Prasad, C.R. ; Prasad, K. Krishna ; Reddy, A.K.N. 1974. "Bio-Gas Plants : Prospects, Problems and Tasks", *Economic and Political Weekly* 9(32-34)1347-1364.

Prestbo, John. 1974. "Agricultural lesson for Asia", *Far Eastern Economic Review* Nov. 29.

Raj, N.K. *et al.* 1975. *Poverty, Unemployment and Development Policy. A Case Study of Selected Issues with References to Kerala.* (Trivardrum : Centre for Development Studies).

Rapp, Anders. 1974. *A Review of Desertization in Africa : Water Vegetation and Man.* (Stockholm : Secretariat for International Ecology).

"Rapport du Technical Advisory Committee. Working group on Aquiculture", *PAG Bulletin IV* (2, June 1974) 12-13.

République de Haute-Volta. 1974. *Organisations des petites entreprises villageoises (PEV).* Rapport de fin de mission

(9 mars 1974) présenté par Jean Neveu, expert du BIT, coordinateur du projet UPV/71/012.

République du Niger. 1974. *Rapport d'activités sur la première phase d'exécution du projet de reconstitution des pâturages (novembre 1973-avril 1974)*. Ministère de la promotion humaine, département de Tahour, arrondissement de Tchin Tabaraden.

République du Sénégal. 1974. *De quelques préalables et implications économiques de l'enseignement moyen pratique* 26 avril 1974. Délégation générale à la promotion humaine, Direction enseignement moyen pratique (M'Bour : EMP).

Revelle, Roger. 1974. "La terre peut-elle nourrir toujours plus d'hommes ?" *Le Courrier de l'UNESCO* (juillet-août) 7-12.

Robbins, William. 1974. *The American Food Scandal* (New York : William Morrow).

Rosnay, Joël de. 1974. "Production agricole, un bilan énergétique qui se détériore", *La Recherche* 5(47)694-696.

Ruthner, O. 1974. "Tower Greenhouses in Food and Human Settlement" *in : UNEP Advisory Meeting Group on Community Technology and Ecodevelopment* (Nairobi : UNEP).

Sai, F.T. 1972. *in* Vahlquist 1972.

Saouma, E. 1972. "Politique et stratégie en matière d'irrigation", *Options méditerranéennes* 16(décembre)13-16.

Sartajajiz. 1974. "The Rural Sector and the Application Technology : The Chinese Approach to Rural Development", *World Development* 2(2)87-91.

Schuster, W. ; Kesteven, G.L. ; Collins, G. 1955. *Piscicultura agrícola y administración de la pesca continental en la economia rural*. FAO, Estudia de Pesca 3 (Rome : FAO).

Sheets, Hal & Morris, Roger. 1974. *Désastre au Sahel. La sécheresse en Afrique occidentale : échec des secours internationaux*. Rapport spécial, Etudes sur la politique humanitaire (Washington, DC : Carnegie Endowment for International Peace Genève : Centre Européen de la Dotation Carnégie pour la paix internationale).

Sherwood, Martin. 1974. "Single-Cell Protein Comes of Age", *New Scientist* 64(925)634-639.

Sigurson, Jon. 1975. "Resources and Environment in China", *Ambio* 4(3)112-119.

Singh, Narendra. 1973. "La recherche fait fausse route", *Cérès* 31(janvier-février 1973)37-40.

Slesser, Malcolm, "Energy Subsidy as a Criterion in Food in Java". Communication to the First International Congress of Ecology, The Hague, 8-14 September 1974. Miméogr.

Soemarwoto, Otto. 1974. "Rural Ecology and Development in Java". Communication to the First International Congress of Ecology, The Hague, 8-14 September 1974. Miméogr.

Steinhart, John S. & Steinhart, Carol E. 1974. "Energy Use in the US Food System", *Science* 184(4134)307-316.

Suret-Canale, J. 1964. *L'Afrique noire*. T.2 : *L'ère coloniale, 1900-1945* (Paris : Ed. sociales).

Terra, C.J.A. 1967. *Légumes tropicaux*. Département de recherches agronomiques communication 54 (Amsterdam : Institut royal des régions tropicales & Organisation néerlandaise pour l'assistance internationale).

The Institute of Ecology. 1973. *Fragile Eco-systems. Evaluation of Research and Application in the Neotropics*. Edward G. Farnworth & Frank B. Golley (eds.) (Berlin, Heidelberg, New York Springer Verlag).

Toledo, V.M. 1975. "El Ejido y la selva tropical húmeda : una contradicción ecológica y social", *in : Investigaciones sobre la regeneración de selvas en Veracruz* (Mexico : Gomez-Pompa y Vasquez).

Tourte, R. 1974. "Réflexions sur les voies et moyens d'intensification de l'agriculture en Afrique de l'Ouest", *L'agronomie tropicale* 29(9)917-946.

UNEP. 1975. *Overviews in the Priority Subject Area : Land, Water and Desertification*. United Nations Environment Programme (Nairobi).

UNRISD. 1974. *The Social and Economic Implications of Large-Scale Introduction of New Varities of Foodgrain : Summary of Conclusions of a Global Research Project*. United Nations Research Institute for Social Development (Genève).

Vahlquist, Bo (ed.) 1972. *Nutrition, A Priority in African Development* (Stockholm : Almquist & Wiksell ; Uppsala : The Dag Hammarskjöld Foundation).

Valery, N. 1972. "Water Mining to Make the Desert Bloom", *New Scientist* 56(818)322-325.

Van Eijnatten, C.L.M. 1969. *Observations on Protein Contents of Tropical Leafy Vegetables and Some Other Foodstuffs from West Africa*. Communication NEDERF. (Amsterdam : Royal Tropical Institute).

Van Epenhuijsen, C.W. 1974. *Growing Native Vegetable in Nigeria*. (Rome : FAO).

Van Vuren, J.P.J. 1962. "Fodder Trees, An Asset on the Farm", *Farming in South Africa* (november)11-14.

Wade, Nicholas. 1974a. "Green Revolution : A Just Technology, often Unjust in Use", *Science* 186(4169)1093-1096.

- 1974b. "Green Revolution : Problems of Adapting a Western Technology", *Science* 186(4170)1186-1192.

Whitcomb, Elizabeth M.. 1974. "L'administration britannique en Inde face aux calamités", *Annales. Economies, Sociétés, Civilisations* (mai-juin)619-639.

WHO. 1969. *The Health Aspects of Food and Nutrition*. A Mannual for Developing Countries in the Western Pacific Region of the World Health Organisation (Manila, Philippines) 380 pp.

Wijnhoven, A. 1967. *Cooking Tests - Green Leafy Vegetables*

(Amsterdam : Royal Tropical Institute ; Ilesha : Fondation NEDERF).

Wittwer, S.H. 1975. "Food Production : Technology and the Resource Base", *Science* 188(4188)579-584.

Wolf, Ray. 1974. "The Odessa Project", *Compost Science* (November-December) 18-19.

World Bank. 1974. *Report. News of the World Bank Group*. January-February (Washington : World Bank).

Wycherley, P.R. 1969. *Conservation in Malaysia*. IUCN Publications, Supplementary paper 22 (Morges, Switzerland).

Zaika, V.E. 1974a. "Community Productivity and Optimum Exploitation of Biological Resources", pp. 60-61 *in : Proceedings of the First International Congress of Ecology*. The Hague, 8-14 September 1974. (Wageningen : Center for Agricultural Publishing and Documentation).

- 1974b. "Los Insectos, fuente de proteinas", *Excelsior* 17 novembre.

Zelitch, I. 1975. "Improving the Efficiency of Photosynthesis", *Science* 188(4188)626.

II

ECOTECHNIQUES ET NOUVELLES TECHNIQUES POUR LA MISE EN VALEUR AGRICOLE ET FORESTIERE DU TROPIQUE HUMIDE

Claudio Romanini avec la collaboration de
Anne Bergeret et Solange Passaris

INTRODUCTION

Les êtres vivants, dont l'homme, puisent dans les composants inanimés ou vivants du sol, de l'eau, et de l'air, les matériaux constitutifs de leur propre substance, qu'ils transforment en matière vivante avec l'aide de l'énergie solaire. L'homme va souvent plus loin que les autres êtres vivants et ne se contente pas de prélever dans le milieu les seules ressources nécessaires à sa vie. Dans de nombreux cas, l'homme moderne accentue démesurément ses prélèvements, et son comportement vandale aboutit à un pillage qui compromet la survie de ses contemporains et de ses enfants de demain.

En effet, toute communauté vivante utilise les ressources limitées d'un espace donné : écosystème ou biosphère suivant l'échelle de son intervention. Elle les consomme et rejette ses déchets d'utilisation ou ses propres cadavres : cellulose dans le cas des végétaux, déjections, chairs, ossements ou coquilles dans le cas des animaux. Or ces déchets, inutilisables ou toxiques pour l'espèce qui les a produits, sont ressources pour une autre espèce. Une continuité de processus cycliques utilise tour à tour en des combinaisons différentes ces mêmes éléments fondamentaux. Un écosystème est en équilibre lorsque ces cycles fonctionnent sans fuites majeures. Mais que l'un des consommateurs se permette des prélèvements abusifs et perturbe cet équilibre, la famine se charge alors de le ramener à la raison, à moins qu'il ne soit empoisonné par ses propres déchets.

Chaque écosystème possède sa dynamique propre, et il a d'autant plus de chances de maintenir son équilibre que les espèces vivantes qui le composent sont nombreuses et diversifiées, ce qui assure une utilisation, une destruction et un recyclage satisfaisant des déchets. Le déséquilibre s'instaure s'il y a pillage sélectif ou non destruction catabolique des déchets.

L'homme ne peut s'insérer harmonieusement au sein du milieu que s'il répare les dégâts infligés et inscrit son action dans la dynamique de l'écosystème dont il est, non un élément extérieur, mais partie intégrante, et comme tel soumis à ses lois qu'il le veuille ou non (Bourgoignie *et al.* 1972).

Le tropique humide, tant qu'il n'est pas gravement perturbé par des interventions humaines irréfléchies, se caractérise précisément par une immense variété floristique et une extraordinaire exubérance de vie animale et surtout végétale. Les cycles s'y déroulent avec une grande rapidité grâce à une énergie solaire et à une humidité abondante, en sorte que les pertes sont minimes. L'intensité de la photosynthèse tropicale favorise une énorme biomasse végétale.

Néanmoins, cet équilibre est précaire. L'intensité des facteurs climatiques à l'oeuvre peut entraîner des perturbations rapides, tandis que le rétablissement de l'équilibre une fois perturbé peut éventuellement demander un nombre considérable d'années, si toutefois ce rééquilibrage est possible. Les terres labourées, exposées aux trombes d'eau, au vent et à la pleine intensité solaire, voient leurs sols rapidement épuisés. L'irrigation intempestive, insuffisamment contrôlée dans ses impacts, altère la composition chimique des sols. La déforestation entraîne une alternance de sécheresse et d'inondations qui affecte les écosystèmes adjacents, etc.

A ce jour, rares sont les pays ou les populations qui ont intégré les critères écologiques dans leurs politiques technologiques. Il est peu fréquent que l'on cherche à maximiser l'utilisation de l'énergie solaire surabondante, inépuisable et gratuite, et à minimiser celle de l'énergie fossile. Les critères de gestion économique ne prennent en compte d'ordinaire que le court terme, le rendement quantitatif : taux élevé de quelques produits faciles à récolter apprécié en termes de rendement à l'hectare et de rendement monétaire. Bref, on assiste à une "exploitation minière" qui détruit le potentiel de renouvelabilité des ressources.

Il est urgent de changer nos modes d'intervention et de substituer à l'écrémage des ressources une plus judicieuse utilisation du potentiel des tropiques. En d'autres termes, il s'agit de récolter soigneusement l'intérêt sans entamer le capital que constitue ce patrimoine collectif. Les ressources renouvelables de ces régions, convenablement gérées dans une perspective incluant le moyen et long terme, et résolument basées de préférence sur la maximisation de la photosynthèse (et, plus globalement, de l'énergie solaire) plutôt que sur des inputs commerciaux, recèlent des potentialités considérables : aquiculture, gestion des chaînes trophiques, semi-élevage du gibier, sont des exemples parmi d'autres de solutions qui requièrent à la fois la mobilisation des meilleures techniques élaborées au fil des ans par les diverses cultures qui ont su tirer un parti astucieux de leur environnement tout en le préservant, et l'invention imaginative de nouvelles solutions basées sur l'acquis scientifique.

La mise en oeuvre de ces techniques appropriées doit nécessairement s'inscrire dans une gestion globale qui prend en compte l'ensemble des interrelations et interactions qui jouent au sein d'un écosystème comme en dehors de celui-ci (écosystème adjacents et biosphère). Répudiant le laisser-faire et ses prétextes, cette gestion écologique exige une méthodologie d'évaluation permanente et l'élaboration de bilans globaux à la fois sociaux, écologiques et économiques, qui devraient permettre d'éviter désormais toutes les interventions aussi spectaculaires qu'irréfléchies qui entraînent si souvent toute une cascade d'effets négatifs imprévus que l'on baptise alors "calamité naturelle imprévisible".

L'urgence commande d'entreprendre au plus vite de tels éco-bilans ainsi que des "scénarios" prospectifs intégrant l'ensemble des chaînes d'impacts qui peuvent affecter l'espace aussi bien que le temps. Pour ce faire, l'accent sera mis résolument sur les multiples relations entre populations, environnement humain, ressources, techniques, produits, qui caractérisent les écosystèmes analysés.

Les nouveaux modèles d'utilisation jugée souhaitable des ressources naturelles détermineront à la fois le choix de produits désirables et le choix de techniques appropriées. La technique se situe donc à la charnière du mode de production et du mode de consommation. C'est dans ce cadre que nous pouvons avancer une définition des écotechniques.

Par *écotechniques*, il faut entendre les techniques qui permettent une mise en valeur des ressources naturelles localement disponibles, tout en assurant leur conservation ou renouvellement, comme le maintien des équilibres écologiques, compte tenu du contexte culturel et socio-économique et des forces productives disponibles.

Notre recherche, effectuée dans une perspective pluridisciplinaire, se fixera donc un triple objectif :

- repérer celles des techniques élaborées dans diverses aires culturelles qui se révèlent particulièrement adaptées aux écosystèmes similaires, ou sont susceptibles d'une amélioration
- explorer les possibilités de perfectionnement scientifique des techniques autochtones valables dans les contextes actuels
- susciter la découverte de nouvelles techniques appropriées tout en favorisant la connaissance et l'introduction de techniques élaborées sous d'autres horizons dans des conditions comparables.

Il va de soi que, face à un projet aussi ambitieux, nous ne prétendons en aucune façon à l'exhaustivité. Nous présentons plus modestement quelques possibilités, quelques exemples significatifs dans le but de réveiller la créativité et d'inciter à aller plus avant dans la recherche et l'application d'écotechniques.

Cette étude comprend deux parties. Dans la première, nous esquisserons les caractéristiques bioclimatiques du tropique humide, puis nous tenterons d'apprécier les divers modes d'intervention humaine dont ils ont fait l'objet. La seconde partie illustre la démarche de recherche d'écotechniques au moyen de quelques exemples concrets : agriculture itinérante, agriculture à trois étages, aquiculture, techniques intégrées, nouvelles sources de protéines.

Notre espoir est que ce travail collectif amène à déceler, à inventer et à mettre en oeuvre des écotechniques nombreuses et intégrées, au service premier des populations locales.

Ce qui ne doit pas être interprété comme un refus des échanges commerciaux. Mais des évènements récents nous renforcent dans la conviction qu'il convient de leur ménager une plus juste place, au moins dans un premier temps, pour revaloriser la "self-reliance", seule compatible avec la survie dans la dignité des peuples du tropique.

1. MILIEU TROPICAL ET INTERVENTIONS HUMAINES

1.1 QUELQUES DONNEES BIOCLIMATIQUES SUR LE TROPIQUE HUMIDE

1.11 Le climat est assurément l'élément fondamental qui détermine la spécificité des milieux intertropicaux, la nature et la dynamique de leurs composantes : sols, végétaux, êtres vivants.

En pays tropicaux, la pondération qu'il convient d'accorder aux divers éléments du climat est loin d'être identique à celle des régions tempérées où la température joue le rôle principal. Dans les écosystèmes intertropicaux au contraire, c'est le facteur humidité sous la dépendance de la pluviosité, qui joue le rôle fondamental. Plus que la précipitation annuelle, il convient de considérer principalement la répartition des pluies au long de l'année, car elle détermine la durée et l'intensité de la saison sèche dont on connaît l'influence limitante sur la végétation.

A cet égard, la classification de Köppen (1936) qui prend en compte non seulement la valeur absolue des précipitations, mais aussi la pluviosité du mois le plus sec, présente un intérêt évident (cf. le schéma à la page suivante). Il convient de s'écarter plus encore des moyennes annuelles en accordant une attention spéciale aux valeurs extrêmes inter-annuelles : années à faible pluviosité. En régions tropicales, la végétation se modèle suivant ces doubles valeurs extrêmes de l'humidité : mois secs, années sèches. Le rythme des variations de l'humidité conditonne le type de végétation, ce qui ressort clairement sur la carte de Trewartha basée sur la classification de Köppen. Ainsi le tropique humide, objet de cette étude, correspond à une précipitation annuelle égale ou supérieure à 2.500 mm et à une pluviosité de 60 mm au moins dans le mois le plus sec, soit les climats Af et Am. Le climat Af se caractérise par une température d'au moins 18° et une pluviosité égale ou supérieure à 60 mm durant le mois le plus sec. Le

FIGURE 1. SCHEMA DE KOPPEN

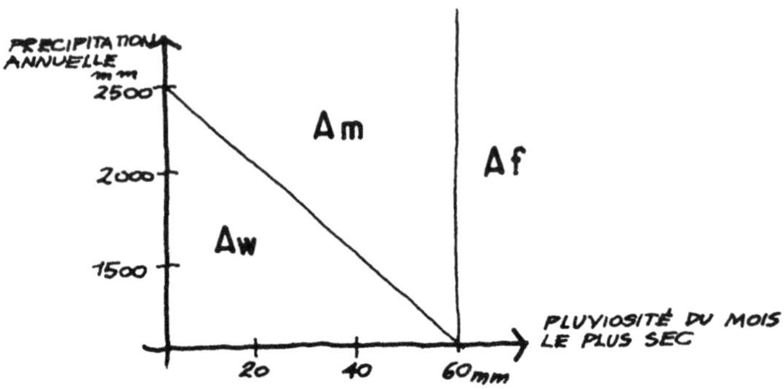

DISTRIBUTION DES CLIMATS DU TROPIQUE HUMIDE SELON LA CLASSIFICATION DE KOPPEN, MODIFIEE PAR TREWARTHA EN 1943

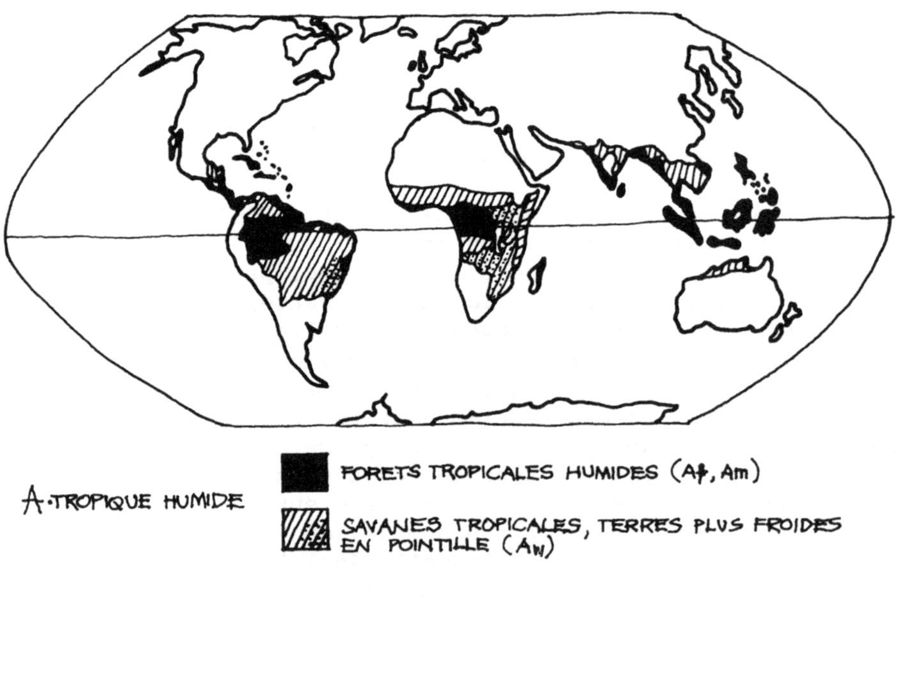

climat Am en diffère par une petite saison sèche.

Toutefois, en altitude, le rôle de la température comme facteur limitant réapparaît et détermine des formations végétales distinctes : forêts ombrophiles submontagnardes et montagnardes, souvent accompagnées de brouillards, caractérisées par des arbres moins élevés, une strate inférieure plus abondante (herbacées et herbacées arborées). Dans le cadre de cette étude, nous ne pouvons que signaler ces cas plus particuliers, de même que la mangrove, sans pouvoir leur consacrer une attention spécifique.

Un découpage cartographique légèrement différent nous est fournit par la bio-climatologie qui prend en considération les relations du climat avec les phénomènes biologiques (évapotranspiration, par exemple) ou phyto-géographiques tels que les conditions qui déterminent l'existence d'un type de végétation (ex. : forêt dense tropicale). La bio-climatologie définit des indices climatiques qui délimitent des régions bioclimatiques caractéristiques des formations végétales spécifiques.

Les trois cartes suivantes établies d'après Phillips (1961) qui s'inspire lui-aussi de la classification de Köppen, permettent d'identifier les régions bio-climatiques homologues en Amérique, Afrique et Asie.

Dans un but d'allègement, nous ne transcrivons ci-après que la seule légende correspondant au tropique humide.

1.12 Outre l'humidité essentiellement mais non exclusivement fonction des pluies [1], et la température, d'autres facteurs bio-climatiques interviennent encore.

Le sol, par sa texture et sa structure, détermine les possibilités de rétention d'eau, de résistence à l'érotion, de conservation des éléments nutritifs. L'on sait que la richesse du sol en minéraux solubles utilisables par les plantes, et en matières organiques (humus) conditionne la végétation. Le sol doit donc être envisagé sous son aspect dynamique. Les relations entre le sol et les organismes qui vivent de lui, l'une des bases du concept d'écosystème, se traduisent par un cycle

---

1. Les pluies ne sont pas le seul facteur d'humidité. Les "précipitations occultes" telles que brouillard ou rosée contribuent de façon non négligeable à la constitution du microclimat humide de la forêt. Dans les forêts de montagne, fréquemment baignées de nuages, l'hygrométrie approche 100. Par épais brouillard, le feuillage des arbres constitue un appareil collecteur de l'eau en sorte que les gouttes tombent sur le sous-bois alors qu'aucun phénomène comparable ne se produit dans les prairies voisines, selon les observations de Schnell (1971).

FIGURE 2. REGIONS BIOCLIMATIQUES BASEES SUR LA CLASSIFICATION DE KOPPEN (selon Phillips 1961)

Forêts tropicales humides

Forêt très humide	1	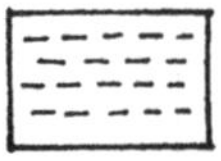
Forêt très humide avec inondations	1/5	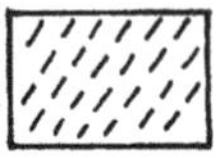
Alluvions de l'Amazonie	A 1/5	
Forêt très humide avec savane	1/16	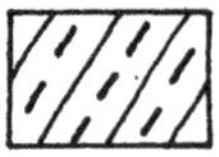

Forêt humide

Forêt humide subtropicale	2	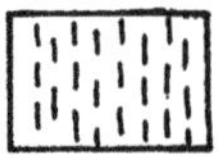
Forêt humide, variante sud-américaine : mélange de feuillus sempervirentes et caduques sub-tropicaux	2A	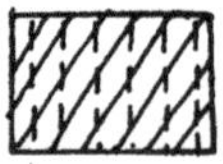
Forêt humide-subhumide : subtropicale avec savane boisée et prairie (côtes sud-est de l'Afrique du Sud)	2B	
Forêt humide : tempérée chaude de l'Amérique du Sud	2C	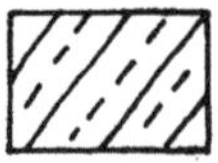
Forêt humide d'altitude	4	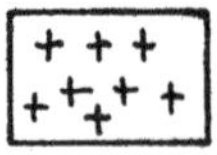
Mangroves	6	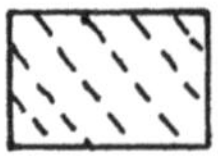

FIGURE 2. REGIONS BIOCLIMATIQUES DU GLOBE (Philipps 1961)

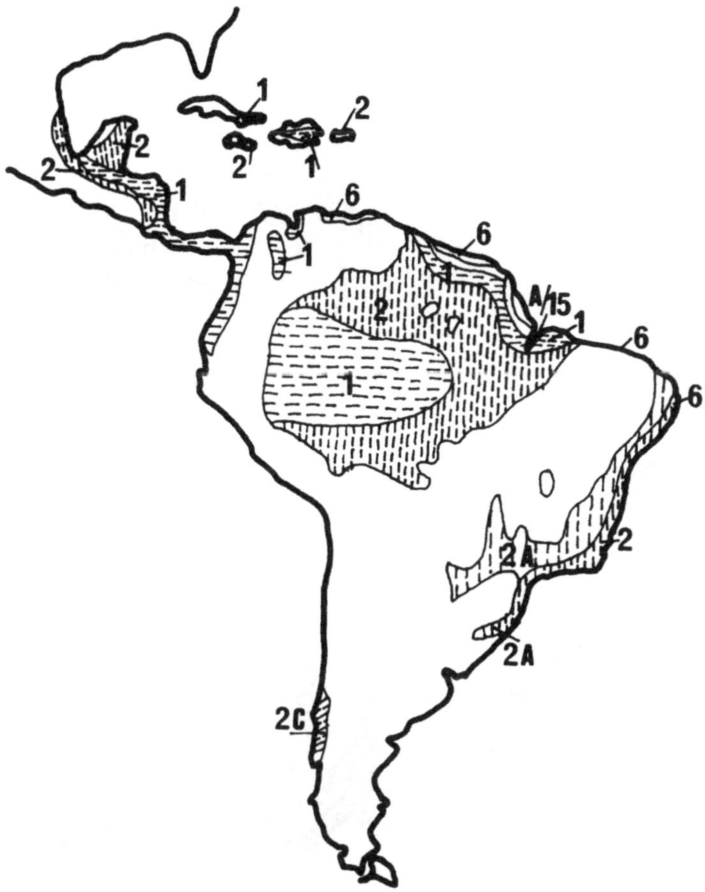

REGIONS BIOCLIMATIQUES DU GLOBE (Phillips 1961)

d'échange d'éléments. Les plantes puisent les éléments minéraux et organiques dans le sol ; des débris végétaux et organiques reviennent au sol sous forme de litière et d'humus. Lorsque les pertes du circuit sont infimes, il y a équilibre entre le sol et les êtres vivants qui en vivent : plantes, animaux, hommes.

Bien que la forêt tropicale humide (climax du tropique humide) constitue probablement l'écosystème terrestre le plus complexe, il se présente, à l'instar des autres écosystèmes, comme une association d'organismes producteurs, consommateurs, et décomposeurs. En dernier ressort, tous ces organismes tirent leur énergie du soleil. Les producteurs sont les arbres et autres plantes ; les consommateurs sont les animaux dont quelques-uns sont prédateurs ou carnivores, et sont aussi les hommes ; les décomposeurs sont les bactéries, les champignons, les termites, les vers, les acariens... qui transforment les matières organiques mortes en sorte que le carbone, l'azote et les minéraux qu'elles recèlent peuvent être disponibles pour une réutilisation. Les champignons notamment jouent un rôle essentiel pour empêcher l'évasion des nutriments (Richards 1973). Schnell signale certaines fougères à biologie particulière qui accumulent l'humus (Drynaria, Platycerium).

L'on s'accorde à reconnaître que les sols tropicaux sont généralement pauvres en éléments nutritifs (terres alluviales mises à part) et le plus souvent acides, avec un pH voisin de 5. De cette pauvreté en bases découle une difficulté d'alimentation en calcium pour tous les êtres vivants pourvus d'un squelette. De plus, sauf dans le cas des sols montagnards de moyenne altitude, la couche humifère est peu épaisse (20 cm environ) car la haute température combinée à l'humidité a pour conséquence une rapide destruction de la matière organique. Les nutriments chimiques sont également rapidement lessivés, à moins qu'ils ne soient immédiatement réutilisés par des plantes.

En sorte que l'on se trouve devant une situation paradoxale bien souvent méconnue : la forêt dense tropicale, en dépôt de son énorme biomasse, fonctionne en réalité sur un très petit budget de nutriments (Richards 1973 ; Schnell 1971). Si elle survit malgré ce mince capital d'éléments nutritifs, c'est grâce à un recyclage rapide et efficient. Les pertes hors système sont infimes si bien que la forêt tropicale humide fonctionne en cycle presque fermé.

La méconnaissance de cette fragilité au-delà des trompeuses apparences, explique les résultats décevants de nombreux types de défrichage, aussi bien traditionnels que modernes. En dépit de sa luxuriance végétale si impressionnante aux yeux des observateurs de régions tempérées, le tropique humide, l'écosystème terrestre le plus complexe selon Richards (1973), est en fait fragile, facilement perturbé et très difficilement reconstituable. Les pertes qu'on lui inflige sont fréquemment irréparables

(Janzen 1973). En fait, l'action de l'homme qui défriche et dénude le sol entraîne souvent une grave hémorragie d'éléments nutritifs minéraux aussi bien qu'organiques.

En outre, les sols tropicaux mis à nu sont extrêmement sensibles à l'érosion. Cette érosion qui peut être à la fois verticale, latérale et par ravinement entraîne la perte des minéraux solubles. A l'inverse, la forêt dense protège les sols de façon remarquable. Schnell note que des sols épais de plusieurs mètres se maintiennent même sur des pentes raides si celles-ci sont couvertes par la forêt (Schnell 1971, p. 577).

1.13 Les vents contribuent certes à l'érosion. Mais ils exercent une action favorable en dispersant les graines, fruits et pollens. L'on connaît aussi l'alternance régulière de vents humides, puis secs qui caractérise les pays de mousson. Mais les vents secs tel l'harmattan en Afrique, augmentent l'évaporation, dessèchent les jeunes pousses et entravent la croissance végétale, flétrissent arbres et plantes, propagent les feux... Les milieux dits ouverts souffrent bien davantage et seront donc plus xériques (secs) que les milieux forestiers ou milieux fermés qui constituent d'efficaces écrans protecteurs. L'on conçoit dès lors l'importance des microclimats en pays tropicaux.

1.14 Les microclimats, plus ou moins individualisés, modifient les conditions climatiques générales et réalisent une combinaison climatique locale correspondant à un milieu précis : sous-bois ombragés, galeries forestières, ravins... Dans ce cas encore, les formations ouvertes, arbres isolés en terrain découvert ou herbacé, s'opposent aux formations fermées.

En forêt dense, les couronnes des arbres et les feuillages d'arbres de différentes hauteurs forment plusieurs strates. Il en résulte un vif contraste entre la voûte exposée au plein rayonnement solaire, et le sous-bois beaucoup moins éclairé malgré les taches de lumière, abrité du vent, à la température plus douce et plus constante. Entre ces deux extrêmes se situent naturellement toutes les transitions intermédiaires qui correspondent à autant de strates. Selon Richards, cet étagement vertical est d'une importance fondamentale. Les conditions de photosynthèse, évapotranspiration et autres fonctions dans la couronne d'un grand arbre sont très différents de celles d'un petit arbre qui vit sous ombrage quasi permanent. Ces diverses strates végétales hébergent des hôtes souvent diversifiés suivant une stratification analogue, les moustiques vecteurs de la malaria et de la fièvre jaune habitant normalement les arbres du sommet de la voûte, assez isolés des humains. Mais que des défrichements importants interviennent, ces moustiques privés désormais de leur milieu naturel entrent en contact plus étroit avec les populations humaines (Richards 1973).

1.15 La lumière, son intensité et sa composition spectrale jouent un rôle fondamental dans la biologie végétale par le processus de photosynthèse qu'elle commande. Cependant, les problèmes du transfert de l'énergie, de la catalyse enzymatique et des produits intermédiaires sont d'une extrême complexité et ne sont que partiellement élucidés. La photosynthèse bactérienne est elle aussi très complexe.

L'on sait depuis longtemps qu'il existe des plantes de soleil et des plantes d'ombre. Lorsque toutes les autres conditions sont optimales (CO_2, eau, température, ouverture des stomates) l'intensité de la photosynthèse est proportionnelle à l'intensité lumineuse jusqu'à un niveau optimum variable suivant les plantes. Mais lorsque l'intensité lumineuse augmente et atteint un certain seuil, elle inhibe la photosynthèse. Ce seuil est naturellement variable suivant les espèces. On pense que la synthèse des protéines est alors réduite parce que de nombreux enzymes commencent à être détruites par photo-oxydation. On voit l'importance de ce fait pour les reboisements par exemple : les jeunes plants de nombreuses espèces ne pourront se développer que sous couvert.

La nature de la lumière (longueur d'onde) est aussi un facteur écologique important pour les plantes aquatiques notamment. Des recherches seraient nécessaires pour approfondir la connaissance des taches de lumière sous ombrage, leur composition spectrale distincte (elles seraient plus riches en radiations dans l'extrêmité rouge du spectre solaire), les relations entre leur durée et la croissance végétale (Schnell 1971).

1.16 Le rôle des facteurs biotiques enfin au sein du tropique humide en tant qu'écosystème, est lui aussi peu connu. Les interactions animaux/plantes sont multiples. Les insectes et oiseaux assurent la pollinisation croisée et favorisent le brassage des gènes. Mais les relations insectes/plantes sont très complexes et fort peu explorées à ce jour. Nombreux sont les arbres et les plantes de la forêt tropicale qui possèdent des mécanismes de protection contre les insectes et prédateurs. Les plantes "carnivores" sont assez connues : certaines d'entre elles sont passives (Nepenthes dont on a dénombré plus d'une soixantaine d'espèces) et empêchent les insectes de remonter, tandis que d'autres sont actives (Utricularia, Drosera...). Certaines légumineuses tropicales contiennent des substances toxiques ou amères qui répugnent aux larves d'insectes ainsi qu'à d'autres animaux. Richards signale l'abondance dans les feuilles de Myrmecophytes de composés toxiques ou déplaisants tels des alcaloïdes et des polyphénols. Certaines plantes possèdent des mécanismes de défense contre les herbivores : tannins, composés phénologiques. Des recherches récentes ont montré que de nombreuses caractéristiques des forêts tropicales peuvent être interprétées comme une défense contre les insectes et herbivores prédateurs (Richards 1973). Ces mécanismes sont d'autant plus nécessaires dans ces régions que l'absence de saison froide permet un développement continuel des "pestes" et prédateurs (Janzen 1973).

En bref, le tropique humide est un écosystème (ou plus exactement un ensemble d'écosystèmes) hautement complexe, fragile, encore mal connu dans certains de ses éléments : photosynthèse, productivité, interactions diverses... La forêt qui en constitue le climax présente une autonomie accentuée par rapport au milieu extérieur (isolement du vent, des pluies brutales, des radiations solaires...) autonomie qui se répercute sur la flore, les micro-organismes du sol et les processus qui s'y déroulent. La forêt dense modifie les équilibres hydriques entre l'atmosphère et le sol, et constitue un puissant réservoir d'humidité qui maintient en circulation quasi permanente un mince capital d'éléments nutritifs.

La caractéristique la plus spécifique de la forêt tropicale humide est probablement sa richesse et sa diversité en espèces. Selon les observations de Richards, 2 hectares contiennent facilement plus de 100 espèces d'arbres d'un diamètre égal ou supérieur à 30 cm. Dans la péninsule malaise, on a pu dénombrer plus de 200 espèces distinctes d'arbres dans une parcelle de 2 hectares.[2] Cette richesse se conjugue avec une diversité dans l'espace, non seulement d'un hectare à l'autre, mais d'une région à l'autre, d'un continent à l'autre. Sous une architecture similaire, les forêts d'Afrique, d'Amérique et d'Asie diffèrent grandement par leurs espèces. Ces espèces sont inégalement dispersées suivant une distribution éparpillée en sorte que chaque espèce est présente par un petit nombre de spécimens.

Néanmoins ces caractères sont en voie d'atténuation rapide par suite des interventions anthropiques. Les photos de satellites nous montrent que la forêt tropicale ne constitue plus une ceinture continue. Elle est aujourd'hui fragmentée en une mosaïque de forêts souvent secondaires, d'âges différents, entrecoupée de divers types de défrichements.

Nous allons donc maintenant évoquer à grands traits les divers modes d'action humains dans le tropique humide.

---

2. On évalue à plus de 25.000 le nombre des plantes à fleurs dans les seules forêts humides d'Asie du sud est. 40% des espèces que l'on trouve dans cette région n'existent nulle part ailleurs. On voit l'importance de ce matériel génétique.

1.2. ECOSYSTEMES TROPICAUX ET INTERVENTIONS HUMAINES

1.21 *Artificialisation des écosystèmes tropicaux*

On constate que la forêt régresse rapidement dans tous les pays tropicaux du globe. Or, la moitié des forêts du globe est localisée sous les tropiques, répartie en 850 millions d'hectares de forêt humide et 1.150 millions d'hectares de forêt sèche. Des photos aériennes ont permis d'évaluer à 2.800.000 ha la régression de la forêt dense en Côte d'Ivoire durant dix années, soit un taux annuel de régression voisin de 500.000 ha. L'interprétation de ces photos a montré que cette régression est étroitement liée à l'ouverture des pistes d'exploitation forestière.

Un peu partout, les défrichements culturaux souvent partiels destinés aux cultures vivrières locales suivies d'une période plus ou moins longue de jachère visent à la reconstitution de la forêt à partir des lambeaux forestiers voisins ; à ces défrichements se sont ajoutés ceux destinés aux plantations en vue de l'exportation ("cash crops"), puis, plus récemment, des défrichements de vaste envergure mettant en oeuvre les puissants moyens de la technologie moderne.

On assiste alors à une exploitation intensive et à un écumage des ressources à des prix sans rapport avec leur valeur intrinsèque dans l'écosystème. En d'autres termes, il s'agit d'une exploitation qui vise plus ou moins délibérément la maximisation de la rentabilité à court terme aux dépens du long terme. Selon le professeur Janzen (de l'Université de Michigan, Ann Arbor) :

> l'exploitation à court terme est un fait frappant à tous les niveaux de sophistication agricole sous les tropiques, à l'exception peut-être de ces rares cultures "primitives" dont les traditions de récolte des ressources sont encore intactes (Janzen 1973, p. 1212 ; traduit par nos soins).

Cette exploitation à court terme, poursuit le professeur Janzen, est fréquente dans les sociétés tropicales où des gouvernements développent une philosophie de conquête de nouvelle "frontière". En effet, précise-t-il, bien des pays tropicaux ont accordé foi aux paroles des pays tempérés : "Regardez toutes ces belles cultures de rapport que vous pouvez faire pousser pour que nous vous les achetions". Mais, poursuit-il, les pays tempérés ont négligé d'enseigner en même temps aux tropiques comment préserver le capital naturel et récolter son intérêt naturel.

En sorte qu'en bien des cas, des pays en sont arrivés à importer à grands frais (souvent hors de leurs possiblités financières d'aujourd'hui) les produits vivriers nécessaires à leur alimentation qu'ils pourraient produire eux-mêmes sur place. Ce fait paradoxal est la résultante d'une production évaluée en termes de marchés mondiaux plutôt qu'en termes de systèmes propres à subvenir d'abord aux besoins vitaux nationaux.

Aussi est-il compréhensible que plusieurs pays s'interrogent sur les répercussions de la destruction rapide de leurs écosystèmes naturels. Le gouvernement de la Thaïlande craint que ses forêts ne disparaissent d'ici la fin du siècle et demande qu'une recherche soit entreprise pour évaluer les conséquences prévisibles d'une telle situation sur les systèmes agricoles suscrptibles de convenir à une situation démographique de 60 à 80 hab/km^2 . Le gouvernement de la Côte d'Ivoire voudrait savoir si le remplacement d'une forêt dense primaire par des essences forestières d'intérêt économique serait possible sans entraîner une perturbation de l'hydrologie, quelle devrait être la superficie optimale de ces forêts "cultivées", et quel pourcentage de plantation de cacao et de café serait compatible avec une population de 30 hab/km^2 en l'an 2000. Le Gabon enfin, avec une densité démographique actuelle de 1 hab/km , demande qu'une recherche soit effectuée sur les différentes possibilités d'utilisation de ses forêts sans destruction de ses ressources renouvelables.

Le groupe de travail sur le projet n° 1 du MAB (Man and Biosphere, UNESCO) relatif aux écosystèmes des forêts tropicales constate que :

> l'exploitation intensifiée des forêts et, dans de nombreux cas, le remplacement de la végétation existante par d'autres formes d'utilisation du sol, perturbent manifestement les rapports qui s'étaient établis entre les végétaux, les animaux, les sols, l'eau, les éléments nutritifs, etc., les pratiques de gestion acquièrent donc une importance capitale.

Ce groupe s'est donné pour tâche les domaines d'étude suivants :

> fonctionnement de la forêt naturelle comme base d'évaluation des pratiques de gestion ; gestion des écosystèmes de forêts tropicales y compris la culture de forêts secondaires et le remplacement par une forêt différente ou par une végétation buissonnante, ou par un couvert herbacé, ou par des cultures annuelles (UNESCO 1972 ; 1974).

Il entend s'attacher aussi à d'autres points spécifiques tels que les problèmes de régénération, les utilisations non classiques des forêts, et divers aspects humains (démographie, épidémiologie...) qui se posent dans les écosystèmes des forêts tropicales.

D'une manière très globale, les points suivants nous apparaissent devoir mériter une réflexion approfondie :

- Quelles sont les principales tendances actuelles d'utilisation des terres dans les régions tropicales humides ?
- Quels sont les différents stades successifs consécutifs à la déforestation ? Pour chaque stade, il conviendrait d'examiner particulièrement la structure de la formation

végétale, le degré d'artificialisation, les espèces dominantes

- Quels sont les effets de la réduction de la diversité d'espèces d'une forêt sur les cycles et le bilan de matières organiques et de substances minérales, sur la conservation des sols, sur les agents pathogènes des végétaux, sur les vecteurs d'épidémie affectant les êtres vivants, et sur la capacité d'absorption des déchets par le recyclage
- Quels sont les niveaux socio-économiques de population rurale minimale et maximale possibles compte tenu de la capacité de charge de l'écosystème concerné ? Quels sont les degrés d'intégration nécessaires et souhaitables dans l'économie agricole des zones tropicales humides ?
- Quel est le degré de compatibilité de plusieurs cultures dont le cycle cultural coïncide plus ou moins du fait de la saison des pluies, et compte tenu des disponibilités limitées en main d'oeuvre ? Quelles peuvent être les différentes successions culturales annuelles possibles compte tenu de la durée de la saison des pluies ? Des méthodes non conventionnelles pourraient-elles permettre de lever ces limitations et si oui, lesquelles ? Quelles chaînes trophiques associant espèces végétales et animales (végétaux-porcs, végétaux-algues-poissons-porcs, etc.) seraient écologiquement praticables selon l'état actuel de nos connaissances, à un niveau d'inputs qui valorise au maximum la capacité photosynthétique de la production primaire ?
- Quelles interactions écologiques découlent de ces combinaisons d'agriculture et d'élevage ? Concrètement, quels pourraient être les différents modes d'association agriculture-élevage, aquiculture-élevage, etc. ?
- Jusqu'à quel point les activités écologiquement possibles sont-elles dépendantes de l'infrastructure ?
- Quelles sont les combinaisons d'activités préférées au niveau local par les agriculteurs comme par les communautés villageoises ? A quelle intensité d'utilisation et de conservation des ressources naturelles à court, moyen et long terme ces combinaisons d'activités correspondent-elles ?
- Quels sont les facteurs d'organisation opérationnelle qui déterminent la taille et le style des activités rurales préférées ou souhaitables dans une optique de développement ?
- Dans un système d'exploitation acceptable aux yeux de la population et valable compte tenu des inputs disponibles, quels peuvent être les choix de base compatibles avec ces préférences ?

Les points que nous venons d'énumérer nous paraissent être les questions pertinentes pour apprécier le bien-fondé d'actions en cours, et, à plus forte raison, pour évaluer les projets d'intervention dans un écosystème tropical. Nous ne prétendons nullement apporter ici de réponses systématiques, d'autant que chaque écozone et chaque situation socioéconomique appelle des réponses spécifiques.

Les exemples présentés dans la seconde partie de cette étude apporteront divers éléments de réponse insérés dans autant de situations particulières. Ces éléments sont néanmoins souvent susceptibles d'être transposés dans des situations analogues, moyennant naturellement certaines adaptations ou améliorations.

A l'évidence, de saines pratiques de gestion requièrent une méthode d'évaluation des divers types d'intervention humaine dans les écosystèmes forestiers, en fonction de leur adéquation aux principes d'écodéveloppement définis plus haut.

Nous proposerons successivement deux classifications des degrés d'artificialisation élaborées l'une par le groupe de travail du MAB auquel nous avons déjà fait allusion, l'autre par l'école phytosociologique de Montpellier.

1.211 *Classification des degrés d'intervention humaine selon le groupe de travail du MAB (projet n° 1)*

Les écosystèmes faiblement artificialisés peuvent servir de base d'évaluation pour apprécier les divers types d'écosystèmes modifiés par l'homme. Suivant ces degrés d'intervention, l'utilisation des terres forestières peut être classée de la façon suivante (UNESCO 1972 ; 1974) :

1. protection intégrale (pour la conservation des sols et des eaux, comme réserve génétique, comme base de comparaison pour la recherche)
2. production de bois :
   a) exploitation de quelques espèces valables seulement
   b) mise en valeur de la forêt entière
   c) remplacement par des espèces exogènes
3. agriculture itinérante :
   a) avec conservation des gros arbres
   b) avec abattage de tous les arbres
   c) variantes modernes
4. remplacement par des plantations d'arbres :
   a) une seule strate : arborescente
   b) strate arborescente et strate arbustive [3]
5. remplacement par une végétation herbacée pérenne
6. remplacement par des cultures annuelles
7. remplacement par des pâturages :
   a) permanents
   b) en rotation avec d'autres cultures

---

3. Personnellement, nous ajoutons une troisième possibilité :
   c) strate arborescente + strate arbustive + strate herbacée
   soit trois étages.

8. remplacement par une industrie
9. remplacement par des implantations humaines.

Dans une optique écologique, la hiérarchie de ces types d'intervention pourrait être évaluée comme suit, encore que la pondération soit susceptible de varier en fonction du contexte local. Le tableau ci-dessous ne doit donc être considéré que comme une illustration méthodologique :

	Appréciation		
	Satisfaisante	Tolérable	Médiocre
Intervention	1, 2a, 3a 4b, 4c, 9	2b, 2c 3b, 4a, 3c 5, 7b, 8	6, 7a 3b

Cette évaluation de techniques est facilitée par le fait qu'elle se prête aux appréciations comparatives d'interventions effectuées dans des régions analogues. Des prévisions ayant recours à des modèles pourront étayer l'évaluation des divers projets d'intervention. D'autres pratiques de mise en valeur telles que l'usage des engrais, de pesticides, etc. pourraient être utilement inclues dans cette évaluation comparative.

Un autre point d'importance devra être explicitement examiné : les conséquences de la réduction de la diversité d'espèces. L'érosion génétique irréversible est l'une des graves conséquences qui en découle. Elle compromet les possibilités de sélection et d'amélioration génétique ultérieures (cf. par exemple Miller 1973). Quoi qu'il en soit, la colonisation de nouvelles terres forestières pourrait être entreprise avec un nombre plus grand d'espèces cultivées capables de garantir à la fois la subsistance et les bénéfices souhaitables dans ces régions pionnières. Au fur et à mesure que les populations agricoles se familiarisent avec les plantes disponibles, une utilisation d'un nombre beaucoup plus grand d'espèces pourrait être envisagée.

Cet élargissement du nombre d'espèces cultivées implique que soient étudiées la structure et la composition de la végétation actuelle et que soit diffusée la connaissance d'un grand nombre d'espèces présentant une utilité économique dans les écosystèmes tropicaux. La structure de la forêt pourra nous indiquer les espèces locales à retenir, les divers produits de la biomasse à utiliser (aquatiques, végétaux et animaux) à des fins diversifiées : alimentation, artisanat, industrie.

1.212 *Classification de l'école phytosociologique de Montpellier*

Nous présentons ci-dessous une hiérarchisation des degrés d'intervention en rapport avec le relevé méthodique de la végétation et du milieu. Cette méthode présente l'avantage d'attirer l'attention sur les effets directs et indirects, à court ou à long terme de ces interventions. A partir de l'état naturel d'une forêt ombrophile tropicale (climax), sept degrés d'artificialisation sont retenus par l'école de Montpellier (Godron *et al.* 1969) :

1. Degré d'artificialisation nul : caractérise la végétation climacique dans laquelle l'influence de l'homme est pratiquement inexistante.
2. Degré d'artificialisation faible : l'homme et les animaux domestiques ne font que soustraire à la végétation quelques produits naturels, en les choisissant ; la cueillette a peu d'influence sur la végétation naturelle.
3. Degré d'artificialisation assez faible : l'action de l'homme modifie profondément la végétation naturelle avec l'agriculture itinérante. Mais il n'y a pas dégradation et la forêt naturelle secondaire progresse vers la reconstitution de la forêt climacique.
4. Degré d'artificialisation moyen : l'homme intervient en cultivant et semant des végétaux de façon extensive. Les conséquences qui peuvent en résulter sur l'écosystème sont incertaines et parfois difficilement prévisibles.
5. Degré d'artificialisation assez fort : l'homme pratique une agriculture sur des terres préparées ou fertilisées, et ces cultures dominent le paysage. Les effets imprévisibles sont importants.
6. Degré d'artificialisation fort : culture très intensive. L'action humaine est présente toute l'année et modifie complètement la vie des végétaux.
7. Degré d'artificialisation maximale : l'homme détruit complètement toute végétation. Des terres mises à nu en sont un exemple.

1.22 *L'agriculture tropicale*

Une agriculture tropicale adaptée aux zones humides est encore à inventer. C'est aujourd'hui l'opinion de spécialistes de plus en plus nombreux. Ainsi, selon Lester Brown (1974, p. 235) :

> On connaît très peu de choses sur les potentialités de l'agriculture dans les régions tropicales, où des percées de la recherche pourraient ouvrir à la production alimentaire de nouvelles aires. Les possibilités de récoltes multiples hautement productives demeurent inconnues dans

beaucoup de régions par manque de recherches effectives. L'évaluation de ces potentialités semble plus facile à déterminer dans les zones sèches. La gestion des ressources du tropique humide est, à l'heure actuelle, incomplète et gaspilleuse.

1.221 *Incomplète*

En effet, un quart seulement de la superficie du tropique humide serait actuellement utilisé. Avec un peu plus de 1% de la population mondiale, le tropique humide sous climat Af (selon la classification de Köppen) comptait environ 40 millions d'habitants selon des estimations de l'UNESCO en 1964. Les cultures d'arbres pérennes occupaient à cette date près de 40% de la surface totale.

De nouvelles méthodes d'exploitation, beaucoup plus imaginatives, devraient être non seulement économiquement réalisables, mais aussi écologiquement adéquates et d'abord au service des besoins propres des populations locales.

1.222 *Gaspilleuse*

Nous avons déjà évoqué les modes d'exploitation à court terme, si fréquents sous les tropiques, liés à la logique interne qui préside aux cultures d'exportations et à une maximisation de la rentabilité immédiate au détriment du maintien de la fertilité et, plus globalement, du potentiel de production futur. Cette gestion gaspilleuse est vigoureusement dénoncée par Janzen qui estime que la cause en est une approche sectorielle hautement réductionniste et l'hyperspécialisation de la plupart des décideurs qui négligent toute approche globale prenant en compte l'ensemble des interrelations. Ce qu'on a coutume d'appeler "progrès technologique" se révèle bien souvent illusoire par manque d'adaptation à l'écosystème en jeu comme aux populations concernées. Ce spécialiste estime qu'il y a "de nombreux exemples d'agroécosystèmes tropicaux désastreux existant côte à côte avec d'autres hautement réussis, mais sous un système social différent" (Janzen 1973, p. 1212).

Il est urgent, par exemple, de rechercher quels systèmes peuvent tenir en échec herbes et insectes indésirables. Janzen estime que l'agriculture moderne sous les tropiques prive les plantes d'une beaucoup plus large part de leurs systèmes internes de défense chimique ou mécanique que ce n'est le cas en zones tempérées. Les "céréales miracles" notamment pourraient être particulièrement sensibles aux insectes et maladies pour des raisons internes aussi bien que par suite de leur uniformité génétique.

Ces défenses internes sont alors remplacées par des pesticides. Cependant, pour diverses raisons, les insectes tropicaux développent une résistance aux pesticides dans des délais souvent plus brefs qu'en zones tempérées. Il faut alors recourir à des doses de plus en plus massives qui entraînent des coûts croissants et une pollution jusqu'à ce qu'on atteigne le stade de l'aberration comme ce fut le cas pour le coton, par exemple.

Le gaspillage des fragiles sols tropicaux est également manifeste. Une fois défrichée, la terre se révèle habituellement difficile à maintenir en bon état de fertilité. On a vu qu'une menace d'évasion de nutriments pèse sans cesse sur les sols tropicaux mis à nu à certaines époques (labour) ou mis en culture avec des plantes qui n'assurent pas une protection suffisante. Le recours aux fertilisants chimiques est, en réalité, beaucoup plus délicat à mettre en oeuvre qu'on ne le pense habituellement. Le lessivage entraîne des pertes d'engrais ; on aura donc tendance à accroître les doses et à ajouter ainsi d'autres types de pollution. En outre, un apport équilibré des différents fertilisants et leur ajustement au sol sont en fait très difficiles à établir. Ainsi, en de nombreux cas selon Janzen, le sulfate d'ammoniaque si fréquemment utilisé ferait plus de mal que de bien en renforçant l'acidité de sols déjà trop acides.

Il faut également déceler les gaspillages liés à un choix de plante ou de "spéculation" inadéquat. On peut citer le cas des plantations de cacao du Ghana, où, très légitimement, on associe les cacaoyers à une plante de couverture destinée à éviter l'érosion et la dessiccation des sols. Mais le choix effectué aboutit à retenir comme plante de couverture une graminée dont la consommation excessive en eau et en azote nuit au développement des cacaoyers. La conclusion s'impose selon nous qu'il convient dans ce cas de rechercher une ou plusieurs plantes de couverture plus satisfaisantes. On peut même se demander s'il n'y aurait pas lieu d'aller plus loin et de dépasser l'optique de la monoculture en se posant comme objectif, non seulement une couverture satisfaisante du sol, mais plutôt un ensemble diversifié produisant à la fois une grande quantité et diversité de matières sèches utilisables : fruits consommables par l'homme, tubercules de haute valeur nutritive, légumes riches en vitamines... De sorte que, même si la récolte de cacao est légèrement moindre, on dispose par ailleurs d'une grande quantité de produits alimentaires supplémentaires dans un système où les risques se trouvent réduits car mieux répartis.

De même, si l'on examine la littérature tropicale relative à l'élevage bovin, on s'aperçoit qu'en Amérique Latine notamment, bien des systèmes agraires (latifundium, castes...) coïncident avec une utilisation gaspilleuse de la prairie. Dans ces cas, la substitution d'écosystèmes forestiers ombrophiles complexes par des prairies monospécifiques extensives constitue un vrai crime écologique. De plus, les populations locales privées de ressources propres se trouvent également privées de l'accès à la production locale en viande, qui, très chère, est exportée et consommée ailleurs.

Mais il ne faudrait pas en déduire pour autant que la production des prairies tropicales ne peut pas égaler la production nette de la forêt, du moins en théorie (Golley & Golley 1972), et à condition que le bétail dispose d'autres sources de nourriture aux époques où la prairie est particulièrement vulnérable. Il faut reconnaître qu'une véritable gestion des prairies existe très rarement sous les tropiques. La grande majorité de ces prairies ne sont pas gérées, souffrent de surpâturage et de détérioration, comme le montrent les conclusions d'un récent symposium sur l'écologie tropicale tenu à Athènes en 1972 (Golley & Golley 1972).

Pour reprendre le cas de l'élevage, en première approche, on peut envisager les diverses solutions possibles comme suit, compte tenu des caractéristiques de la zone et de ses limitations spécifiques :

ALIMENTATION DU BETAIL EN ZONE TROPICALE
limitations et solutions possibles

Zone	*Limitations*	*Solutions possibles*
inondée	excès d'eau	aquiculture
humide	déficiences protéiques et chimiques	aquiculture, arbustes et arbres fourragers
de mousson	espèces refusées par les bovins, saison sèche	agro-élevage, associations culturales

Avec davantage de recul, l'analyse montre que le passage de l'environnement naturel des forêts tropicales humides à des environnements artificiels créés par l'homme s'effectue en faisant appel aux seules techniques considérées comme modernes. Or l'intervention humaine utilise les ressources naturelles en fonction d'une perception culturelle de l'environnement. Cette perception est elle-même liée au niveau de consommation, à l'organisation politico-sociale et à l'arsenal de technologies disponibles dans l'aire culturelle.

Or les effets de ce choix de techniques doivent être explicitement pris en compte. En conséquence, les systèmes de production agricole qui font appel à certaines techniques tout en ignorant leurs effets écologiques nuisibles, doivent être remplacés par d'autres systèmes utilisant des techniques qui assurent le recyclage des ressources tout en évitant la pollution. En effet, les nuisances qui affectent l'environnement naturel soumis à certaines techniques inadéquates détériorent les conditions de vie et de travail des populations concernées, et peuvent éventuellement affecter également les écosystèmes adjacents et leurs populations.

La seconde partie de cette étude se donnera donc pour objectif l'exploration de quelques pistes de solutions techniques, ou plus modestement d'éléments de solutions pouvant être qualifiés d'écotechniques. Nous tenterons l'exploration de deux domaines distincts.

L'un relève principalement de la recherche anthropologique. Il s'agira de détecter celles des techniques traditionnelles qui sont particulièrement adaptées tant à l'écosystème qu'aux ressources humaines disponibles, ce qui ne veut pas dire qu'elles doivent nécessairement être imitées intégralement. Dans la plupart des cas, au contraire, des transpositions seront moins souhaitables que des adaptations et des améliorations judicieuses. Il s'agit par là de réagir contre une dépréciation aussi systématique qu'irréfléchie des techniques mises en oeuvre dans le cadre de l'agriculture de subsistance. Bien des économistes et des agronomes, quelle que soit leur nationalité, considèrent encore aujourd'hui que l'agriculture de subsistance est une nuisance que l'on est obligé de tolérer pour assurer le maintien et la reproduction de la force de travail nécessaires à d'autres productions. En 1971 encore, par exemple, le professeur Sutherland écrit dans son "Introduction to Tropical Agriculture" :

> Ce qui est mauvais dans l'agriculture de subsistance est que chacun de ses produits est utilisé par les gens. Les gens font seulement pousser ce dont ils ont besoin (cité par Janzen 1973).

En d'autres termes, seules sont valables à ses yeux les cultures commerciales, et parmi celles-ci, la préférence est accordée aux cultures d'exportation, les "cash crops" ou cultures de rapport.

Ces dernières s'étendent souvent sur les meilleures terres en sorte que certains pays en sont arrivés à se trouver dans une situation telle qu'ils n'ont aucune idée de leurs aptitudes agricoles à satisfaire les besoins de leur propre peuple.

Cette réhabilitation sélective de certaines techniques traditionnelles ne signifie nullement un pas en arrière, mais un retour à la juste place qui doit leur revenir dans le patrimoine technologique collectif. Elle doit bien évidemment être associée à une autre démarche qui consiste, par des recherches et expérimentations scientifiques, à mettre au point des écotechniques modernes adaptées aux difficiles situations écologiques aussi bien que socio-économiques que l'on rencontre si souvent sous les tropiques.

C'est dans ces deux domaines, fréquemment imbriqués dans les cas concrets, que nous allons tenter quelques incursions en seconde partie.

2. QUELQUES EXEMPLES D'ECOTECHNIQUES

Pour la clarté de l'exposition, nous évoquerons successivement à l'aide d'exemples certains types d'agriculture itinérante adaptés à l'environnement, l'agriculture "à trois étages", l'aquiculture, les techniques intégrées, et enfin les nouvelles techniques de production de protéines susceptibles d'une mise en oeuvre sous les tropiques.

Ces distinctions répondent aux nécessités de l'analyse. Les différenciations seront souvent moins tranchées dans la réalité où l'on constate certains cas d'interpénétration : ainsi tel type d'agriculture itinérante peut prendre la forme d'une culture à trois étages ; l'aquiculture peut se trouver imbriquée dans une combinaison de techniques intégrées, tandis que de nouvelles sources de protéines peuvent reposer principalement sur l'aquiculture...

En fonction de leur niveau de départ et de leur enracinement local, les écotechniques se concrétiseront souvent en des réalisations évolutives qui s'orienteront progressivement vers des ensembles de techniques aux fonctions de plus en plus multiples et intégrées, productrices de ressources diversifiées et stables et respectueuses du potentiel de renouvelabilité qu'elles visent à accroître ou à améliorer.

2.1 L'AGRICULTURE ITINERANTE ADAPTEE

Dans les régions humides des tropiques, deux grands types d'agriculture prédominent : les cultures permanentes, souvent en terrasses ou inondées ; les cultures itinérantes temporaires qui défrichent puis abandonnent à la jachère des parcelles successives de forêt.

Leach estime que l'agriculture itinérante serait plus répandue aujourd'hui qu'au siècle précédent. Quoi qu'il en soit, selon les estimations de la FAO en 1957, elle concerne environ 200 millions de personnes en Amazonie, Afrique, et dans les montagnes du Sud-Est asiatique. Le nomadisme agricole, en usage sur de vastes zones peu peuplées, est considéré d'une manière générale comme une technique peu satisfaisante qui n'offre pas une protection suffisante du sol et ne se prête pas à l'obtention de rendements élevés. En outre, on déplore fréquemment que le brûlis qui l'accompagne le plus souvent ne fournisse qu'un engrais minéral précaire.

Il s'agit en effet d'un système extensif qui consiste tout d'abord à défricher la forêt (soit primitive, soit secondaire); la végétation ligneuse est coupée, séchée et brûlée, d'où le vocable anglo-saxon de "slash and burn cultivation". Ces brûlis enrichissent temporairement en minéraux le sol superficiel. La culture est alors pratiquée quelques années sur le nouvel écosystème ainsi créé. Puis on abandonne à la jachère la parcelle cultivée. Le couvert végétal herbacé, arbustif puis arboré se reconstitue progressivement, tandis que l'on défriche d'autres portions de forêt.

Très schématiquement, cette alternance cyclique d'un écosystème "mûr" à un écosystème jeune peut se représenter ainsi :

Environnement protecteur (système mûr) → Environnement productif (système en croissance)

Environnement productif (système en croissance) → Environnement protecteur (système mûr)

Mais l'agriculture itinérante ("slash and burn cultivation" ou "shifting cultivation"), surtout pratiquée dans les régions où une saison sèche se dessine, recouvre en fait des pratiques très diverses. Dans bien des cas, en régions sèches, sensibles au feu, elle entraîne le lessivage des sols dénudés livrés à l'érosion et une évolution régressive de la végétation vers des groupements dégradés. Dans les régions plus humides au contraire, la jachère aboutit normalement à une reconstitution de la forêt et à une restauration du sol. La durée de cette reconstitution de la forêt est variable suivant les conditions édaphiques et bio-climatiques ; cette progression vers le climax peut éventuellement demander plusieurs siècles. En Afrique notamment, la densité du peuplement humain devient souvent trop élevée pour demeurer compatible avec ce type de technique. La durée de jachère est écourtée, les rotations de cultures itinérantes deviennent trop rapides en sorte qu'un nouveau défrichement intervient avant que la forêt n'ait eu le temps de se reconstituer. L'évolution devient alors régressive.

A ce jour, peu de recherches ont été entreprises dans le but d'étudier les pratiques d'agriculture itinérante dans une perspective écologique. Toutefois, il faut citer de précieuses exceptions : l'étude d'Isikowitz (1951) sur les Lamet du Laos et celle de De Schlippe (1955) sur les Zande d'Afrique, celle de J.D. Freeman (1970) sur les Iban de Sarawak, et l'ouvrage de G. Condominas (1957) sur les Mnong Gar du Vietnam.

Un anthropologue, Harold C. Conklin (1963), propose un diagramme tri-dimensionnel pour schématiser les références écologiques et culturelles de l'agriculture itinérante.

1. Choix
2. Coupe
3. Brûlis
4. Culture
5. Jachère

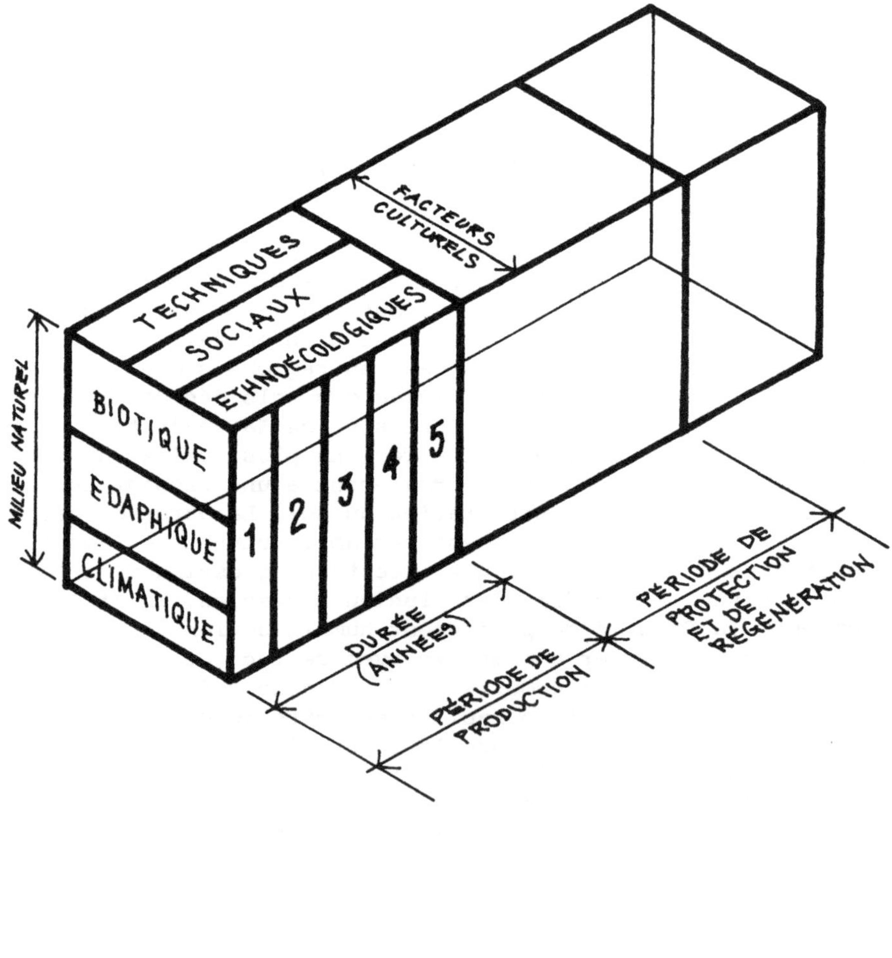

L'axe de l'environnement renvoie aux facteurs climatiques, édaphiques (caractères physiques et chimiques du sol) et biotiques (flore et faune).

Sur l'axe culturel, on note une triple distinction :

- les facteurs technologiques se réfèrent à la manière dont l'environnement est artificiellement modifié par la mise en culture, le traitement des récoltes, des sols, des "pestes", etc. Cet ensemble de relations de toute première importance dans l'agriculture itinérante, se révèle souvent d'une grande complexité.
- les facteurs sociaux renvoient à l'organisation sociale de la population qui intervient, à la répartition des tâches suivant les sexes, aux critères qui président aux divers choix (dates, emplacements...).
- les facteurs ethno-écologiques se réfèrent au mode de catégorisation et d'interprétation local des composants de l'environnement et de leurs inter-relations.

L'axe temporel enfin, indique les cinq phases successives de l'agriculture itinérante. Les trois premières phases (choix, coupe, brûlis) ont pour but la destruction de l'ancienne végétation, tandis que les deux phases suivantes visent au contrôle de la nouvelle végétation, La ligne sinueuse indique la durée variable de la période de jachère.

Dans la perspective qui est la nôtre, on voit toute l'importance du choix de techniques, influencé par le culturel. L'impact de ces techniques sur l'environnement peut être soit destructif, soit conservateur du capital naturel. Pour évaluer la validité écologique des différentes techniques d'agriculture itinérante, qui varient suivant les régions et les populations, il faut prendre en compte les inter-relations entre les différents facteurs de chaque axe.

On vérifiera, par exemple, si, dans la phase de brûlis, toutes les espèces végétales ont été ou non affectées par le feu, quelle a été son intensité et sa durée, quelles espèces ont survécu (herbacées, vivaces ?). Certains arbres et lesquels, ou certaines souches ont-ils été épargnés lors de la coupe ? Car les pratiques culturales de la période d'intervention ont une influence capitale sur la dynamique de la végétation dans la période ultérieure de jachère.

Si les pratiques néfastes ont été abondamment détaillées dans la littérature qui décrit l'agriculture itinérante, en revanche, les pratiques écologiquement satisfaisantes (plus rares, il est vrai) demeurent largement ignorées. Certaines techniques culturales d'agriculture itinérante, dans le domaine forestier humide notamment, peuvent assurer à la fois une production agricole et une évolution régénératrice de la terre. Les unes sont d'origine traditionnelle (telles le "mouki" au Fouta-Djallon, qui consiste à retourner et enfouir des touffes d'herbe, pour enrichir le sol) tandis que d'autres sont nées d'expérimentations récentes. Ainsi le système "couloir" d'agriculture itinérante, essayé au Congo, constitue un bon exemple d'expérimentation moderne. A l'inverse, le système d'agriculture itinérante des Hanunoo, aux Philippines, est une impressionnante illustration d'un système traditionnel riche d'enseignements.

2.11 *Le système "couloir", une tentative moderne*

En 1960, deux millions d'hectares où vivaient une population de 200.000 agriculteurs itinérants furent l'objet de l'expérimentation d'un nouveau système : le "couloir" (Pinxten 1954 ; Ruthenberg 1971). Une large zone de sols fertiles fut divisée en parcelles de 12 hectares ; sur ces 12 hectares, 1 à 2 ha furent mis en culture et le reste laissé en jachère. On se contente de défricher des bandes de forêt en alternance avec d'autres bandes forestières laissées intactes. On s'aperçut que la meilleure disposition de ces bandes correspondait à une orientation est-ouest.

Les décisions ayant trait au choix des cultures et aux rotations sont prises au niveau de la parcelle même. La rotation culturale est la base du système. Pendant les trois années où une même parcelle (de 100 mètres de longueur, en principe) est cultivée, la rotation se déroule comme mentionné sur le schéma à la page suivante.

Le cycle complet se déroule sur 10 années : ainsi, si l'on défriche et prépare une parcelle de sol en 1958, pour la cultiver durant trois ans, elle ne sera cultivée à nouveau qu'en 1968.

Ce système, particulièrement adapté aux zones de collines, présente, selon nous, les avantages suivants :

- le rapport terres en culture et terres en jachère est sous contrôle.
- la concentration des cultures sur une bande dont chaque famille possède une parcelle facilite les rotations, la mise en culture aux meilleures époques, le contrôle des mauvaises herbes, des "pestes", etc.
- la concentration des cultures réduit les coûts de transport. La commercialisation et le traitement peuvent être organisés sous forme coopérative.
- l'évolution vers la reconstitution d'un couvert forestier s'opère plus rapidement, grâce à la présence des bandes intactes voisines d'où les graines peuvent essaimer.
- la dimension des parcelles peut varier et s'adapter à la fertilité du sol ou à la capacité de travail variable des familles.

FIGURE 4. SYSTEME "COULOIR" DE L'AGRICULTURE ITINERANTE

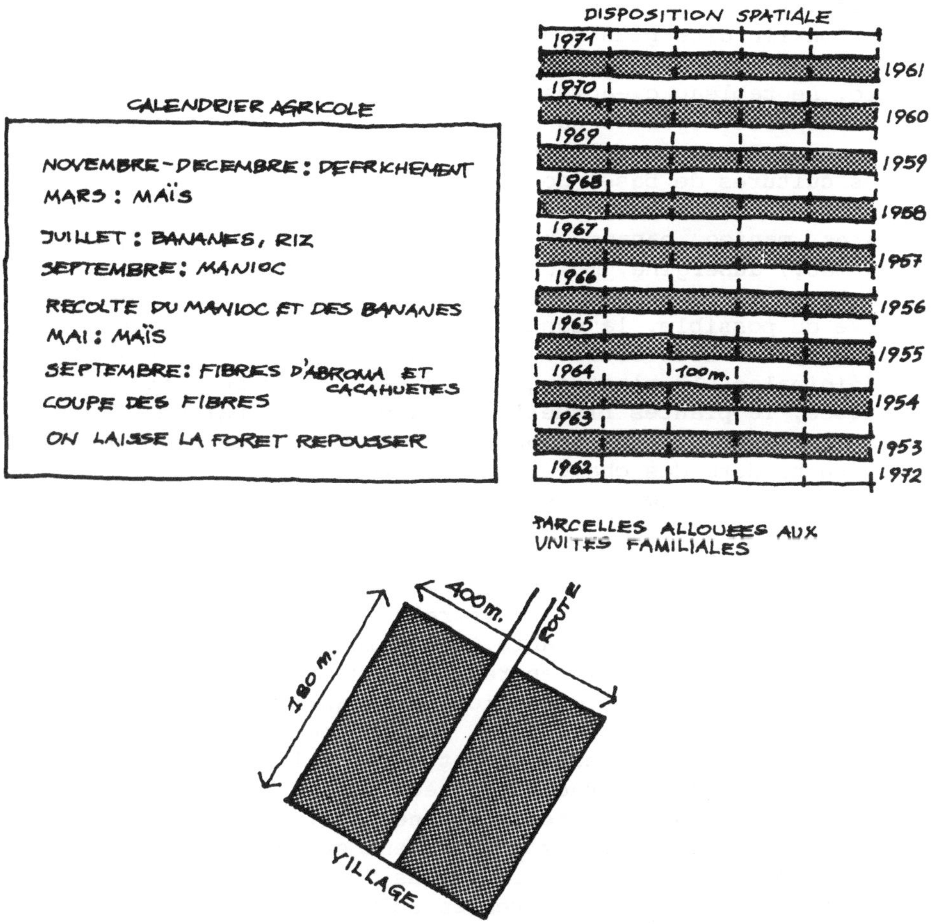

2.12 *Un système intégré d'agriculture itinérante, chez les Hanunoo des Philippines*

Les Hanunoo vivent aux Philippines, dans la partie sud-est de l'Ile de Mondoro, en plein climat tropical humide de mousson (3.000 mm de pluies). Conklin (1957) a effectué une analyse globale, aussi exhaustive que possible, de l'agriculture itinérante des Hanunoo. La complexité des cycles itinérants et la grande adaptabilité à l'environnement dont font preuve les Hanunoo rend impossible un compte rendu satisfaisant de ce magnifique ouvrage.

Nous nous conterons donc ici de montrer l'étendue de la connaissance de ces populations aborigènes en matière de botanique et de techniques culturales. Les espèces cultivées et les techniques culturales mises en oeuvre sont présentées de manière synthétique dans deux tableaux extraits de l'ouvrage de

Conklin, partiellement traduits de l'anglais par nos soins et reproduits quelques pages plus loin.[4]

Conklin cite plus de 280 cultures vivrières connues des Hanunoo, outre les plantes médicinales, textiles, cosmétiques, etc. Le tableau ci-après dresse l'inventaire des 87 espèces principales repérées dans les champs de culture itinérante des Hanunoo. Parmi ces plantes, les 16 espèces que voici constituent les cultures de base, dont 2 ou 3 variétés différentes sont parfois cultivées : riz, maîs, patate douce, igname géant, taros, manioc, banane, haricot de Java, vigne, cajou, dolichos lablab., aubergine, melon, concombre, citrouille, kuwei.

A ces 16 plantes vivrières de base s'ajoutent, dans la mesure du possible, la canne à sucre, le tabac, les piments rouges, le Piper betle... Conklin dénombre en outre 7 plantes médicinales, 17 plantes qui répondent à des besoins technologiques, 10 plantes rituelles et 4 plantes à parfum.

Plusieurs plantes grimpantes sont cultivées près des haies ou en bordure des champs. Les plantes vivrières les plus importantes sont au contraire cultivées dans la partie centrale des champs.

Selon Conklin, un inventaire plus approfondi serait nécessaire pour parvenir à une pleine compréhension des diverses successions et associations culturales mises en oeuvre par les Hanunoo. Il semble probable, selon lui, que le nombre des cultures principales soit en réalité plus élevé, car l'auteur fut souvent incapable d'identifier des plantes qui ne lui étaient pas familières. Par ailleurs, ses informations furent incomplètes. Les récoltes s'échelonnant tout au long de l'année, on peut estimer, grâce aux traces laissées par certaines plantes récoltées, que, durant la première année culturale, une quarantaine de plantes principales s'intercalent et se succèdent. Durant cette même première année, la plus active du cycle cultural, de 85 à 150 espèces différentes suivant les cas, sont cultivées dans un champ Hanunoo.

Voici maintenant le code indispensable à la compréhension du tableau des plantes cultivées par les Hanunoo :

Utilisation (colonne 4 et 5)

Plantes alimentaires (colonne 4). Les abréviations précisent le type d'aliment dont il s'agit.
M = plantes principales
S = épices, plantes utilisées pour colorer les aliments,

4. La traduction française des noms usuels britanniques des nombreuses plantes citées ne peut être effectuée valablement que par un ethnobotaniste possédant de solides connaissances linguistiques.

herbes aromatiques
s = plantes consommées crues
N = plantes d'une utilité alimentaire accessoire

Autres utilisations (colonne 5)
M = médicinale
R = rituelle
T = technologique : combustibles pour les feux et la cuisine, végétaux utilisés comme récipients, matériaux employés dans la fabrication d'outils pour l'agriculture, la chasse, la pêche, pour la fabrication d'instruments de musique et de divers outils artisanaux
S = sociale : matériaux végétaux employés lors de diverses activités sociales
E = cultures qui ont une certaine valeur commerciale dans la région
C = cosmétique : plantes fournissant des cosmétiques, des parures (fleurs, ornements...) ou des parfums
N = non observé ou non noté

Fréquence (colonne 6)

Les cultures sont classées en trois catégories en fonction de leur fréquence observée dans les champs récemment défrichés
1 = culture universelle, répandue dans tous les nouveaux champs Hanunoo
2 = culture répandue sur plus de 35% de la surface des nouveaux champs cultivés
3 = culture occasionnelle, enregistrée sur moins de 35% des nouveaux champs

Epoque de plantation (colonne 7)

Les mois choisis de préférence pour la plantation sont indiqués par leur abréviation britannique (Ja, Fb, Mr, ...). Par contre, la lettre C signifie que l'époque de plantation n'est liée ni au mois ni à la saison.

Localisation (colonne 8)

Les abréviations indiquent l'emplacement choisi dans le champ pour la plante concernée, ou éventuellement une plantation ailleurs
M = en bordure du champ
O = dans la partie ouverte et centrale du champ
L = sous l'ombrage d'une branche, ou d'un arbre (éventuellement étêté) épargné lors du défrichement
S = autour d'une souche
D = dans les dépressions, les lieux inondés ou à l'emplacement

d'un arbre déraciné
+ = en dehors des nouveaux champs ou dans des champs secondaires.

Technique de plantation (colonne 9)

D = avec un plantoir (tugda), utilisé pour effectuer une large percée et y enfouir un certain nombre de semences, parfois d'espèces différentes. Cet outil est aussi utilisé pour la multiplication des plantes pérennes par voie végétative : clones comme dans le cas du taro, des ignames, des bananiers... Ce procédé de multiplication est appelé "pagpamgas" par les Hanunoo
P = avec un bâton à fouir ou "buwak", employé pour le repiquage, et aussi dans le cas de certains clones. Dans ce cas, l'opération est dénommée "pagtanum"
S = par semis à la main ou "sabug"
K = avec un couteau, "kadit"
Le repiquage est pratiqué pour certaines cultures comme le tabac ou le riz. En saison sèche, un pré-repiquage (preplanting) peut précéder le repiquage dans les champs pour plusieurs variétés de taros. Ce repiquage (suivi d'un second repiquage) est facultatif ou correctif et ne doit pas être considéré au même titre que les procédés que nous venons d'énoncer.

Espacement des plantations (colonne 10)

Trois types d'espacement sont notés
O.O (valeur numérique) = intervalle plus ou moins grand selon la valeur numérique mentionnée
P = petites parcelles plantées d'une façon très dense
- = la distance entre les plantes dépend exclusivement de la présence de supports, branches, etc...

TABLEAU I : PLANTES CULTIVEES DANS L'AGRICULTURE ITINERANTE DES HANUNOO

Nom Hanunoo	*Nom anglais*	*Nom botanique*	*Utilisation*		*Données culturales*				
			Alimentaire	Autre	Fréquence	Date	Localisation	Technique	Espacement
1	2	3	4	5	6	7	8	9	10
1. abaka	abaca	Musa textilis Née (Musac.)	Ss	MTE	3	C	0+	P	5,0
2. anunas	bullocks heart	Anona reticulata L. (Anon.)	Ss	N	3	Je	0	D	5,0
3. apaya	papaya igname	Carica papaya L. (Caric)	Ss	T	2	Je	0	P	8,0
4. ubi	greater yam	Dioscorea alata L. (Diosc.)	MS	M	1	FbMy	L8	P	3,5
5. uggun	arrow-grass	Miscanthus floridulus (Labill.) Warb. (Gram.)	N	RT	2	Ag	0	P	2,5
6. uhas	vetiver	Andrapogon zizanioides (L) Urban (Gram)	N	MC	2	C	0+	P	-
7. upu	bottle gourd	Lagenaria siceraria (Mol.) Standley (Cucurb)	S	N	3	MyAg	M	P	-
8. uraru	arrow-root	Maranta arundinacea L. (Maran.)	M	N	3	Nv	0	P	-
9. utaw	sea bean	Vigna marina (Burm.) Merr. (Leg.)	S	N	3	JeNv	M	D	-
10. ba un	yam	Dioscorea sp. (Diosc.)	M	M	2	FbMy	S	P	-
11. balatun	mung bean	Phaseolus aureus Roxb. (Leg.)	S	M	2	JeNv	0	D	0,8

12.	banlay	greater galangal	Languas pyramidata (Blm) merr., Zingiber sp. (Zing.)	N	M	2	Je	D	P.	-
13.	balad(5)	sorghum	Andropogon sorghum (L;) Brot. (Gram.)	M	M	2	MyNv	OM	S	
14.	baway	garlic	Allium sativum L. (Lil)	S	MR	2	MrJe		P	P
15.	biga	elephant ear	Alocasia macrorrhiza(L.) Schott (Arac)	M	N	2	FbMy	0+	P	3.0
16.	burak(3)	cotton	Gossypium sp., G. herba-ceau L., G. acuminatum Roxb. (Malv.)	N	MRTE	2	MyAg	M	S	-
17.	buranuy	sweet basil	Ocimum Basilicum L. (Lab)	N	MC	2	Jl	0+	S	-
18.	buray(5)	hyacinth bean	Dolichos sp. (Leg)	S	M	1	JeNv	M	D	3.0
19.	buray-dipay	sword bean	Canavalia Gladiala(Jacq) DC. (Leg)	S	T	3	MrJl	L	D	-
20.	bulin-gan(2)	bache-lor's button	Gomphrena globosa L. (amaran)	N	C	2	Ag	0+	S	-
21.	buybuy	silk-cotton tree	Ceiba pentandra (L;) Gaert,. (Bomb.)	S	TE	2	Jl	0+	D	-
22.	daranaw	gandaru-sa	Justicia gendarussa Burm. f. (Acan)	N	MR	2	My	0	P	-
23.	dawa	Italian millet	Setaria italica (L.) Beauv. (Gram.)	M	M	2	My	0	S	-
24.	dayap	lime	Citrus sp., C. aurantifi-folia (Christm.) Swingle (Rut.)	s	M	2	Je	0+	D	5.0
25.	dulud	Indian hydroco-tyle	Centella asiatica (L.) Urban (Umb)	N	M	2	Jl	0	D	-

26.	gabi(21)	taro	Colocasia esculenta(L.) Schott & Endl. (Arc.)	MS	T	1	FbMy	0	P	2.0
27.	kabatsi(8)	sieva lima bean	Phaseolus lunatus L. (Leg)	S	M	1	JeNv	L	D	-
28.	kabay	asparagus bean	Psophocarpus tetragono-lobus(L.) DC(Leg)	S	S	2	JeNv	M	DS	-
29.	kablaw	ubiubi-han, yam	Dioscorea bulbifera L. (Diosc.)	M	N	2	FbMy	S	P	-
30.	kadyis(5)	pigeon pea	Cajanus cajan (L;) Millsp. (leg)	S	M	1	My	O	D	3.0
31.	kakaw(2)	cacao	Theobroma cacao L. (Sterc.)	Ss	ME	2	Ag	0M+	D	-
32.	kalaban-tus(2)	Lyon's bean	Phaseolus sp., Mucuna cochinchinensis (Lour.) A. Chev (Leg)	S	N	2	JeNv	S	D	-
33.	kalamundin	kalamansi	Citrus microcarpa Bunge (Rut.)	s	N	2	Je	0+	D	-
34.	kamani	holy basil	Ocimum sanctum L. (Lab)	N	MC	2	Jl	0	S	-
35.	kamatis(3)	tomato	Lycopersicum esculentum Mill. (sol)	S	N	2	Je	0	S	0.9
36.	kamaysa	croton oil plant	Croton tiglium L. (Euph.)	N	T	2	Jl	0	D	-
37.	kamuli (31)	sweet potato	Ipomoea batatas (L.) Lam. (Convolv.)	MS	S	1	JlSnNv	0	P	6.5
38.	kapi	coffee	Coffea arabica L. (Rub)	N	ME	2	C	0	D	-
39.	kasuy	cashew	Anacardium occidentale L. (Anac.)	s	M	2	Nv	0+	D	5.0
40.	kalimum	melon	Cucumis sp., C. melo L. Sativus L. (cucurb.)	S	N	1	Je	0	D	7.5
41.	katutis	achuete	Bixa orellana L. (Bix)	S	N	2	Jl	0+	D	-

42.	kayukayu	manioc(1)	Mahihot esculenta Crantz (Euph.)	M	M	1	JeSp	0	P	5.0
43.	kilin(2)	smooth bamboo	Bambusa vulgaris Schrad. Gigantochloa levis (Vlco) Merr. (Gram.)	S	MRT	2	Mv	0+	P	4.5
44.	kunduy(3)	cucumber	Cucumis sativus L. (Cucurb.)	Ss	N	1	Je	0	D	7.5
45.	kutsay	juchoi	Allium tuberosum roxb. (Lil)	S	M	3	Ja	0	P	-
46.	labasa(10)	squash	Cucurbita maxima duchesne (Cucurb.)	S	N	1	Je	M	D	3.0
47.	lada(9)	chili pepper	Capsicum sp. (sol.)	S	M	2	JeNv	0	P	1.5
48.	lagikway(2)	kuwei	Abelmoschus manihot (L;) Med. ssp. manihot forma spiculatus (Bakh.) Borss. (Malv.)	S	M	1	Ag	0	P	4.0
49.	lanka(2)	jakfruit	Artocarpus heterophyllus Lam. (Morac.)	Ss	M	2	Ag	0+	D	6.0
50.	lastirim(2)	slipper spurge	Pedilanthus tithymaloides Poit., Euphorbia tirucalli L. (Euph.)	S	N	3	Jl	D+	D	-
51.	lasuna	onion shallot	Allium ascalonicum (Lil.)	S	M	2	JeDc	0	D	P
52.	liha(2)	ginger	Zingiber officinale Roscoe, Globba parviflora Presl. G; sp. (Zing)	S	Mr	JeNv	d	d	-	
53.	litlit(3)	betel pepper	Piper betel L. (Piper)	N	RTES	2	Ag	L+	P	0.3
54.	lumabun(7)	cowpea yard-long bean	Vigna sinensis (L.) Savi, V. sesquipedalis L. (Leg)	S	M	1	JeNv	MSL	D	0.8

55. luna	sesame	Sesamum orientale L. (Pedal.)	S	M	2	Je	M	S	-
56. mahis(15)	maize	Zea mays L. (Gram.)	M	RTSM	1	MyNv	0	D	0.9
57. malabuna	manioc(2)	Manihot esculenta Crantz. (Euph.)	M	M	3	MyNv	0	P	5.0
58. manih	peanut	Arachis hypogaea L. (Leg)	Ss	N	3	Ja	0	D	0.6
59. manga	mango	Mangifera indica L. (Anac.)	s	N	3	Nv	0+	D	-
60. maragusu	balsam apple	Momordica charantia L. (Cucurb.)	S	N	2	JeNv	0+	D	4.0
61. munguh	urd bean	Phaseolus sp. (Leg.)	S	M	2	JeNv	0	D	0.8
62. mustasa	mustard	Brassica integrifolia (West) O.E. Schultz (Crucif.)	S	M	2	Ja	0	S	P
63. niyug(6)	coconut	Cocos nucifera L. (Palm.)	Ss	RCTES	2	Jl	0+	P	4.5
64. palun-manuk	cockscomb	Celosia cristala L. (Amaran.)	N	M	2	Je	0	S	P
65. paray(92)	rice	Oryza sativa L. (Gram.)	M	MRTES	1	My	0	D	0,25+
66. patula	dishcloth gourd	Luffa acutangula (L.) Roxv. (Cucurb.)	S	N	3	Je	M	D	5.0
67. pinya(3)	pineapple	Ananas comosus (L.) Merr. (Bromel).	s	N	2	Jl	0	P	3.0
68. sagin(29)	banana	musa spp. (Musac.)	MSs	MTES	1	JaJl	0	P	4.5
69. salumagi	tamarind	Tamarindus indica L. (Leg.	Ss	M	3	C	0+	D	5.0
70. sandiya(3)	water-melon	Citrullus vulgaris Schrad. (Cucurb.)	s	N	2	Jl	0	D	7.5
71. saphan	limalima yam(4)	Dioscorea pentaphylla L. (diosc.)	M	N	2	FbMy	S	P	-
72. singapur	yautia	Xabthosoma violaceum Schott (Arac.)	MS	N	2	FbMy	D	P	-
73. sinkamas	yam bean	Pachyrrhizus crosus (L.) urb. (Leg.)	s	N	2	Je	M	d	-

74.	siyana	bulbil-bearing yam	Dioscorea cumingii Prain & Burk. (diosc.)	M	N	2	FbMy	S	P	-
75.	suntasunia	milk-hedge	Euphoria tirucalli (L.) (Euph.)	N	M	2	My	D+	P	-
76.	tabagwan	kondol	Benicasa hispida (thumb) Cogn. (Cucurb.)	S	N	2	Je	M+	D	8.0
77.	tabaku	tobacco	Nicotiana tabacum L. (sol.)	N	MS	2	Ag	0	S	P
78.	tagaban	okra	Abelmoschus esculenta (L.) Moench. (Malv.)	S	N	2	Ja	0+	D	-
79.	tagum	indigo	Indigofera suffruticosa Mill. (Leg.)	N	MT	2	Je	0	K	P
80.	talun(10)	eggplant	Solanum melongena L. (sol)	S	N	1	MyAg	0	S	1.5
81.	tambari-sah	life plant	Kalanchoe integra (Med.) O.K. (Crass.)	N	M	2	Jl	0+	P	-
82.	tambasuh(2)	rice bean cowpea	Phaseolus calcaratus Roxb. P. sp., Vigna sinensis L. Sav. (Leg.)	S	N	2	LeNv	M	D	0.8
83.	tamuyuh	common gourd	Lagenaria sicerarin (Mol.) Standley (Cucurb.)	N	MT	2	C	L+	D	-
84.	taragsinan	kabuyau	Citrus hystrix DC. (rut)	s	N	2	Jl	0	D	5.0
85.	tubli(8)	derris	Derris elliptica (Roxb.) Benth. (Leg.)	N	TEM	2	Jah	0M	P	4.5
86.	tubu(17)	sugar cane	Saccharum officinarum L. (Gram.)	Ss	ESM	2	JeNv	0	P	2.25
87.	yambuh	Malay apple	Syzygium malaccense (L.) Merr. & Perr. (Myrt.)	s	N	2	C	0	P	-

TABLEAU II : RECOLTE DES CULTURES MENSUELLES

Principaux féculents	J	F	M	A	M	J	J	A	S	O	N	D
riz										X	X	X
maïs		X	X	X			X	X	X			
millet italien										X	X	X
sorgho				X	X					X	X	X
patate douce	X	X	X	X	X	x	x	x	X	X	X	X
ignames géants	X	X	X	X	X	x	x	x				
autres ignames	X	X	X	x								
manioc	X	X	X	X	x	x	x	x			x	x
taro	X	X	X	X	X						x	X
colocasia (Yautia)	X	X	X	X	x							x
banane	X	X	X	X	X	X	X	X	X	X	X	X

Légumineuses	J	F	M	A	M	J	J	A	S	O	N	D
cajanus indicus	X	X										
vigna sp.	x			X						X	X	X
dolochos lablab	X	x									x	X
yacinth bean	X	x	x	X	X							X
mung bean (Phaseolus)										x	X	x
mucuna sp.	X	X								x	X	x
phaseolus mungo var.										x	X	x
rice bean	X	X	X									
arachide		x	X	x	x	x						

X = pleine production x = petite production

Fruits	J	F	M	A	M	J	J	A	S	O	N	D
banane	X	X	X	X	X	X	X	X	X	X	X	X
cocotier	X	X	X	X	X	X	X	X	X	X	X	X
cacao	X	x						x	x	x	X	X
eugenia jambos	X						X	x	x	X	X	X
citrus										x	X	
manguier											X	x
tamarinier	X											
papayer	X						x	X	X	X	X	X
ananas				X	X	X	X					
jaquier	X	X	X	X	X	X	X	X				

Autres plantes alimentaires	J	F	M	A	M	J	J	A	S	O	N	D
oignons	X	X	X	X	X	X	X	X	X	X	X	X
kuwei	X	X	X	X	x	x	x	x	x	X	X	X
aubergine	X	X	x	x	x	x	x	x	x	X	X	X
piment (Capsicum)	X	x	x	x	x	x	x	x	x	x	X	X
tomate	x	x	x	x	x	x	x	x	x	x	X	X
ail	X	x	x	x	x	x	x	x	x	x	x	X
gingembre	X	x	x	x	x	x	x	x	x	x	x	x
canne à sucre	X	X	X	X			x	x	X	X	X	x
feuille de taro			X	X	x	x	x	X	X	X	X	
concombre									X	X	X	X
gourde	X	X	x	x								
calebasse (Lagenaria)	X							x	x			X
sésame							x	x	X	X		
pastèque										X	X	x
melon										X	X	
kondol	X	X										
autre gourde									x	X		

Plantes non alimentaires	J	F	M	A	M	J	J	A	S	O	N	D
abaca (Musa textilis)	X	X	X	X	X	X	X	X	X	X	X	X
bambous	X	X	X	X	X	X	X	X	X	X	X	X
gourde	X	X	X	X	X	X	X	X	X	X	X	X
kapok (Ceiba pentandra)	X	X	X	X	X	X	X	X	X	X	X	X
arrow grass	X	X	X	X	X	X	X	X	X	X	X	X
vetiver	X	X	X	X	X	X	X	X	X	X	X	X
betel (Areca catechu)	X	X	X	X	X	X	X	X	X	X	X	X
tabac	X	X										
coton	X	X										
indigo	x									x	X	X
derris								X				

2.2 L'AGRICULTURE A TROIS ETAGES

2.21 *L'agriculture à trois étages, adaptation heureuse à des conditions écologiques rigoureuses*

L'agriculture à trois étages consiste en l'association de trois strates superposées : une strate arborescente, une strate arbustive et une strate herbacée.

Cette superposition s'inspire, tout en la simplifiant sensiblement, de la structure générale de la forêt tropicale humide au sein de laquelle on peut distinguer en fait deux ou trois strates arborées, donc quatre ou cinq strates au total. A vrai dire, cette stratification est moins nette que dans la forêt claire, car la forêt tropicale humide se caractérise par une continuité spatiale due à la densité de la végétation. Cette continuité spatiale se conjugue avec une continuité annuelle végétative globale : si bon nombre d'arbres perdent leurs feuilles, cette chute est de brève durée et non simultanée en sorte qu'elle passe pratiquement inaperçue.

La voûte permanente de feuillage qui en résulte remplit quatre fonctions adaptées aux sévères conditions spécifiques du tropique humide :

- capture des éléments nutritifs : la couverture foliaire dense protège le sol d'une radiation solaire excessive, notamment des rayons ultra-violets qui, trop intenses, entraîneraient la conversion de l'azote et du dioxyde de carbone en gaz qui se dissiperaient dans l'air (réaction qui s'opère lorsqu'un sol tropical est entièrement dénudé).
- stockage de ces éléments nutritifs grâce à la production continuelle d'humus qui, même en petite quantité, retient les éléments nutritifs et permet un rapide accomplissement du cycle de l'azote. Sous climat tropical, ces éléments sont particulièrement vulnérables et menacés de perte par lessivage. La croissance rapide et continuelle d'une vaste masse végétale assure une réutilisation et un stockage des minéraux solubles ainsi maintenus en continuelle circulation. Les pertes s'en trouvent réduites au minimum.
- protection du sol contre l'érosion, grave menace qui pèse sans cesse sur les sols tropicaux, par suite de la violence et de l'intensité des trombes d'eau qui s'abattent de manière irrégulière. On connaît la variabilité de la distribution mensuelle et annuelle des pluies et la croissance exponentielle de l'effet érosif de l'eau.
- protection du sol contre une température excessive qui pourrait entraver ou même stopper (à partir du 77°) l'accumulation d'humus. Conjuguée avec les chutes de pluie, cette température élevée entraîne un processus de déminéralisation et la formation de latérite. Le couvert végétal, par la li-

FIGURE 5. EFFET DU CLIMAT, DU SOL ET DES PLUIES SUR LA REPRODUCTION DES PLANTES ET LE CONTENU NUTRITIF (d'après B.J. Meggers)

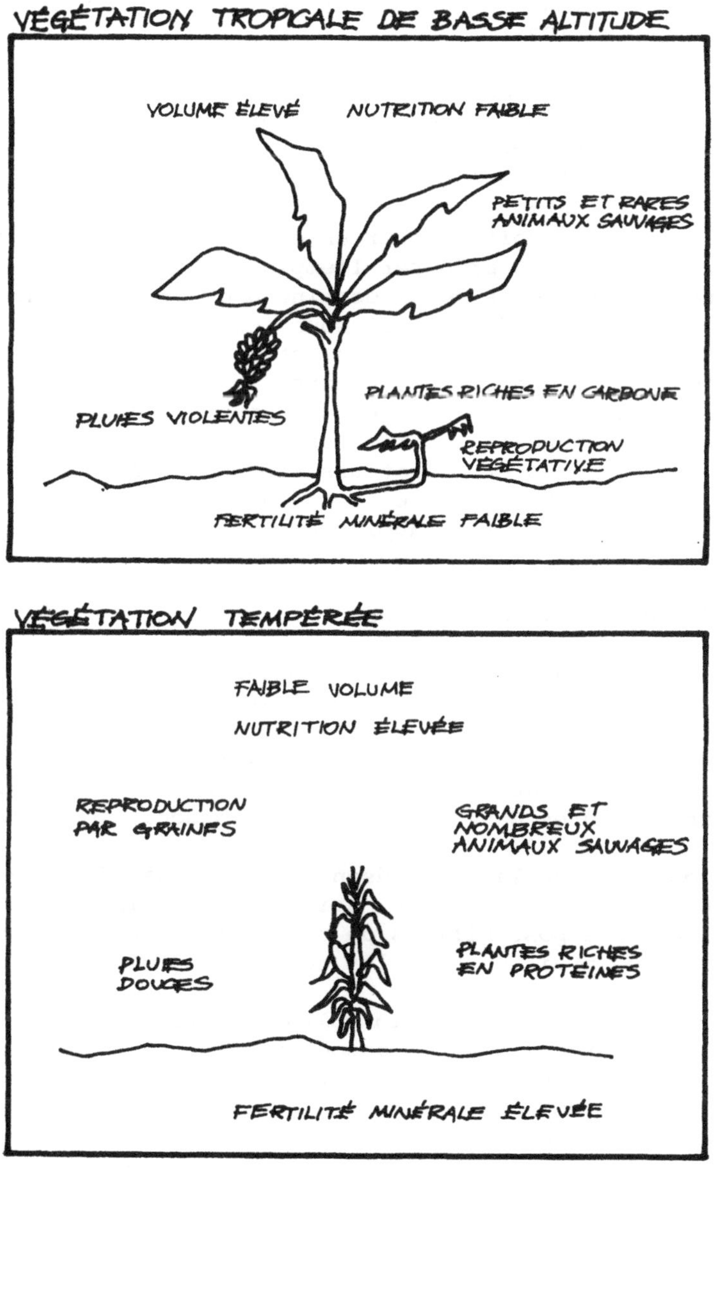

tière qu'il crée et l'interception des pluies qu'il permet, favorise au contraire la rétention de l'eau par le sol et le maintien d'une température moins élevée qui autorise la formation d'humus et assure la conservation d'une structure de sol propice à la croissance végétale.

En bref, un couvert végétal stratifié et permanent adoucit l'impact du climat sur le sol et préserve sa fertilité (Schnell, 1971 ; Meggers 1971).

L'agriculture à trois étages s'efforce d'assumer ces mêmes fonctions productrices et protectrices. En outre, du point de vue de l'homme, ce système qui a pour corollaire la juxtaposition de plantes diversifiées aux exigences différentes et à l'enracinement à plusieurs niveaux de profondeur, présente les avantages suivants :

- l'agriculteur doit fournir un effort moins grand que s'il devait à la fois préparer l'emplacement réservé à la culture principale et celui destiné à d'autres cultures.
- la rémunération du travail sous forme de produits vivriers est immédiate (quelques mois) et relativement stable, alors qu'en cas de monoculture arborée la rétribution des efforts n'est obtenue qu'après quelques années ; dans le cas de monoculture annuelle les risques liés aux aléas climatiques ou aux maladies et prédateurs sont considérables.
- le soin des arbres est effectué automatiquement à l'occasion des façons culturales appliquées aux plantes vivrières : semis, sarclage, récolte...

2.22 *Exemples de cultures associées*

Dans le Pacifique Sud et dans le Sud-Est asiatique, les produits du cocotier, comestibles et industriels, représentent la source de subsistance de plusieurs millions de personnes. La production du cocotier est fréquemment réalisée en système de mono - culture. Pour en augmenter les revenus on envisage d'intercaler d'autres cultures dans le cadre d'une association avec l'éle - vage.

Un document de la FAO présente le résultat du travail d'un groupe d'experts (Australie, Sri Lanka, Philippines et Malaisie) concernant les possibilités de réalisation de cultures intercalaires et de prairies sous les cocotiers (FAO 1966).

2.221 En Papua-Nouvelle Guinée, la culture intercalaire du cacao dans les cocoteraies est l'association la plus fréquente. Les prairies sous couvert de palmiers sont également répandues. En 1964, presque 30% des cocoteraies étaient plantées en association avec le cacao, ce qui représentait presque 70% des surfaces cultivées en cacaoyiers. Mais les prairies sous cocotiers sont actuellement en régression et remplacées par la monoculture du cacao. Les possibilités de plantation de café Robusta dans les cocoteraies sont à l'étude.

Ces associations culturales présentent des conséquences économiques positives :

- diminution des coûts de production du coco et du cacao, car il n'est plus nécessaire de défricher de nouvelles terres
- suppression des mauvaises herbes
- meilleure conservation des surfaces cultivées.

Les sols volcaniques et les sols d'alluvions profondes non alcalines sont propices à la culture intercalaire du cacao. Les alluvions moins fertiles sont plus indiquées pour le café Robusta. Les sols potentiellement aptes aux cultures mixtes représentent 50% du total de la surface des cocoteraies. Les zones sableuses conviennent par contre aux prairies sous couvert de cocotiers.

D'un point de vue monétaire, dans l'augmentation des revenus obtenus grâce aux cultures associées, la part due au cacao est supérieure à celle du coco. Si le rendement moyen de cacao est de 495 kg/ha, dans les plantations sélectionnées il s'élève au double ou au triple. Quant à la production de la cocoteraie, elle n'est nullement affectée par le cacao. Les prairies sous cocotiers ne présentent pas de problèmes au niveau de la production ; en revanche, en Papua-Nouvelle Guinée, la commercialisation de la viande présente des difficultés lorsque les zones de production sont très éloignées des marchés.

2.222 A Ceylan (Sri Lanka), les cultures intercalaires dans les cocoteraies revêtent une grande importance pour l'agriculture du pays. Les préférences vont de plus en plus aux cultures vivrières sous les cocoteraies : piments, oignons, pommes de terre et condiments qui, en général, devaient être importés, y sont maintenant cultivés. Pendant la deuxième guerre mondiale le gouvernement stimula la production de cultures vivrières : 16% de la surface cultivée alors l'était en association avec les cocotiers.

Lorsqu'il s'agit de nouvelles cocoteraies, les cultures associées de bananes, manioc et légumes sont praticables pendant cinq à sept ans. Par la suite, il y a trop d'ombrage dans la cocoteraie. Mais, après la dixième année, l'ensoleillement augmente à nouveau et, dans une cocoteraie où chaque palmier occupe 2,25 mètres carrés, le sol reçoit 50% de la radiation totale. Dans ces conditions et avec des précipitations suffisantes, on peut intercaler des bananiers avec d'autres cultures vivrières. Dans ce cas, la distance entre les cocotiers doit toujours être supérieure à 1,5 mètre et une fertilisation doit être effectuée.

Mais l'extension des prairies sous cocotiers rend nécessaire une recherche sur les variétés souhaitables, les techniques de préservation de l'humidité des sols et le remplacement des éléments nutritifs consommés par le fourrage. En général, les expériences effectuées jusqu'ici ont montré que l'espèce la plus adaptée aux cocoteraies anciennes, très espacées, est la *Bra-*

chiariaBrizantha; dans le cas de plantations moins écartées, la *Brachiaria Milliformis* est plus indiquée.

2.223 En Malaisie, on estime que dans les plantations de jeunes cocotiers, on peut réaliser des cultures associées; dans les cocoteraies plus anciennes, il est préférable de pratiquer des cultures mixtes. Le choix des espèces est un problème délicat à résoudre. D'après McPaul, la culture du cacao sous cocotier s'est révélée un succès dans les îles Fidji (expérience identique à celle de Papua-Nouvelle Guinée.

Les cultures dites pérennes à court terme (bananes, ananas, etc.) sont possibles à condition d'un apport en fertilisants. Dans les petites plantations comportant un écartement plus large entre cocotiers, des plantes pérennes peuvent être cultivées : citrus, manguiers, jaquiers, hévéas, caféiers par exemple.

En Malaisie, les cultures vivrières sous cocotiers (igname, manioc, taro, associés aux palmiers) se rencontrent seulement sur de petites surfaces dans le cadre d'une agriculture de subsistance. Comme on peut le constater avec ce type d'association plus complexe, on atteint le stade d'une agriculture à trois étages.

Dans les plans de développement malais, la plantation d'arbres tels qu'hévéa, jaquier, manguier, dans les cocoteraies est jugée bénéfique pour le cocotier. Il en est de même pour les cultures saisonnières comme le maïs et le paddy, les cultures semi-pérennes comme le bananier et l'ananas, et les arbustes pérennes comme le café et le cacao. Néanmoins la recherche doit se poursuivre pour déterminer les possibilités optimales d'association en fonction des différentes conditions écologiques.

2.224 Aux Philippines où les cocoteraies occupent plus d'un million d'hectares et comptent plus de 165 millions de cocotiers, si 85% des plantations sont exploitées en mono-culture, 15% sont associées à des cultures vivrières et fruitières. Il s'agit donc là aussi d'agriculture à trois étages. Les associations les plus fréquentes sont :

- vivrières : riz, manioc, patate douce
- fruitières : lanzone, café, cacao, citron et banane
- textiles : Manilla hemp.

Aux Philippines, les cultures associées dans les cocoteraies permettent d'accroître la production vivrière ainsi que les revenus des paysans. Néanmoins cette évolution bénéfique s'ac-

5. L'élevage des porcs, réalisable dans de petites plantations, est considéré comme une activité très rentable par les petits paysans chinois du Johore.

compagne d'une série de problèmes : besoins en fertilisants, réduction de la culture du cocotier au rôle de culture secondaire entraînant la sujétion de ces terres aux lois de réforme agraire, etc. Il est à noter que l'utilisation des déchets organiques pour la production d'engrais pourrait résoudre économiquement les problèmes de fertilisation. Par ailleurs, il serait possible de régler les problèmes agraires, notamment ceux de la classification des terres cultivées en fonction de leur utilisation, par la création d'institutions responsables adéquates.

2.225 Au Mexique, le "cinco de oro" est un exemple d'association de culture entre le cocotier et le bananier, qui se pratique sur la côte pacifique entre l'état de Michoacan et celui de Guerrero, dans le district d'irrigation du delta du Rio Balsas dépendant du barrage Jose Maria Morelos (La Villita), (MacVaugh 1944).

Pour commencer une culture de palmiers, les "copreros" (récolteurs de la copra) les plantent espacés de huit mètres en huit mètres et pendant les quatre premières années profitent du petit port de ces arbres et de la grande luminosité pour cultiver des haricots, du sésame et du maïs. A partir de la cinquième année, des plantes de plus grand port comme le bananier sont associées au cocotier ; ceci constitue le système connu sous le nom de "cinco de oro". On laisse les bananiers pendant une période de six ans, à la suite de quoi il est nécessaire de les replanter.

Dans les palmeraies-cocoteraies les plus voisines de la plage au sol sablonneux, l'association du cocotier avec des herbes fourragères comme le *Panicum maximum* ou le Bangola, qui répondent très bien à l'irrigation et aux engrais azotés, peut nourrir cinq têtes de bétail par hectare. A ces graminées, on peut associer le kudzu planté en pépinières. L'association du bétail avec le cocotier n'est possible qu'après huit ans, pour éviter que les vaches ne mangent les feuilles basses des cocotiers.

La monoculture du cocotier dans les palmeraies non irriguées du delta du Rio Balsas donne 1.200 kg de copra par hectare. L'association du cocotier et du bananier, avec irrigation pendant la période de sécheresse (novembre à juin) produit les résultats suivants :

- augmentation de la production de la copra jusqu'à 1.500 kg par hectare et par récolte
- production de trente tonnes de bananes par hectare et par mois pendant une période de trois ans (en fertilisant les bananiers); puis production de huit tonnes par hectare et par mois pendant une période de trois mois sans fertilisation
- revenu brut de la production de bananes six fois supérieur au revenu de la monoculture du cocotier (laquelle était considérée comme l'activité la plus rentable de la région)
- travaux de nivellement des terres irrigables grâce à l'ac-

croissement du revenu de la terre
- éradiction de la maladie de Sigatoka : les bananiers cultivés en association avec les cocotiers n'étant pour ainsi dire pas attaqués par cette maladie.

2.23 *L'agriculture à trois étages, système cultural traditionnel dans certains cas d'agriculture itinérante*

Il arrive en effet que, dans les systèmes d'agriculture traditionnels, la culture itinérante sur brûlis consiste en des associations de cultures à trois étages plus ou moins élaborés. Ainsi dans le haut Orénoque (Vénézuela), les Waika, population aborigène, pratiquent un système complexe de culture sur brûlis connu sous le nom de "conuco" (Harris 1971).

La culture dominante est celle du manioc et de la banane tandis que les protéines sont fournies par la chasse des animaux terrestres et des oiseaux, ainsi que par la pêche. A l'intérieur d'un conuco, des cultures secondaires sont associées aux cultures principales de bananiers et de manioc.

La nature des composantes de l'association au sein d'un conuco est en rapport avec l'influence plus ou moins grande de l'homme blanc.

Le plus souvent, chez les Waika, les trois étages sont constitués comme suit :
- une grande herbacée, le bananier, associé à un grand arbuste, le papayer (*Carica papaya)* constituent l'étage supérieur
- le niveau moyen est composé de manioc et de coton *(Gossypium barbadense* var. brasiliense)
- le niveau inférieur enfin, est constitué d'herbacées, tabac, igname, etc. Ici et là s'ajoutent quelques plantes de canne à sucre ou d'autres plantes utiles.

Le désordre apparent qui caractérise la disposition de ces diverses espèces végétales cache en réalité l'efficacité de la couverture permanente du sol contre le rayonnement excessif du soleil et l'action érosive des pluies. Les espèces associées possèdent un cycle et des exigences différents ; leurs systèmes racinaires diversifiés exploitent simultanément différentes profondeurs du sol ; l'utilisation optimale de la lumière, de la chaleur et de l'humidité de l'habitat est assurée latéralement et verticalement. C'est la reproduction simplifiée de la structure et de la dynamique de l'écosystème forestier naturel du milieu.

L'agriculture itinérante des Waika laisse subsister les troncs d'arbres coupés. Au fur et à mesure que le temps passe, après deux ou trois années de culture, la régénération des arbres et arbustes progresse. L'invasion du conuco par des espèces pionnières issues de la forêt environnante s'accentue. A la sixième année, le conuco est très peu cultivé; les bananiers et les papayers se confondent avec les espèces pionnières de

FIGURE 6. SUCCES COMPARES DE LA VEGETATION NATURELLE, DE L'AGRICULTURE ITINERANTE ET DE LA CULTURE PERMANENTE DANS LA MINIMISATION DES EFFETS POTENTIELLEMENT NUISIBLES DU CLIMAT TROPICAL SUR LE SOL DU BASSIN DE L'AMAZONIE (d'après B.J. Meggers)

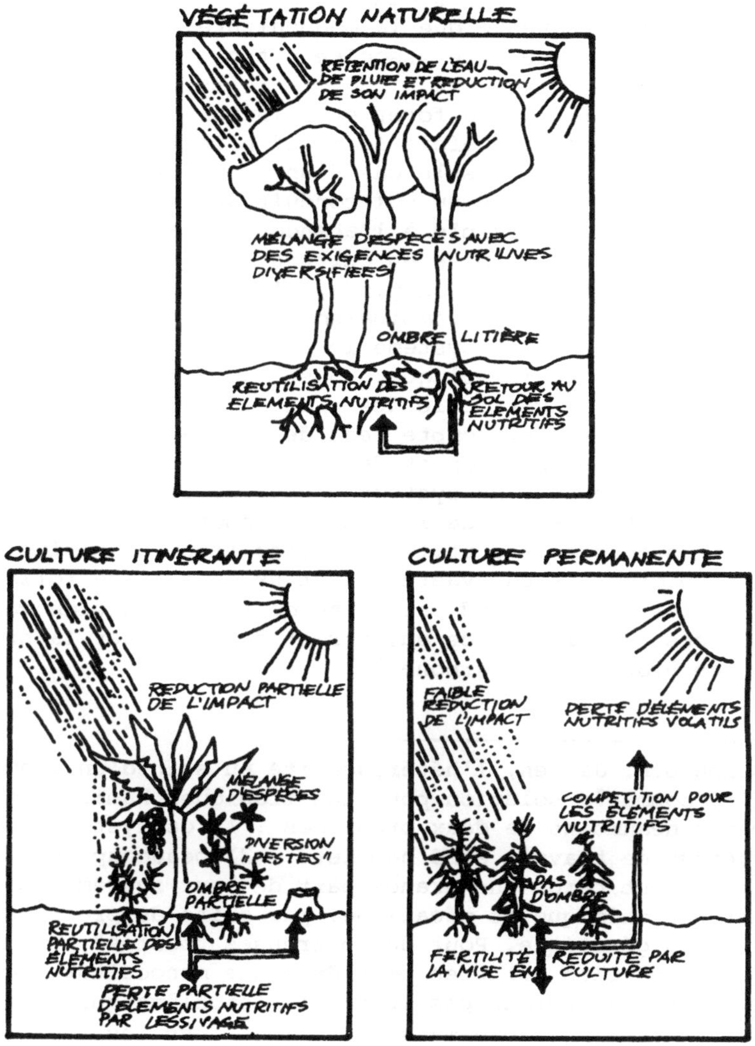

même taille, et les Waika l'exploitent moins intensivement en se limitant à la cueillette de quelques bananes, manioc et racines. Entre temps, une autre parcelle de forêt est partiellement défrichée et mise en culture de façon analogue, tandis que, sur la parcelle abandonnée, la forêt se reconstitue rapidement.

L'on peut retirer les enseignements suivants des cultures associées pratiquées par les Waikas :

- le système des cultures étagées assure une agriculture beaucoup plus permanente que la monoculture. Toutes conditions égales, la polyculture associée est plus stable que la monoculture.
- la régénération de la forêt et l'invasion de plantes non désirables sont toutefois le motif principal de l'abandon des champs. Mais dans le cas d'une monoculture, la diminution de la fertilité du sol conduit de façon plus décisive et surtout irréversible à l'abandon de la parcelle forestière défrichée et mise en culture.

Dans les zones tropicales humides, l'association de cultures étagées avec toutes les combinaisons d'espèces compatibles entre elles se révèle le système le plus satisfaisant d'agriculture tropicale. Ceci implique, nous l'avons vu, de reproduire la stratification verticale des plantes, caractéristique de la végétation tropicale, compte tenu de la diversité souhaitée et possible de la production et de façon à assurer le recyclage des éléments du sol. Ce système constitue le modèle le plus efficace d'utilisation de la capacité photosynthétique et de production de biomasse utile en milieu tropical humide. Le spectre biologique est vaste ; le taux de surface foliaire est extraordinairement grand par suite de la disposition variée des divers feuillages, ce qui permet de maximiser la production des hydrates de carbone.[6]

---

6. Selon D.H. Janzen, l'hétérogénéité au sein d'un champ, considéré comme *la* solution pour les tropiques humides, s'accompagne néanmoins de deux problèmes : 1) ce système requiert davantage de travail et d'habileté ; 2) beaucoup de plantes cultivées ont perdu une grande part de leur système interne de défense chimique et mécanique, par suite du processus de sélection génétique. Pour de nombreuses "pestes", un champ de quatre ou cinq cultures peut être une monoculture (Janzen 1973). Nous ne retiendrons pas le premier problème qui ne devrait pas être un obstacle majeur, surtout dans les régions comme l'Asie du sud-est qui possèdent une solide tradition horticole. Par contre, le second problème apparaît plus sérieux et met en relief l'impérieuse nécessité qui commande de conserver un vaste pool génétique.

La récolte étalée et diversifiée au long de l'année assure une nourriture variée et équilibrée. Ce système d'agriculture (associé à la cueilette, à la chasse et à la pêche dans le cas des Waika), mérite une attention approfondie car il ouvre des perspectives de solutions durables d'une alimentation respectueuse de l'environnement.

2.3 L'AGRICULTURE ET L'ELEVAGE LACUSTRES

2.31 *L'aquaélevage*

Dans la région du Careiro, près de Manaus (Amazonie brésilienne), l'embouche des bovins et l'alimentation des vaches laitières se fait sur des étables flottantes en bois. Ce bétail est alimenté par du fourrage vert constitué d'espèces de graminées aquatiques natives des Varzéas (forêts inondables) amazoniennes, décrites par Pinto (1931). Parmi les espèces fourragères aquatiques ainsi utilisées comme aliment des bovins, on relève la Canarana (ou *Echinochloa polystachia* ou *Panicum spectabile*), très riche en protéines et sels minéraux, la Pirimbeca ou Memebeca grass (*Paspalum repens*), le Capim navalha (*Hymenachne amplexicaulis*) et le Capim colonia (*Panicum purpurascens*).

L'intensification de cet élevage sur l'eau est rendu possible grâce à la récolte des fourrages aquatiques qui sont ensuite acheminés sur de petits bateaux motorisés. Parallèlement, le fumier des étables est transporté et utilisé dans le cadre d'une horticulture intensive (Sternberg 1966).

2.32 *Les jardins flottants de Mexico : les chinampas*

Dans certains lacs mexicains, on utilise une masse végétale flottante, résultat de l'accumulation de différentes espèces de plantes aquatiques, comme sol de vergers cultivés intensivement. Cette technique permet de constituer de véritables jardins flottants dans lesquels on utilise comme fertilisant, la vase des étangs et autres matériaux de décomposition aquatique. Cette technique est connue sous le nom de "chinampa". Ce sont des îlots rectangulaires, très allongés, qui sont entourés de canaux qui servent à la fois à maintenir l'humidité (l'eau s'infiltre dans le sol poreux), à irriguer, et comme voies de communication.

La chinampa est une méthode de culture qui requiert des conditions écologiques très particulières : des lacs d'eau douce peu profonds, une grande compétence dans la construction des îlots, et une pratique très raffinée d'horticulture intensive.

A l'exception du maïs qui est planté directement, toutes les cultures des chinampas (haricots rouges, calebasses, piments chili , tomates, etc.) sont semées en pépinières et repiquées après. Il semble que l'utilisation du fumier pour fertiliser le sol de la chinampa se soit développée dès le XIXe siècle. Il est également possible de fumer avec des plantes aquatiques. L'art d'utiliser les ressources disponibles est une condition essentielle à la construction d'une chinampa.

Une grande partie des eaux du lac peut être recouverte d'un manteau végétal de plantes aquatiques, mortes ou vivantes, composé principalement de joncs (Typha), d'iris aquatiques (*Eichornia crassipes* ou Nymphea). Cette île végétale flottante, dont l'épaisseur varie entre vingt centimètres et un mètre, est alors capable de supporter le poids de personnes ou de grands animaux. Dans la vallée de Mexico ce manteau est connu sous le nom de "cesped" (pelouse), de "cinta" (ruban), ou de "atlapalacatl". Pour dresser ("alzar") une nouvelle chinampa, on découpe des bandes végétales (en général de cinq à dix mètres de large et jusqu'à cent mètres de long). Le nombre de ces bandes peut dépasser cinq. Elles sont entassées dans l'endroit choisi, après avoir été transportées en radeau. La surface en est alors recouverte avec de la vase extraite du fond du lac, ou avec de la terre provenant d'une vieille chinampa. La nouvelle chinampa, qui au début flotte réellement, va être ancrée par les boutures de saules plantées sur ses bords. Ces boutures vont s'enraciner et vont constituer une résistance empêchant l'éboulement et le mouvement de la chinampa.

Avant chaque plantation ou semaille, la surface de la chinampa est recouverte d'une nouvelle couche de vase extraite du fond du lac ; au bout de six ans, la chinampa se fixe au fond du canal. Sa fondation s'est décomposée et forme une base poreuse, perméable dans laquelle l'humidité s'infiltre. L'infiltration de l'eau est facilitée par l'étroitesse de l'îlot. En rajoutant de façon constante du sol sur la chinampa, on en élève le niveau et il arrive un moment où l'infiltration cesse. Il est alors nécessaire de rabaisser la chinampa en enlevant une couche de son sol, laquelle sera utilisée pour dresser une nouvelle chinampa. L'opération de rabaisser une chinampa est considérée par les chinamperos comme une opération désagréable mais nécessaire. Cette technique de construction des chinampas était déjà en usage chez les agriculteurs de Xochimilco Chalco, il y a cinquante ans.[7]

7. On trouve d'autres descriptions de la construction des chinampas chez Garay et Santamaria, ainsi que par Elizabeth Schilling (1939).

Jouxtant le canal, à l'extrémité d'une chinampa, se trouve la pépinière, située sur un lit de végétation aquatique (1 à 2 m de large sur 5 à 10 m de long), recouverte également d'une couche de vase. La vase durcit après deux ou trois jours ; on découpe alors la surface de la pépinière, au couteau, en petits blocs appelés "chapines". Au centre de ces chapines, on place graine que l'on recouvre avec du fumier.

S'il y a des problèmes d'insolation, de grêle, d'attaque de passereaux, on protège la pépinière avec de vieux journaux, de la paille de "zacate" (herbe fourragère) ou une natte de roseaux attachée à une corde et qui peut s'enrouler. On irrigue la pépinière pendant les mois secs de l'hiver.

On doit nécessairement préparer la chinampa avant la transplantation. Une fois la récolte terminée, on retourne le sol de la chinampa avec une pelle ou une pioche et on égalise avec un rateau en bois, puis on la recouvre d'une nouvelle couche de vase ou bien avec d'autres fertilisants tels que des déchets végétaux, du fumier ou encore des plantes aquatiques existant dans l'étang.

Les chapines sont posées dans des cavités ouvertes à la pelle ou la pioche (parfois on utilise la houe ou un pointeau de bois : "huitzoctli") ; avant de mettre les chapines, on verse dans le fond de la cavité un peu d'eau boueuse, puis après avoir mis la chapine on la recouvre avec du fumier et enfin on amoncelle la terre autour du plant.

Pour un certain temps, et dans le cas de cultures délicates comme la tomate, on recouvre les jeunes pousses afin de les protéger du soleil excessif, du froid ou des pluies torrentielles.

Certaines plantes requièrent des arrosages fréquents. Pour cela on utilise ou un seau ou le "zochimaitl" ou encore de grandes cuillères de bois ou des boîtes de fer blanc.

Ce type de culture extrêmement intensive demande une grande quantité d'engrais, ceux communément utilisés sont la végétation aquatique partiellement décomposée, la boue lacustre ou le fumier des chauves souris (Vallée de Mexico).

En 1897 fut introduit dans la Vallée de Mexico une jacinthe d'eau provenant du Brésil *(Eichornia crassipes)* connue communément comme le lys aquatique et sous le nom de "huachinango" par les chinamperos du DF. Cette plante aquatique paraît constituer la partie la plus importante de l'engrais d'origine végétale utilisé dans la région.

Plus récemment, les chinamperos ont préféré, pour leurs cultures, l'usage de fumier de vaches. Dans les zones du tropique humide, les animaux sont élevés principalement dans ce but (buffles, ânes, chevaux). La préparation d'un compost dans lequel figure comme principaux composants des détritus d'animaux, des roseaux, des feuilles et des herbes, est une pratique courante chez les chinamperos de la vallée de Mexico et elle est connue sous le nom de "tlazotalli".

L'existence de la population très nombreuse dans la vallée de Mexico à l'époque de la conquête, ne peut s'expliquer que par la haute productivité des chinampas. Les chroniques espagnoles ainsi que les études les plus récentes relatent et mettent en relief l'existence de populations très denses depuis de nombreux siècles déjà avant la Conquête.[8] Quatre siècles plus tard, les chinampas sont encore l'une des sources d'approvisionnement les plus importantes en matière de produits vivriers consommés par les habitants de Mexico.

Une chinampa n'a pas besoin d'être mise en jachère, elle est continuellement productive. Sa fertilité est maintenue constante grâce à une utilisation intense d'engrais qui permet une multiplication des cultures et des récoltes.
Ce système horticole extrêmement productif peut être introduit dans les zones chaudes et humides pour la production de quelques dizaines de plantes de consommation courante : la production de la biomasse végétale aquatique (à la fois matériaux de construction des chinampas et composants principaux des engrais organiques d'origine végétale) sera beaucoupe plus élevée que dans la Vallée de Mexico où le climat est plus froid. Sur le continent américain les chinampas de la Vallée de Mexico semblent être l'unique exemple de culture en marécage.

Les indiens Guatos du haut Paraguay, qui vivaient en économie de cueillette, de chasse et de pêche, construisaient dans des zones marécageuses des remblais en terre sous la forme de plateformes de1,7 m de long, 76 cm de large et de 60 cm de haut dans des endroits périodiquement inondés pour cultiver le palmier *acuri (Attalea sp.)* et le bananier.

On trouve dans la Vallée du Cachemire, au nord-est de l'Inde, dans des conditions très semblables à celles de la Vallée de Mexico, une réplique des chinampas. Les manteaux de la végétation aquatique des lacs peu profonds au sol alluvial et fertile (le lac Dal) sont utilisés pour servir de terrain à des jardins potagers, appelés "radh", d'une manière tout à fait semblable à la technique décrite de la Vallée de Mexico (Moorcroft 1841). Là aussi, on plante des saules pour enclaver

8. Cook et Simson (1948) admettent 400.000 habitants pour la zone métropolitaine.

FIGURE 7. LE CHINAMPAS. ARBRE AHUEJOTE (*SALIX ACUMILATA*)

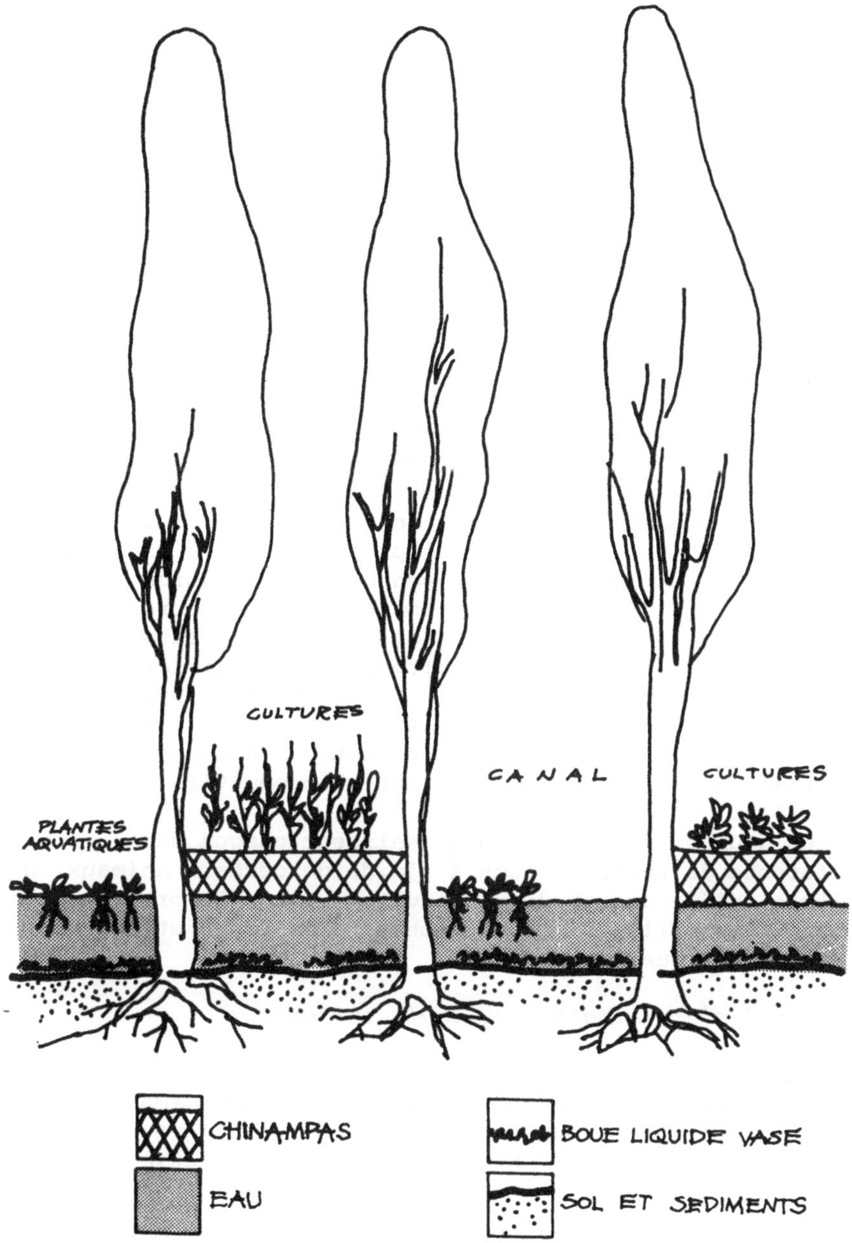

la parcelle du lac et sur la superficie de laquelle on dépose de la boue liquide, extraite du fond du lac. Les pépinières sont préparées de la même manière, la seule différence étant que, dans le radh, on construit des monticules avec de la vase et des roseaux, appelés "pokars" et qu'on y transplante les jeunes plants de melons, de tomates et de concombres alors que les chinamperos mexicains transplantent les chapulines dans une cavité faite dans le sol même de la chinampa (McBryde 1947).

Dans la Birmanie du sud, les Etats Shan, on cultive des jardins flottants très semblables à ceux du Cachemire (Holdich 1905). Et dans le district de Krian, en Malaisie, on se sert, pour la culture du riz, de semblables jardins flottants (Adams 1948).

2.4 LES TECHNIQUES INTEGREES

Nous nous sommes acheminés progressivement vers une intégration de plus en plus complexe de diverses techniques, ce qui ne signifie pas, au contraire, comme nous allons le constater, qu'un ensemble hautement intégré soit nécessairement coûteux.

A titre d'illustration, nous présentons deux exemples d'intégration qui, moyennant une éventuelle adaptation au contexte écologique et à la population locale, peuvent être transposés en de nombreuses zones rurales des tropiques. Il s'agit de faire porter l'effort productif simultanément sur différents milieux : l'eau et la terre par exemple. On peut en effet, à l'aide de techniques intégrées, chercher à coordonner les interactions des écosystèmes aquatiques et terrestres de façon à obtenir une combinaison qui maximise le potentiel productif de l'un et l'autre milieu.

Les deux exemples suivants réalisent chacun une combinaison différente de fertilisation à l'aide de déchets animaux, d'agriculture, d'élevage et de pisciculture. Dans le premier cas s'y ajoute la stérilisation des déchets organiques et une production énergétique.

2.41 *Une unité d'exploitation agricole intégrée*

Un Mauritien depuis quelques années en Papua-Nouvelle Guinée, George L. Chan, achève actuellement avec une communauté villageoise la construction d'une petite unité intégrée (integrated farming unit) qui, avec principalement des matériaux locaux, le

9. Le tropique humide offre des possibilités multiples pour l'agriculture. Cet aspect est étudié dans la troisième partie de ce volume.

travail des villageois, une dépense minime mais beaucoup d'ingéniosité technique, doit subvenir à l'ensemble des besoins villageois en matière de nourriture et de source d'énergie.[10]

Selon Chan, il s'agissait tout d'abord de mettre un village en mesure de subvenir lui-même à ses propres besoins en produits alimentaires diversifiés et de qualité, tout au long de l'année, tout en utilisant les déchets et en assurant le maintien de la fertilité de la terre. Par surcroît, l'unité intégrée doit procurer quelques-uns des avantages de la ville sans contrepartie négative.

Spécialiste de génie civil sanitaire, Chan s'attacha au départ, il y a quelques années, à traiter les excréments animaux afin d'entraver la propagation de nombreuses maladies tropicales. Ainsi, il construisit à Fidji en 1971 un premier petit fermenteur (digester) de 300 gallons, soit 1.130 litres environ. Depuis lors, plus d'une douzaine de fermenteurs (de 1.000 gallons en général, soit 3.780 litres environ) fonctionnent en Papua-Nouvelle Guinée, tandis qu'on en trouve également dans les îles Gilbert, Guam, Salomon, Ouest-Samoa, Cook, Tonga, Bali.[11] D'autres sont en projet en Papua-Nouvelle Guinée, Indonésie et en Malaisie.

2.411 *Objectif et système d'intégration*

Le développement rural intégré met en œuvre plusieurs techniques dans le but de :

- conserver la terre et l'eau par une gestion scientifique qui renforce le cycle biologique de la nature, évite toute pollution et procure à faible coût une ration alimentaire équilibrée tout au long de l'année
- isoler et détruire les agents pathogènes responsables de nombreuses maladies tropicales
- produire des algues, des poissons et des fruits de mer comme aliments soit pour les humains, soit pour le bétail
- produire des fertilisants naturels intégrés au contrôle biologique et aux cultures à la fois intercalaires et multiples
- produire une source d'énergie disponible au niveau villageois, pour subvenir aux besoins domestiques (éclairage, cuisine, réfrigération...) et alimenter des artisanats ou de petites industries de transformation des divers produits

10. Marc Nerfin, conseiller auprès du Directeur Exécutif du PNUE (United Nations Environnement Programme), également consultant de la Dag Hammarskjöld Foundation (Uppsala) de l'Institute of Development Studies (Genève) a visité cette année la Papua-Nouvelle Guinée et prépare actuellement un document où cette réalisation sera évoquée.
11. Des fermenteurs fonctionnent également en Inde (2.500), à Taïwan (3.000) et en France.

agricoles et de leurs résidus, de façon à remplacer de nombreux biens d'importation (corned beef, etc.) hors de portée des ruraux et de qualité insuffisante.

2.412 *Processus*

Le processus mis en œuvre dans une unité intégrée de développement rural (IRD) est basé sur le cycle : eau - déchets - fuel - nourriture. Il assure une combinaison des cycles aérobie et anaérobie comme le montre le croquis ci-après.

Tous les excréments des animaux, qu'il s'agisse de bovins, porcs, chèvres ou volailles sont isolés dans un fermenteur (digester) et digérés à l'abri de l'air par les bactéries intestinales. Cette décomposition produit du méthane et réduit le contenu organique des déchets de 60 à 70%. La cellulose qui se dépose en boue sera, après plusieurs étapes successives, utilisée par la suite comme fertilisant.

Le fermenteur est alimenté en déchets animaux chaque jour (deux à trois fois par jour à Taïwan), ce qui permet d'avoir des étables propres, sans odeur ni mouches.

Le fermenteur recevant une nouvelle charge chaque jour, une rétention supplémentaire des déchets durant 24 heures est assurée dans un réservoir annexe où la décomposition, la décantation et la destruction des parasites se poursuivent.

Le gaz issu du fermenteur contient deux tiers de méthane (CH_4) et un tiers de dioxide de carbone avec des traces d'hydrogène sulfuré. Sa valeur calorique est de 650 à 700 BThU par pied cubique.[12] A titre d'exemple, 200 têtes de bétail peuvent produire 300 kw/h d'énergie électrique ou 20 gallons de gaz.[13]

Après filtrage, l'effluent se déverse dans un bassin de culture d'algues, peu profond, où l'oxydation s'opère sous l'influence de l'énergie solaire. Les *Chlorella* dont la teneur en protéine atteint 80% du poids de la matière sèche, sont choisies de préférence. La croissance des algues produit de l'oxygène qui purifie l'effluent et achève la destruction des agents pathogènes qui auraient survécu.

Du bassin d'algues, l'effluent est conduit aux bassins à poissons et canards. Le traitement biologique des déchets s'y achève et donne naissance à des minéraux variés en solution : nitrates, sulfates, phosphates ... De fines algues, des protozoaires et des herbes croissent naturellement dans ces bassins

12. Un pied cubique : ft. = 0,093 m^3.
13. Des recherches indiennes (Indian Government's Planning Research and Action Institute at Lucknow) poursuivies depuis 1957, ont permis de constater qu'une addition de 2 livres de résidus agricoles (poudre de paille séchée par ex.) au fermenteur augmente de 75% la production de gaz par tête de bétail.

FIGURE 8. CYCLE DE LA MATIERE VIVANTE ET DE LA DECOMPOSITION

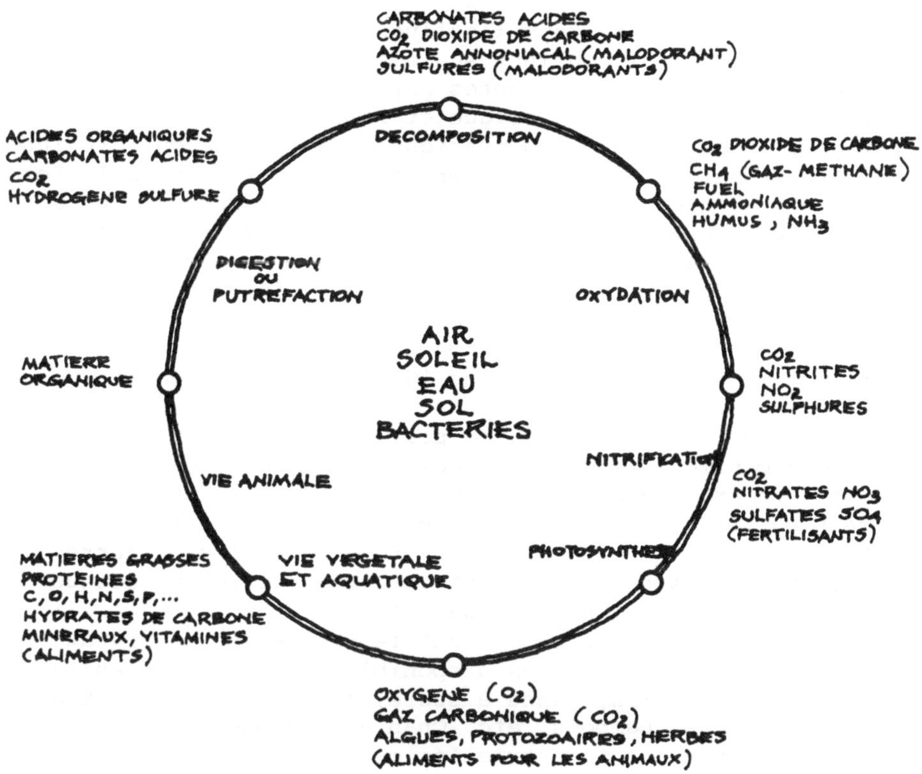

et fournissent la nourriture des poissons et des canards. Il n'y a pas compétition entre eux pour la nourriture car les canards mangent les plus gros planctons, laissant les plus fins à la disposition des poissons. De plus, les poissons contrôlent la croissance des moustiques tandis que les canards contrôlent celle des herbes.

L'effluent issu des bassins à poissons et canards comporte encore de fines algues. Leur utilisation est assurée car il est conduit à travers une série de bassins ou de tubes de plastique où croissent des huîtres, des coquillages comestibles et des crevettes qui se développent grâce aux algues, à l'oxygène et aux minéraux présents dans l'effluent.[14]

L'effluent final contient seulement des minéraux. Il est conduit à la racine des plantes par des tuyaux souterrains perforés, en plastique. Il irrigue et fertilise au moins deux fois par jour un jardin où l'on pratique à la fois la culture intercalaire et multiple (inter-cropping and multi-cropping). Les rotations de diverses cultures associées se succèdent en sorte que la terre est couverte et rendue productive toute l'année.

Comme il y a toujours plusieurs types de cultures en même temps, un équilibre biologique s'opère et les ravages des prédateurs demeurent limités : une ou deux cultures sont touchées. Le principe est : "je ne peux me débarrasser de tous les prédateurs, mais je leur abandonne 10 ou 20% de ma récolte pour qu'ils me laissent le reste".

Pas d'engrais chimiques non plus, à l'exception d'un apport chimique minime au moment du repiquage de certaines plantes.

L'on remarque que l'eau issue du système est maintenant totalement purifiée, ne crée aucune pollution, et se trouve disponible pour une nouvelle utilisation industrielle ou autre. Les micro-organismes entériques ont été tués par les processus de digestion, décantation, filtrage et oxydation.

Le méthane et l'eau permettent le traitement au niveau villageois des produits locaux disponibles (végétaux ou animaux) : soja, coco, blé, riz, canne à sucre, caroube, poisson, viande, fruits, légumes, bambous, etc. Chan nous donne un si vaste éventail d'utilisations industrielles ou artisanales possibles de ces produits que nous ne pouvons le reproduire en détail ici (voir Chan 1973).

2.413 *Plan d'une unité intégrée*

Nous choisirons un exemple parmi les plus récents : l'unité de Laloki (Cooperative Training College), près de Port-Moresby, installée sur une surface de quatre acres, spécialement conçue en

14. Les fruits de mer et les porcs constituent traditionnellement les majeures sources d'alimentation protéinée animales en Papua-Nouvelle Guinée.

FIGURE 9. UNITE INTEGREE D'EXPLOITATION AGRICOLE (d'après Chan 1972a)

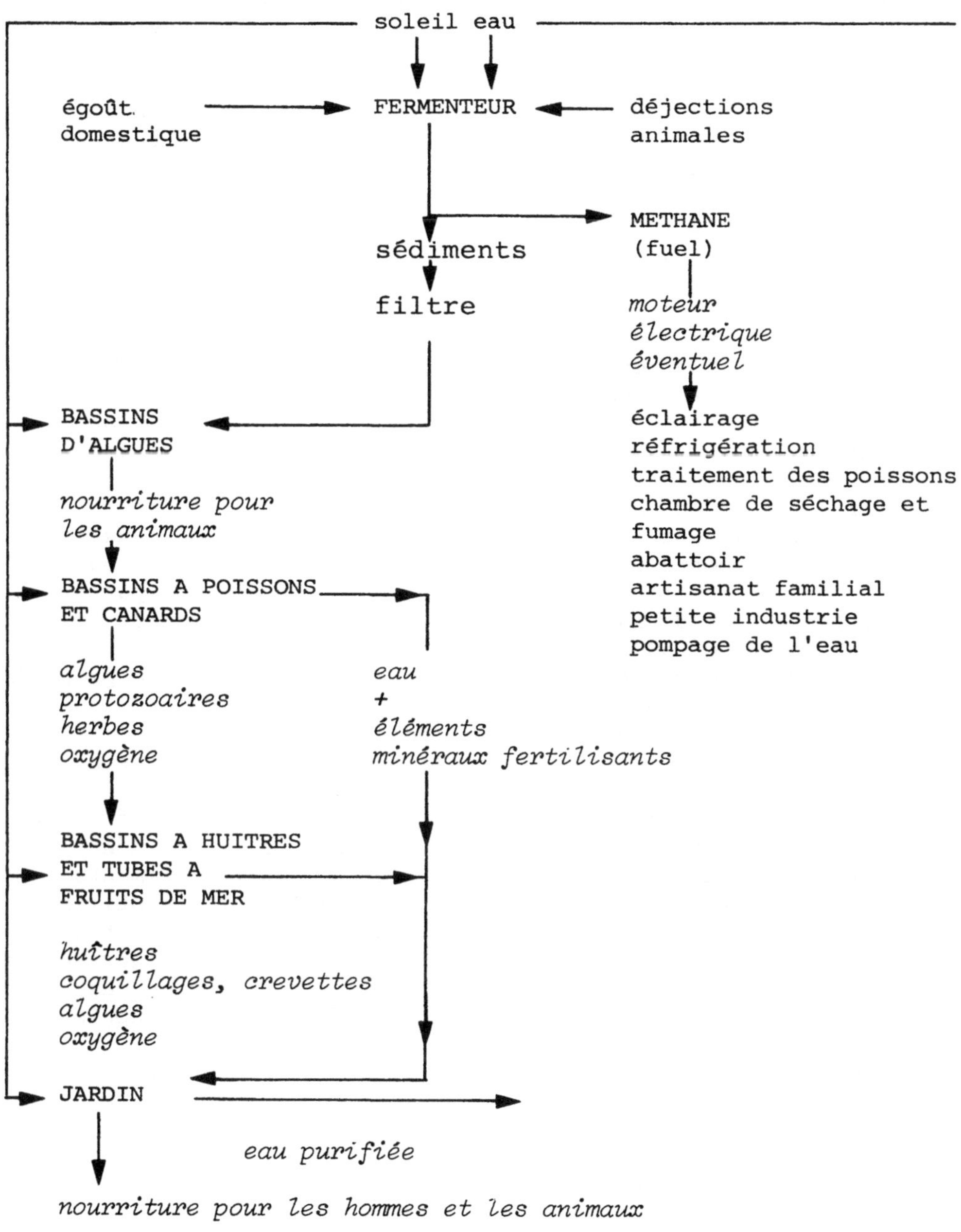

N.B. Pas de déchets agricoles, pas de déchets industriels, aucune pollution vue d'une aquiculture plus intensive.

Abri des animaux. De forme octogonale, fermé par une palissade et un toit en matériaux locaux, cet abri se caractérise essentiellement par un sol cimenté incliné vers le centre où sont installés le fermenteur et le réservoir de décantation. Les animaux peuvent être des bovins, des chèvres ou des porcs. Un poulailler est installé au-dessus d'eux. Les excréments des animaux sont soigneusement balayés au jet d'eau et collectés par les drains vers la partie centrale jusqu'au fermenteur où l'eau et le fumier se décomposent à l'abri de l'air et produisent le méthane. Les déchets des poulets tombent dans un drain de fibre de verre installé sous la batterie et sont de la même manière emportés par l'eau vers le fermenteur, sans aucun contact avec les animaux situés au-dessous.

Le fermenteur et ses annexes. Ce fermenteur circulaire est en fibre de verre préfabriquée. D'une capacité de 1.000 gallons, il produit par jour en gaz méthane l'équivalent de 60 kw/h.[15] De simples tuyaux amènent le méthane là où il doit être utilisé pour la cuisine, l'éclairage et pour alimenter un petit moteur électrique pour le pompage de l'eau ou d'autres utilisations. Le réservoir de décantation est lui aussi circulaire, en fibre de verre, et d'une capacité de 1.000 gallons. Son couvercle en fibre de verre peut être retiré aux fins de nettoyage deux fois par an. Il comporte un tuyau d'aération. Le filtre épurateur est construit en blocs de ciment. Il ne fonctionne que par intermittence lors du lavage de l'abri des animaux. Il peut traiter une charge de 500 gallons.

Bassins d'algues. Au nombre de trois, ces bassins peu profonds sont conçus de façon à maximiser la photosynthèse grâce à une pénétration maximale de la lumière solaire qui permet une croissance intensive de la population d'algues. Le fond de ces bassins est en argile recouvert par 10 cm de sable de façon à éviter que les fines particules colloïdales en suspension ne diminuent la pénétration de la lumière solaire. Les algues sont récoltées tous les après-midi et mélangées à d'autres aliments destinés au bétail, ou bien séchées au soleil pour une utilisation ultérieure. Si l'on désire davantage d'algues, il est possible de pomper l'effluent issu du filtre et de le diriger sur le toit de l'abri des animaux (toit qui doit être, dans ce cas, en métal ou en fibrociment) en vue d'une culture d'algue supplémentaire.

Bassins à poissons. Au nombre de vingt, de conception analogue aux bassins d'algues, mais sans couche de sable, ces bassins

---

15. Les fermenteurs plus petits, dans d'autres installations, d'une capacité de 300 ou 450 gallons, peuvent comporter des murs en béton et un toit de métal chargé de pierres de façon à assurer au gaz la pression nécessaire.

à poissons de 61 m x 5 m et 1,5 m de profondeur ont une forme longue et étroite destinée à faciliter la "pêche". Différentes espèces de poissons peuvent être cultivés ensemble ou séparément : tilapias, carpes, gurame ... L'on estime que ces bassins doivent produire plus de dix tonnes de poissons par an. Pour accroître encore la productivité, on peut pomper l'eau issue des bassins à huîtres et des tubes à fruits de mer et la réinjecter à nouveau dans les bassins de pisciculture. Ces poissons nourrissent à la fois les humains et les porcs. Il suffit de cesser de donner des poissons aux porcs durant les deux semaines qui précèdent leur abattage pour éviter que leur viande n'ait un goût de poisson.

Bassins à huîtres et tubes à fruits de mer. Les fruits de mer sont ramassés sur le rivage lorsqu'ils sont encore tout petits, puis on les place dans des tubes de plastique de 10 à 13 cm de diamètre où ils croissent rapidement. Les bassins à huîtres sont en fibre de verre.

Jardin horticole. L'eau en provenance des bassins de pisciculture et des tubes à fruits de mer, riche en minéraux solubles, est conduite au jardin par les tuyaux souterrains perforés. Comme nous l'avons vu, un choix judicieux des rotations et associations culturales permet d'obtenir jusqu'à dix récoltes successives diversifiées, sans recours à des pesticides et à des engrais chimiques, à l'exception d'un apport d'engrais en quantité minime lors du repiquage du riz. L'on cultive par exemple du riz, du blé, de la canne à sucre, des tubercules, de nombreux légumes verts, une large variété de soja et diverses légumineuses. L'on a découvert en outre une association analogue à celle des poissons et canards : des oies encloses dans une parcelle de taro ne sont pas intéressées par le taro mais se chargent de libérer la parcelle des mauvaises herbes ; toutefois, il convient de leur donner une nourriture complémentaire. Le travail du sol consiste donc essentiellement en un travail à la fourche qui, effectué à l'occasion d'une récolte, prépare le sol pour la culture suivante.

Industrie. L'on conçoit que, dans un tel système, le coût de production du combustible soit très bas. L'on remarque aussi qu'il s'agit d'un combustible indéfiniment renouvelable. Si l'on désire davantage de méthane, l'on élève davantage de bêtes, ce qui signifie aussi davantage de poissons. Pourvu que l'eau soit disponible en quantité suffisante, l'industrialisation est possible. Logiquement, l'on commence par la réfrigération pour conserver les poissons et fruits de mer (filets, emballage, congélation) tandis que les déchets de poisson peuvent être utilisés pour l'alimentation du bétail, en mélange avec des végétaux. On peut se tourner ensuite vers une ou plusieurs autres installations industrielles telles qu'abattoir, huilerie, margarine, sauces, savon, fécule, teinture, plastique, peinture, colle, bougies, papier, isorel, contreplaqué, cordes, brosserie, cosmétique, produits pharmaceutiques, droguerie, désinfectants, insecticides (extraits de plantes), etc. (Chan 1973). Semblable intégration de diverses activités écarte à l'évidence la malnutrition et le sous-emploi rural. Quand la self-reliance est assurée en milieu rural, des échanges commerciaux fondés sur une base saine peuvent s'étendre progressivement.

2.42 *La ferme de Balayan Lepas*

Venons-en maintenant à une autre expérience, moins complexe, d'association d'élevage de porcs, poissons et volaille à la culture potagère et fruitière.

Les sols de la Malaisie sont très pauvres en sels minéraux. Après quelques années de culture intensive, l'on est obligé d'accorder au sol un temps de repos. D'autre part, l'élevage des porcs ne permet pas des rentrées monétaires suffisantes pour les paysans. Aussi des paysans chinois de Malaisie ont-ils décidé de faire appel aux méthodes traditionnelles basées sur la fertilisation naturelle, qui ont permis de conserver la fertilité des terres après 4.000 ans de culture. Il s'agissait de se servir de fumier de porc pour fertiliser les jardins potagers, les rizières et les étangs d'aquiculture (plantes aquatiques, poissons et canards).

L'élevage des porcs constitue la base de ce système d'exploitation agricole intégrée qui non seulement produit les aliments de subsistance, mais garantit en outre des surplus. Le porc est le facteur biologique essentiel de ce cycle productif, tandis que l'eau est le principal facteur physique.

C'est ainsi que, dans la zone de Penang, un groupe de chinois de Malaisie a mis sur pied, à partir de petites exploitations agricoles mixtes traditionnelles, des fermes intensives et modernes, sur des bases scientifiques, en améliorant d'anciennes pratiques. Il en résulte une production intensive d'animaux, de légumes et de fruits.

Après deux ans d'activité, on a pu se rendre compte que le système d'association était réellement intéressant et que l'expérience pouvait s'élargir aux zones de colonisation nouvelle. Par la suite, ces zones de colonisation nouvelle se constituèrent en coopérative.

Nous décrirons donc brièvement la ferme de Balayan Lepas où cette expérience fut tentée au départ (Le Mare 1952). Installée dans une ancienne cocoteraie, Balayan Lepas s'étend sur une surface totale de 5,5 hectares, dont 2,5 ha de cocoteraie et 3 ha d'ancienne terre rizicole inondable. La ferme est subdivisée en trois sections comme le montre le croquis ci-après.

2.421 *Porcherie : la section "nurserie"*

Dans une parcelle clôturée de la cocoteraie, les truies et les

FIGURE 10. LA FERME BALAYAN LE PAS

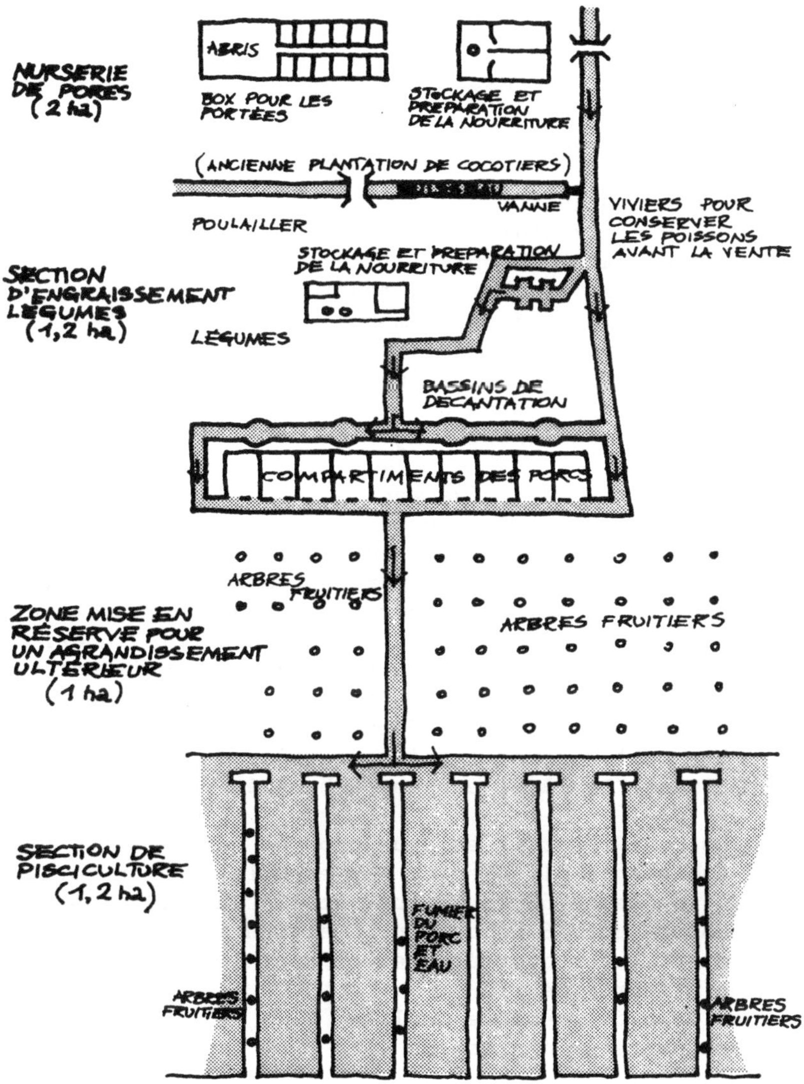

porcelets vivent librement dans les champs. Une construction en ciment avec un toit de paille, la porcherie, abrite les portées en cas de mauvais temps, ainsi que les verrats. La porcherie est divisée en douze compartiments de 6 m^2 chacun. Une autre construction avec des murs en ciment, est affectée à la préparation et au stockage des aliments des porcs.

Cette section "nurserie" ou élevage naisseur, compte deux verrats de race Middle-White, 50 truies de race locale croisée avec la Middle-White, et 250 porcelets. Les quantités journalières d'aliments distribués aux truies et aux porcelets sont les suivantes :

75 kg de brisure de riz
37 kg d'avoine
40 kg de Kedah bran
57 kg de tourteaux d'arachide
30 kg de tourteaux de copra
60 kg de Kangkong (*Ipomoea reptans*)
1 gallon d'huile de foie de morue

On compte en moyenne 7 porcelets par portée et chaque truie a deux portées par an. Les 50 truies donnent environ 700 porcelets par an, soit 8,4 tonnes de viande. Les porcelets sont vendus lorsqu'ils atteignent 6 kg.

2.422 *Porcherie : section d'engraissement*

Construite aussi en ciment avec un toit de paille, la porcherie d'embouche comprend vingt compartiments de 24 m^2 chacun. Chaque compartiment est divisé en deux parties dont l'une est plus élevée que l'autre. La partie supérieure mesure 4 m x 4 m et abrite 11 porcs. L'eau courante circule dans la partie inférieure de chaque compartiment de façon que les animaux puissent y boire et se baigner aux heures les plus chaudes de la journée.

L'eau courante entraîne les déchets des cochons et les répartit entre les huit bassins à poissons grâce à un système de drains en ciment. De là, l'eau est acheminée vers le jardin potager.

Les porcs sont répartis en deux groupes qui se situent à des stades de croissance différente. Par exemple, sur un total de 220 porcs, 116 pèsent 60 kg chacun, et 104 autres, plus jeunes, ne pèsent encore que 36 kg chacun. Les quantités d'aliments qui leur sont distribuées quotidiennement sont les suivantes :

54 kg de brisures de riz
60 kg de bran de première qualité
54 kg de tourteaux d'arachide
45 kg d'avoine
30 kg de tourteaux de coco
9 kg de protéines de poisson
120 kg de Kangkong (*Ipomoea reptans*)

L'embouche des porcs (passage de 12 à 66 kg) dure six mois et le nombre de porcs engraissés est de 440 par an.

2.423 *Section de pisciculture*

Installés dans l'ancienne rizière, les étangs occupent une surface d'un hectare. Les huit étangs, de 0,90 m de profondeur, sont alimentés par l'eau courante issue de porcheries. On a réparti également entre six bassins 16.500 *Tilapia mossambica*. Dans les deux autres étangs, on a introduit quatre espèces de carpes : *Ctenopharyngodon idellus*, *Aristichtys nobilis*, *Hypophthalmichthis molitrix* et *Cyprinus carpio*.

Durant une année, les poissons furent alimentés avec des brisures de riz. Par la suite, les quantités de déchets en provenance des porcheries furent suffisantes pour fertiliser les eaux des bassins en sorte qu'une luxuriante vie animale et végétale planctonique devint rapidement disponible pour les poissons. En même temps, on introduisit dans les étangs la plante aquatique Kangkong (*Ipomoea reptans*). La croissance de cette espèce fut si spectaculaire que, six semaines après son introduction elle produisait 120 kg de végétal fourrager par jour. En pleine production, cette Ipomoea donne 480 kg de fourrage vert par jour.

Le Département de la Santé Publique surveillait les bassins. L'absence de moustiques fut expliquée par l'efficacité des jeunes tilapias qui se chargent du contrôle biologique des larves de moustique.

Six mois après la mise en route du système de fertilisation, on a pu effectuer la première pêche. La production d'une année fut de 1.948 kg de tilapia, 600 kg de tilapia pour les porcs, 670 kg de carpes, 78 kg de Aruan (*Ophiocephalus striatus*, un poisson local) - soit un total de 3.296 kg de poisson par hectare et par an. Parallèlement, la production de l'Ipomoea avait été de 74 tonnes de matière verte par hectare et par an.

La deuxième année, la production de poissons atteignait 6,4 tonnes par ha/an. Cette augmentation fut due essentiellement à la suppression des loutres qui opéraient des ravages dans les bassins à poissons. Le total du revenu net de cette année-là représentait 14,2% du total du capital investi dans la construction des installations. Le coût d'entretien est tout à fait minime.

Les déchets des porcelets sont utilisés pour fertiliser et régénérer le jardin horticole et les plantations d'arbres fruitiers. L'élevage des canards et des oies ne pose aucun problème particulier.

Il est intéressant de noter que les bénéfices imputables à la pisciculture furent, dès la deuxième année, toujours supérieurs à ceux des porcs.

Chaque année, les étangs sont vidés pour récupérer l'humus et éliminer les poissons prédateurs indésirables tels l'Aruan (*Ophiocephalus striatus*).

L'extension de la surface des bassins comme de la porcherie est prévue comme on peut le constater dans la figure 10. Les constructions peuvent être réalisées à moindre frais en faisant appel à des matériaux plus légers.

L'on remarque que, dans des systèmes associant une aquiculture et un élevage intensif comme à Balayan Lepas, il n'est plus nécessaire d'importer des aliments pour les animaux ni des engrais pour les cultures. On voit l'intérêt de cette autosuffisance en nourriture, engrais et fourrage dans les zones de colonisation rurale nouvelle, souvent isolées. Il faut souhaiter qu'une source d'énergie telle que le méthane pourra y être intégrée par la suite (Golueke & Oswald 1954).

2.5 NOUVELLES SOURCES DE PROTEINES

2.51 *L'élevage non conventionnel*

L'élevage conventionnel porte sur un nombre d'espèces très limité. Or on a consacré peu d'investigations aux potentialités de domestication d'espèces animales sauvages ainsi qu'aux potentialités de consommation d'animaux divers faisant l'objet de coutumes alimentaires traditionnelles chez certains peuples. Par exemple, les papillons de nuit constituent une source de protéines gratuites pour les Indiens Tzeutzils du sud du Mexique. Au Congo-Kinshasa, certains insectes sont très recherchés dans le commerce. Ils proviennent de la savane où, pendant la période sèche, les brûlis attirent les femelles qui viennent pondre dans les endroits ayant conservé un peu de verdeur.

Le même processus se passe pour les chenilles qui sont récoltées par les paysans qui possèdent de petits pâturages. Celles-ci sont fumées et vendues sur les marchés où elles sont très appréciées. La viande de tortue ainsi que leurs œufs constituent un met souvent fort prisé qui peut fournir une source de protéines dans les zones marines tropicales, à condition de veiller à la non-extermination de l'espèce. C'est ainsi que la grande tortue verte *(Cholonia mydas)* est une espèce en voie d'extinction dans les Caraîbes. Par contre, dans le Sud-Est asiatique, aux Philippines, une législation interdit de tuer les femelles si bien que la récolte des œufs est assez importante et commercialisée. Peut-on envisager l'élevage de tortues dans les zones marines tropicales (Nicol 1935) ? C'est une question qui mérite examen.

En fait, outre les tortues, toute la famille des reptiles pourrait offrir une ressource protéique intéressante : lézards, serpents, crocodiles, de même que certains batraciens, grenouilles en particulier. Mais les rongeurs sont probablement la famille animale offrant les plus grandes potentialités comme ressources alimentaires (Hartog & Vos 1973), d'autant que des tentatives de domestication de certaines espèces ont déjà été couronnées de succès : au Ghana, domestication du rongeur *Thyryonumys swinderianus* (Clottey 1971), en Colombie, domestication du capivari, élevage extensif de perdrix, de palombes, etc.[16]

De façon générale, il est très important d'explorer les potentialités de domestication d'espèces animales sauvages (Nogueiro 1969) , bien adaptées aux conditions du milieu local, plutôt que d'essayer d'acclimater des espèces importées qui souvent donnent de médiocres résultats. C'est ainsi que les investigations sur les possibilités d'élevage de l'antilope dik-dik paraissent prometteuses (Jones 1974, p. 71).

Des espèces déjà domestiquées, comme les canards et les oies, sont souvent négligées dans les programmes de développement des régions tropicales. Dans les régions humides riches en herbages et en eau, les oies constituent une excellente source de viande. Chaque couple d'oies, dans des conditions d'abondance d'eau et d'herbage, donne 45 à 70 kg de viande par an et peut se reproduire pendant 20 ans. Les oies sont friandes de mauvaises herbes et de légumineuses. On peut les utiliser pour débarrasser les plantations d'arbres et d'arbustes (caféiers, bananiers, ananas, etc.) de leurs mauvaises herbes, ce qui diminue d'autant le travail du paysan tout en représentant un apport de production appréciable dans les petites propriétés rurales des Tropiques.

La race de canards Khaki Campbell produit beaucoup d'oeufs : bien nourrie, elle donne 300 œufs par an ; la ponte commence au quatrième mois et chaque oeuf pèse 60 gr. C'est la race la plus productive dans les conditions tropicales. Les Khaki Campbell sont naturellement immunisés contre les maladies (au contraire des gallinacées qui exigent d'être protégées par des vaccins) et s'adaptent bien aux conditions de l'élevage familial (Warren 1972).

La race de canards White Pekin donne beaucoup de viande. Elle est omnivore mais exige la présence d'un étang. Elle peut être associée à la pisciculture dans un cadre d'intégration de plusieurs activités rurales. C'est ainsi qu'en Rhodésie et en Zambie, on a pu associer l'élevage de canards avec la pisciculture : les poissons se nourrissent des déchets des canards, et les canards de plantes aquatiques du genre potamogéton, naîas et chara (240 canards de la race Pekin et Rouen dans un étang de 1250 mètres carrés) (Vanderlingen 1957).

L'importance capitale du porc dans les techniques intégrées qui associent l'élevage, l'horticulture intensive et la pisciculture avec un recyclage des déchets, implique des efforts d'analyse des performances éventuelles des races indigènes.

La race Tabasco du Mexique, connue également sous le nom de

---

16. Consulter également à ce sujet la récente note de M. den Hartog, publiée par la FAO.
En matière d'élevage, voir aussi l'importante étude sur le buffle d'eau publiée par la FAO.

"Birish" dans le pays Maya et de "Pelon de Cartago" dans le Costa Rica, présente des avantages sur les races hautement productrices (Hampshire et hybrides de Torkshire X Duroc). Son degré élevé d'adaptation aux conditions locales et le faible taux de mortalité de ses porcelets compensent le démarrage lent de cette espèce : faible augmentation de poids jusqu'à 50 kg, seuil après lequel la race Tabasco profite rapidement.

Les races naines du Mexique, d'origine chinoise (les adultes pèsent seulement 12 kg) étaient très répandues il y a quelques décades et sont actuellement en voie de disparition. Ces races paraissent idéales pour les climats tropicaux plus secs ; l'une d'elle est connue sous le nom de Cuino. Aujourd'hui elle existe encore dans la région de Sonora et de Chihuahua (Alba 1972).

Plusieurs races locales d'Amérique Latine méritent d'être testées comme, par exemple, au Honduras, une race locale avec queue recourbée ; au Vénézuela, les porcs noirs des llanos qui vivent de racines, de tubercules, et de mauvaises herbes ; au Brésil, les races Pirapetenga et Piau (Carneiro 1958).

Le bilan des performances de ces races porcines doit intégrer, outre la productivité, d'autres facteurs comme la morbidité dans les conditions tropicales, le type d'alimentation souhaité, par rapport aux ressources locales disponibles.

2.52 *L'alimentation du bétail : l'exemple du mélange canne fourragère, mélasse et urée au Mexique*

Il faut apprendre à mieux utiliser les ressources disponibles pour l'alimentation du bétail, notamment celles qui n'entrent pas en compétition avec les produits comestibles par l'homme. Un exemple intéressant est réalisé par le Centro de Investigacion Pecuaria de l'Etat de Quintana Roo, pour l'utilisation de la canne fourragère, de la mélasse et de l'urée pour l'engraissement du bétail Zébu.

Au Mexique, de nombreux auteurs ont décrit la canne comme une plante riche en promesses pour engraisser le bétail. Les avantages de la canne en tropique humide sont innombrables. En premier lieu, cette plante peut être cultivée en plantation semi-pérenne parce qu'elle produit des rejets qui peuvent être repiqués, et qu'elle couvre le sol de telle manière qu'elle le protège contre les intempéries. En second lieu, les différents sous-produits possibles qu'elle procure autorisent l'industrialisation (sucre, alcool, boisson, produits chimiques, etc.) Pour finir, elle peut être associée ou intercalée avec d'autres cultures d'égale importance (patate douce, riz, etc.) comme l'indique la figure suivante.

FIGURE 11. CULTURES ASSOCIEES AVEC LA CANNE A SUCRE

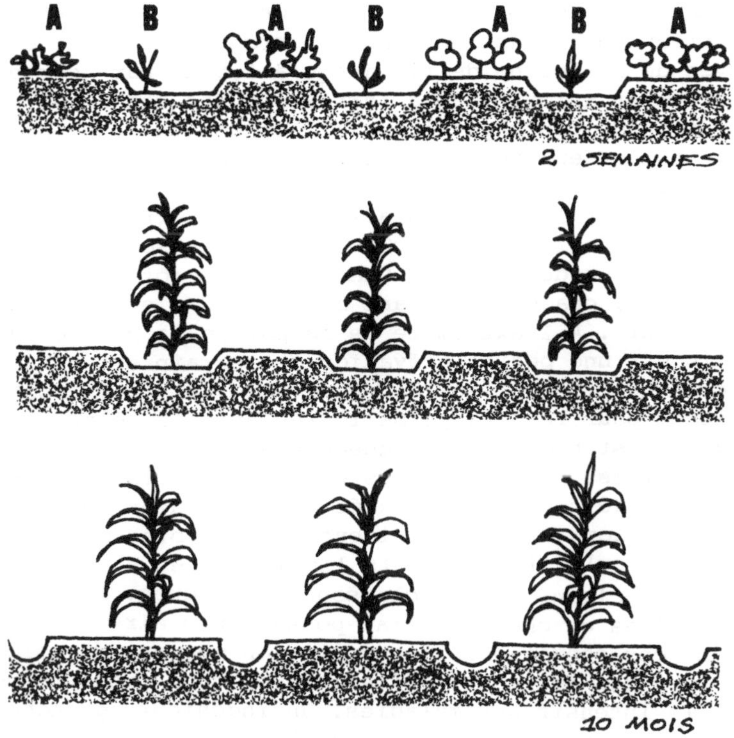

Cultures possibles : A - légumes, laitue, haricots, etc.
B - canne à sucre, aubergines, manioc

La culture associée peut également se pratiquer à trois étages. Au niveau du sol, on cultive une plante d'ombre (patate douce, arrow-root, haricot d'une variété résistante, et beaucoup d'autres). Au niveau moyen, on cultive des plantes plus grandes, comme le manioc, le bananier, les citrons, etc. Au niveau supérieur, les grands arbres tels que les cocotiers, le jaquier, le manguier, le durian, le tamarinier, etc. Il se présente beaucoup de combinaisons pour associer les cultures et éviter les effets néfastes de la monoculture de la canne à sucre.

2.521 *Les installations pour l'embouche.*

Le bétail à engraisser est de la race Zébu Suiso (zébu croisé de vache suisse). Il arrive maigre dans les étables, reste sur place pendant six mois et quand il atteint 450 kg il est mis en vente. Le fourrage de canne constitue presque 95% du poids de l'alimentation. Les autres 5% sont constitués pour moitié de mélasse et le reste d'un mélange égal d'eau et d'urée. Pour vingt têtes de bétail il est nécessaire de maintenir en production un hectare de canne fourragère. On peut compléter avec de la farine de riz jusqu'à 1,5 kg par jour et par animal. Le fumier animal sert à fertiliser les champs de canne. La production de fourrage est de 120 tonnes de canne par hectare et par an en deux récoltes, celle du repiquage étant très inférieure.

Les corrals sont installés sur un terrain en déclivité ; ils ont 10 m de large sur 100 m de long et sont divisés en compartiments sur deux côtés. Chacun de ces côtés est divisé en unités d'étable, chacune mesurant 5 m sur 20 m et contenant vingt têtes de bétail. A l'extrémité de la partie la plus élevée des corrals sur une petite élévation de terrain est situé le réservoir de mélasse. A côté de ce réservoir, il y a une citerne de 1500 litres pour le mélange de l'urée avec la mélasse. La canne fourragère est hachée mécaniquement avant d'être placée dans les mangeoires. Les mangeoires ont 60 cm de large pour une profondeur de 40 cm et sont placées sur les deux côtés des corrals tout au long des compartiments des étables de sorte que puissent circuler les aliments liquides. Les étables ont un plancher en ciment et des cloisons en briques. Le toit est fait de palmes et chaque animal possède une aire en moyenne de 5 m^2. Dans ces conditions l'augmentation moyenne du poids est de 1000 g par jour. Deux vétérinaires sont présents pour le contrôle intensif des maladies. Un ingénieur agronome et dix-sept ouvriers sont responsables de l'organisation de l'entreprise et de la culture du fourrage. L'énorme quantité de fumier produit par les animaux en étable sert à la fertilisation des champs de canne. D'autres possibilités d'utilisation des déchets animaux pourraient être :

- fermentation anaérobique en fermenteur pour la production de biogaz (méthane) en quantité suffisante pour l'éclairage, les motopompes, la réfrigération, l'irrigation, etc.
- intégration des étables avec différentes formes d'aquiculture (bagres, carpes, tilapia) capables de produire jusqu'à quatre tonnes par hectare et par an
- utilisation d'une partie des déchets animaux pour la culture du taro ou malanga, du ramie, du bananier, ainsi que d'autres cultures associées avec la canne. Ces végétaux, cultivés en trois étages, pourraient être la base d'une alimentation humaine (malanga, manioc, végétaux, légumes), d'une alimentation animale et d'une alimentation piscicole (taro, ramie, déchets d'origine végétale contenant jusqu'à 40% de matière protéique sèche, etc.).

Quand il y a des étangs et de l'eau en abondance, les plantes aquatiques (*Eichernia crassipes* et *Ipomoea aquatica*) pourraient être utilisées comme base d'alimentation pour des porcs et des canards. Les tuberbules de la malanga et du taro (*Colocasia esculenta*) seraient données aux porcs, ses feuilles dénervurées aux poissons.[17]

2.53 *Protéines végétales*

Pour l'ensemble des pays tropicaux, l'essentiel des protéines des rations alimentaires et d'origine végétale. Le type d'alimentation dépend bien sûr des coutumes et des cultures, mais il serait néanmoins intéressant de recenser parmi les végétaux ceux qui sont particulièrement riches en protéines et d'en faciliter l'amélioration et la diffusion. Les légumineuses sont des végétaux riches en protéines : haricots, pois, fèves, lentilles, soja, arachide. Certains, comme le soja qui contient des substances toxiques, ne sont consommés tels quels qu'en Extrême Orient où la tradition culinaire permet d'éliminer les toxines. D'autres comme les haricots sont assez largement répandus, mais sont soumis à des problèmes de faibles rendements et de vulnérabilité aux pestes et maladies.

Ce domaine de la culture vivrière laisse ouvert un large champ d'investigation pour la recherche afin que puissent être mises à la disposition des paysans des espèces résistantes aux pestes et ayant de bons rendements dans les conditions des techniques culturales locales.

Par exemple, la patate douce (*Ipomoea batatas*) est l'une des plus importantes cultures vivrières des zones tropicales et sub-tropicales. Le nombre des variétés et la grande adaptabilité de cette espèce qui pousse des atolls du Pacifique jusqu'aux alluvions de l'Amazonie est remarquable.

Sur la côte nord du Pérou, on recense 67 variétés ; 30 dans l'île de la Société (Polynésie) ; plus de 700 en Papua-Nouvelle Guinée ; 188 dans les Philippines (Frankel & Bennett 1971). Les clones de variétés riches en protéines ont été protégés par une sélection empirique dans différentes régions tropicales. Une sélection scientifique des différents clones locaux peut permettre de développer les variétés qui conjuguent une grande adaptation aux conditions locales avec une grande qualité nutritionnelle.

Les graines oléagineuses, une fois extraite l'huile, laissent

---

17. A la page suivante, nous présentons les différentes expériences que l'on a réalisées en Afrique et en Amérique tropicales pour l'intensification des élevages de poissons. Chaque hectare de bassin piscicole produit entre 4 et 5 tonnes de poissons tilapia et exige le quart ou le cinquième de cette surface pour cultiver les plantes (taro, ramie) pour l'alimentation exclusive des poissons.

un résidu en protéines : c'est le cas du soja, arachide, sésame, tournesol, coton, palme et coprah généralement exportés pour compléter l'alimentation du bétail des pays développés. Mais la valeur alimentaire de ces graines permet de les utiliser sous de multiples formes. L'arachide, par exemple, est communément consommée dans les pays africains sous forme de graines, ou après transformations diverses. La farine de graines de coton et des concentrés d'arachide sont utilisés dans des boissons. Une farine de coton est employée en Inde. En Inde également, la farine de blé est enrichie par addition de farines d'arachide. Il y a de multiples utilisations des farines et concentrés de graines oléagineuses notamment pour l'enrichissement des mets ordinairement consommés, sans que soient changés ni l'aspect ni le goût de ceux-ci.

Les plantes pouvant éventuellement fournir des protéines à partir de leurs feuillages sont nombreuses ; outre les légumineuses fourragères (Bhanthumnavin 1971 ; Pirie 1971b) Pirie donne une liste et une classification de plantes susceptibles d'être exploitées comme productrices de protéines de feuilles (Pirie 1971a) :

- herbes aquatiques : *Eichornia crassipes*, *Pistia stratiotes* et *Ipomea reptans*. Elles produisent toute l'année (20-50 tonnes/ha/an) et peuvent être industrialisées
- plantes de sols marécageux : *Ipomoea caruii*, *Polygonum hydropiper*
- plantes à sous-produits : *Hibiscus subdariffa*, *Corchorus sp.* (jute) et *Ipomoea batata sp.*
- herbes : *Pennisetum polystachyum* et *P. pedicellatum*
- plantes sylvestres : *Datura metel*, *Amaranthus gangeticus*, *Solanum nigrum* (Kalukanweriya au Sri-Lanka) et *Jatropha sp.*
- plantes cultivées : *Mikania scandens*, *Alocasia indica* (taro) *Helianthus annus*, *Sesbania aculeata*, *Cajanus cajan*, *Phaseolus sp.*

Les algues unicellulaires présentent des avantages potentiels considérables puisqu'elles sont capables de se multiplier en faisant appel uniquement à du gaz carbonique, de l'ammoniac et à la lumière solaire. Les spirulines, dont la matière sèche contient 65 à 70% de protéines, se développent spontanément dans les mares de certaines régions subtropicales, et servent même de complément alimentaire à certaines populations du Tchad ou du Mexique depuis de nombreuses années ("Le Problème des protéines" 1974).

2.531 *La Chaya (Cnidoscolus chayamansa)*

C'est un arbuste dont la dénomination populaire est "chaya" ou "chaya mansa" ou "chaya col" qui pousse spontanément dans la péninsule du Yucatan et les zones côtières du Golfe du Mexique (*Cnidoscolus chayamansa*). Connue par les Mayas et amplement utilisée par les populations les plus pauvres de ces régions, la chaya se distingue comme plante médicinale ainsi que fourragère pour l'alimentation du bétail. L'un des plats les plus typiques du Yucatan est le "tzotobilchay" qui est une sorte de pâté fait avec du maïs, des grains de calebasse bien écrasés et des feuilles de chaya. Sa popularité à travers les siècles n'est pas seulement due à son goût, mais aussi à son pouvoir nutritif.

En 1950, l'Instituto Nacional de Nutrologia de Mexico a effectué une analyse des feuilles de cette plante pour étudier sa valeur alimentaire. Voici ce qu'ont donné les résultats :

analyse générale	
humidité	79,00%
cendres	1,65%
protéines	8,25%
fibres (cellulose)	1,94%
carbohydrates assimilables	7,23%

minéraux	(en milligrammes %)
calcium	421,0
phosphore	63,0
fer	11,6

vitamines	(en milligrammes %)
carotène	8,52
thiamine (B1)	0,23
riboflavine	0,35
niacine	1,74
acide ascorbique	274,0

Comme le maïs, la chaya est bon marché et tous deux peuvent remplacer le lait dans l'alimentation infantile. Le pâté tzotobilchay peut constituer un excellent goûter scolaire.

MacVaugh décrit la chaya comme suit : "C'est un arbuste très commun de la famille des euphorbiacées, de 2 à 3 m de haut, avec une sève épaisse et blanche, peu de piquants et des feuilles plus larges que longues, trilobées à partir de la moitié, et dont les fruits mûrs sont encore inconnus" (MacVaugh 1944).

Il existe cinq variétés de chayas, trois domestiques et deux sauvages. La variété domestique la plus connue est celle qui possède des feuilles plus minces et on la connaît sous le nom maya de "kekenchay" (chaya-cochon, littéralement). C'est celle que l'on préfère et dont le goût est le meilleur. Les variétés sauvages portent le nom de "tzintzinchay" ; leurs feuilles sont plus allongées que celles des variétés domestiques, elles sont fournies en épines et les gens ni ne les touchent, ni ne les mangent. La reproduction de la chaya se fait en coupant une bouture et en semant sans problème.

2.532 *Utilisation de la chaya*

La chaya peut être préparée de différentes manières pour l'alimentation humaine. Mélangée au maïs et aux graines de calebasse, elle donne le pâté tzotobilchay. Mélangée à la farine de soja, elle donne alors une excellente boisson nutritive. Pour l'homme, la chaya peut servir utilement à pallier les carences de vitamine A, de vitamine C et de riboflavine. C'est un aliment idéal pour augmenter la quantité de protéines dans l'alimentation humaine des zones tropicales américaines. Il existe d'innombrables recettes culinaires pour la préparer : sirops, ragoûts de haricots et de chaya, bouillon de chaya, pot au feu de vacher, chaya frite avec des oeufs, etc.[18]

Comme plante médicinale, la chaya est très utilisée pour soigner d'innombrables troubles. Comme plante fourragère, la chaya est l'une des plus prometteuses pour l'alimentation du bétail, ayant déjà fait l'objet d'expériences dans l'Etat de Campêche et de Quintana Roo.

2.54 *Protéines microbiennes - champignons*

Certaines espèces de champignons sont capables de produire des quantités économiquement intéressantes de protéines et de vitamines (De Vries 1973). *Volvariella* est un champignon du Sud-Est asiatique équivalent à l'*Agaricus* européen, riche en protéines. Il est spécifique de la paille de riz mais on a pu également le cultiver sur un mélange de paille de riz et de sciure de bois (Jones 1974, p. 227).

Le laboratoire de recherches de produits forestiers suédois envisage de transformer les déchets de cellulose des papeteries à l'aide de cultures de bactéries et champignons transformables en aliments protéiques pour l'alimentation animale. "En faisant intervenir des micro-organismes, le bois peut même être transformé en produits pharmaceutiques et en substances protéiques" ("Les ressources naturelles" 1973, p. 13).

Les cultures de levures et de bactéries (Jones 1974, pp. 223-261), par fermentation des résidus divers (sous-produits de raffinage de l'industrie sucrière, du pétrole, sous-produits des distilleries...) si elles sortent totalement du champ des écotechniques pour entrer dans celui de l'industrie sont autant de voies ouvertes à la production de protéines bon marché. Or, le problème du Tiers Monde étant en priorité celui de la malnutrition, ces investigations l'intéressent dans la mesure où

18. Les recettes pour la préparation de la chaya sont magnifiquement décrites dans *La chaya*, ouvrage de José Diaz Bolio, essai ethno-botanique en forme de chroniques, publié sous les auspices du gouvernement du Territoire de Quintana Roo, Merida, Yucatan, Mexique.

le problème alimentaire, s'il doit être le plus possible résolu localement et peut l'être par la mise en valeur judicieuse des ressources locales disponibles, dans le cadre de l'écodéveloppement, doit néanmoins être complété à l'échelle mondiale par une production alimentaire disponible en cas d'urgence.

BIBLIOGRAPHIE

Adam, A.V. & Rodriguez, A.E. 1968. *Selección, tratamiento, y siembra de la semilla del plátano* Circular del centro de investigaciones y extensio agropecuario de la Chontalpa, 2.

Adams, Inez. 1948. "Rice Cultivation in Asia", *American Anthropologist* 50(2)270.

Admele, Monica. 1967. "Farm Settlements in Eastern Nigeria", *Economic Geography* 43(1)211.

Aguilar, G. 1947. "El Cacahuanoche, árbol oleaginoso de las forestas tropicales de Mexico y Centroamérica (*Licania arborea* Seem.)", *El rancho mexicano* (juin)23-24,80.

Aiyer, A.K. Y.N. 1949. "Mixed Cropping in India", *Indian Journal of Agricultural Science* 19:4.

Alba, Jorge de. 1972. "Productivité des races indigènes et exotiques en Amérique latine", *Revue mondiale de zootechnie* (4).

Alfaro, M.A.M. 1969. "Estudio etnobotánico de San Lorenz. Tenochtitlan, Estado de Veracruz", *in : IVe Congreso mexicano de botánica, 3 à 11 de Sept., 1969, Saltillo, Monterrey, Resúmenes de los trabajos.*

Alikhuni, K.H. 1957. "Fish Culture in India", *Farming Bulletin* (20).

Allen, G. 1970. *Constructive Use of Sewage with Particular Reference to Fish Culture* Technical Conference on Marine Life (Rome : FAO).

Amlacher, E. 1970. *Textbook of Fish Diseases.* Translated by D.A. Concroy & R.L. Hermon (Reigate : TFH publications).

Aragon, A.C. Kunkel. 1968. "Efecto de la suplementacion con melaza y úrea en toretes pastando en zacate pangola (*Digitaria decumbens*)". Thèse. Monterrey, N.L. Instituto técnico de estudios superiores de Monterrey, Escuela de agricultura y ganadería.

Arbos, P.H. 1923. *Geographical Review* 13:559-575.

Asian Institute of Technology, s.d. *Treatment of Sewage and Production of Protein Through Mass Culture of Algae* (Bangkok).

Attems, M. & Ruthenberg, H. 1969. "Systems and Characteristics of Mixed Cropping in the Tropics", *Zeitschrift für Auslandische Landwirtschaft* 8(1)2-8.

Aubert, G. & Tavernier, R. 1972. "Soils in the Humid Tropics pp. 17-46 *in : Soil Survey Commitee on Tropical Soils* (Washington, DC : National Academy of Sciences).

Bacon, P.R. 1970. "Studies on the Biology and Cultivation of the Mangrove Oyster in Trinidad, with Notes on other Shellfish Resources", *Tropical Science Abstracts* 12(4)265-278.

Bardach, J.E. & Ryther, J.H. 1968. *The Status and Potential of Aquaculture* (Washington, DC : The Executive Office of the President).

Bardach, J.E. ; Ryther, J.H. ; McLarney, W.O. 1972. *Aquaculture : the Farming and Husbandry of Freshwater and Marine Organisms* (New York : John Wiley & Sons).

Barker, H. 1946. *La riqueza de plantas de la isla de Santo Domingo* (Ciudad Trujillo : Junta nacional de alimentación y agricultura). Paru aussi dans *Chrónica Botánica* 1945, pp. 78-81.

Barroncas, M.P. 1938. "O rebanho bovino no Careiro", *Revista agronômica* 1(12).

Béhar, M. 1968. "Food and Nutrition of the Maya Before the Conquest and at the Present Time", *in : Biomedical Challenges Presented by the America Indian* Pan American Health Organization, Publication 165 (Washington, DC).

Beltran, E. 1949. "Plantas usadas en la alimentación por los antigüos Mexicanos", *América indígena* 9(3)195-202.

Bennet, M.K. 1960. "A World Map of Foodcrop Climates", *Food Research Institute Studies* 1(3)215-295.

Berg, Alan. 1973. *The Nutrition Factor* (Washington, DC : The Brookings Institution).

Bhanthumnavin, K. & McGarry, M. 1971. "*Wolffia arrhiza* as a Possible Source of Inexpensive Protein", *Nature* 232(5311)495.

Black, George "Some Notes on the Grasses Occuring in the Cacaudal Grande". Miméogr.

Blaut, J.M. 1953. "The Economic Geography of One Acre Farm on Singapore Island", *Malayan Journal of Tropical Geography* 1:37-48.

Bondi, A. ; Spandorf, A. ; Calmi, R. 1957. "The Nutritive Value of Various Feeds for Carp", *Bamidgeh. Journal of Fish Culture in Israel* 9(4).

Bourgoignie, G.E. *et al.* 1972. *Perspectives en écologie humaine* (Paris : Ed. Universitaires) Cf. l'Introduction générale, pp. 19-28.

Bouwer, H. 1968. "Returning Wastes to the Land, A New Role for Agriculture", *Journal of Soil and Water Conservation in India* 23(5)164.

Boyd, C.E. 1970 "Vascular Aquatic Plants for Mineral Nutrient Removal from Polluted Waters", *Economic Botany* 24(95).

- 1971. "Leaf Protein from Aquatic Plants", pp. 44-49 *in : International Biological Programme, Handbook 20* (London).

Brown, Lester R. 1974. *By Bread Alone* (New York : Overseas Development Council ; Washington : Praeger).

Buller, R.E. 1960. "Evaluation of the Forage Resources of the Tropical Grasslands of Mexico", pp. 375-377 *in : Proceedings of the 8th International Grassland Congress.*

Carneiro, G.G. 1958. pp. 125-152 *in : Arquivos da Escola superior veterinaria* 11 (Universidade federal de Minas Gerais ; Belo Horizonte).

Carrera, C.M. *et al* 1965. "Encorde de novillas en corrales usando úrea, melaza de caña y olote de maiz", *Mexico ganadero* 8(84)14-16.

CECOCO. *Providing the World with More Food and Employment* (Japan).

Centre national pour l'exploitation des océans. 1973. *Travaux d'aquaculture au Centre océanologique du Pacifique*, Bulletin d'information, 58 (Paris).

Chan, George L. 1971. *Notes on Integrated Atoll Development*, (Tarawa, Gilbert Islands, Sept. 1971) (Noumea : South Pacific Commission)

- 1972a. *Conditioning of Wastes for Aquaculture* (Wellington, New Zealand : FAO & Indo-Pacific Fisheries Council)

- 1972b. "Use of Potential Lagoon Polluants to Produce Protein in the South Pacific", pp. 525-527 *in : Marine Pollution and Sea Life* Fishing News (Books) Ltd (Noumea : South Pacific Commission).

- 1973. *Integrated Rural Development (Water-Waste-Fuel-Food Cycle)*. Eight Point Development Plan (Papua New Guinea : Department of Agriculture)

- s.d. "Waste Utilisation in Rural Industrialisation (with Particular Reference to the South Pacific)", pp. 389-404 *in : Priorities in Melanesian Development* Sixth Waigani Seminar, University of Papua New Guinea (Papua New Guinea).

Clottey. 1971. "Wildlife as a Source of Proteins in Ghana", *Food and Nutrition : Africa* 9:7-11.

Commission du Pacifique Sud, "Un légume semi-aquatique parfaitement comestible et d'une culture facile", *Bulletin Commission du Pacifique Sud* 5(3)49-50.

Condominas, Georges. 1957. *Nous avons mangé la forêt de la Pierre-Génie Gôo. Chronique de Sar Luk, village Mnong Gar*, (Paris : Mercure de France).

Conklin, Harold C. 1957. *Hanunoo Agriculture, a Report on an Integrated System of Shifting Cultivation in the Philippines* Shifting Cultivation, 2 (Rome : FAO).

- 1963. *El estudio del cultivo de roza/The Study of Shifting*

Cultivation Union panamericana, estudios y monografias, 11 (Washington, DC).

Cook & Simson. 1948. *The Population of Central Mexico in the 16th Century.*

Couvreur, J. & Maes, H. 1956. "Valeur nutritive de quelques produits servant à l'alimentation des tilapias", *in* : *2nd Symposium on African Hydrobiology and Inland Fisheries,* (Brazzaville : CCTA).

Cravioto, B.R. *et al.* "Valor nutritivo de plantas alimenticias de Yucatan", *Boletin oficina sanitaria panamericana* 32:328-339.

Cserna, Zollan de ; Mosino, Pedro A. ; Benassini, Oscar. 1974. *El escenario geográfico (introducción ecológica)* (Mexico : Instituto nacional de antropologia y historia).

Dammerman, K.W. *Preservation of Wild Life and Nature Reserve in the Netherlands Indies.*

Darymple, D.G. 1971. *Survey on Multiple Cropping in Less Developed Nations* (Washington, DC : Foreign Economic Development Service, US Department of Agriculture).

Delmendo, M.N. 1969. "Lowland Fishponds in the Philippines", *Current Affairs Bulletin* 54-55:1-10.

Denevan, W.M. 1966a. "A Cultural Ecological View of Former Aboriginal Settlement in the Amazon Basin", *The Professional Geographer* 18:346-351.

- 1966b. *The Aboriginal Cultural Geography of the Llanos de Mojos de Bolivia* Ibero-Americana, 48 (Berkeley : University of California Press).

- 1970. "Aboriginal Drained-Field Cultivation in the Americas", *Science* 169(3946)647-654.

De Vries, C.A. 1973. "Mushroom Cultivation", *Tropical Abstracts* 28(12)849-857.

Dickinson, H. *Rural China 1972* (Edinburgh : School of Engineering Science).

"Gobar Gas : Why and How", *in* : *Directorate of Gobar Gas Scheme* (Bombay).

Ducke, A. 1946. "As leguminosas da Amazonia brasileira", *Boletim da secção de fomento agricola* (jan-dec)137-150.

Dudley, D.C. 1973. "Use of Duckweed for Waste Treatement and Animal Feed", *Water Pollution Control Federation Journal* 45(2)337-347.

Dugan, G.L. ; Golueke, C.G ; Oswald, W.J. 1972. "Recycling System for Poultry Wastes", *Water Pollution Control Federation Journal* 44(3)432-440.

Dugan, G.L. ; Reginald, H.F. ; Taramiya, G. 1973. "Animal Waste Management in Hawaii", *Water Pollution Control Federation Journal* 45(4)742-750.

Echeverry, R. 1969. "Aclimatación y protección de especies en jardines botánicos", *in* : *II simposio y foro de biología tropical amazónica.*

Eddie, H.H. & Ho, B.W.C. 1969. "*Ipomoea aquatica* as a Vegetable Crop in Hong-Kong", *Economic Botany* 23(1)32-36.
Eisenberg, J.F. 1973. "A Preliminary Analysis of Neotropical Mammal Fauna", *Biotropica* 5(3)150-160.
FAO. 1966. *Coconut as Part of a Mixed Farming System* Commodity Reports, New Series, 1 (FAO United Nations).
- 1968. *Proceeding of the World Symposium on Warm Water Pond Fish Culture, 1966* vols. 2 & 3 (Rome : FAO).
- 1970. *Fish Culture Bulletin* April 1969, Janv. 1970, April 1970.
- *Documents de la commission préparatoire à la conférence mondiale* Rome, 5-15 novembre 1974 (Rome : FAO).
"Farming the Waters", *World Farming* 14(8)6-11.
Farquahar, G.J. 1973. "Gas Production During Refuse Decomposition", *Water Air Soil Pollution* 2/4:483-495.
Fittkau, E.J. & Klinge, H. 1973. "On Biomass and Trophic Structure of Central Amazonian Rain Forest Ecosystem", *Biotropica* 5(1)2-14.
Frankel, H. & Bennett, E. 1971. "Genetic Resources in Plants. Their Exploration and Conservation", *in : International Biological Programme, Handbook 20* (London).
Freeman, D. 1970. *Report on the Iban* London School of Economics, Monographs on Social Anthropology, 41 (New York : Athlone).
Frikel, P. 1968. *Os Xikrin. Equipamento e técnicas de subsistencia* Publicações avulsas, 7 (Belem de Para : Museu Emilio Goeldi).
Frutyporoh, F. 1969. "Moloch Myas" ("Domestication of Eland (*Taurotragus Oryx*)"), *Skotov Mosk* 14(8)36-38.
Fry, L.J. 1974. "Practical Building of Methane Digesters for Fuel Gas and Fertilizer", *New Alchemy Institute, Newsletter* 3(Spring).
Gervaise, Yves. 1973. "La culture de la pomme de terre à Ouro Branco (Minas Gerais, Brésil), *Les cahiers d'outre-mer* 103(juillet-septembre).
Gil, A.L.T. de. "Una contribución al estudio del *Pirapita* (*Brycon orbignianus*)", *La plata zoológica* 5:351-440.
Godron, M. *et al.* 1969. *Vade-mecum pour le relevé méthodique de la végétation et du milieu* (Paris : CNRS).
Golley, P.M. & Golley, F.B. (eds). 1972. *Tropical Ecology with an Emphasis on Organic Productivity* (Athens, Georgia : International Society of Tropical Ecology).
Golueke, C. & Gotaas, H.B. "Public Health Aspects of Waste Disposal by Composting", *American Journal of Public Health* 44:339.
- 1940. "Closing an Ecological System Consisting of a Mammal Algae and Non-Photosynthetic Micro-organisms", *American Biology Teacher* 25:522-525.
Gomez Pompa, Arturo. 1963. "Los tipos de vegetación de Mexico

y su clasificación", *Boletín de la sociedad botánica* 28:29-179.

- 1964. *Estudio fitoecológico de la cuenca intermedia del Rio Papaloapan* Publicación especial del Instituto nacional de investigaciones forestales, 3.
- 1974. "Fragile Ecosystems : Evaluation of Research and Application in the Neotropics". A Report of the Institut of Ecology. Recovery of Tropical Ecosystems.

Gopaladrishnaw, V. 1973. *Prospects for the Development of Brackishwater Fish and Shrimp Culture in India* FAO Documentation, India D4, 997 E/E - FRID/73/C/I (Rome : FAO).

Gore & Joshi. 1972. "The Exploitation of Weeds for Leaf Protein Production", *Papers from Symposium on Tropical Ecology with Emphasis on Organic Productivity* (Athens, Georgia).

Gortner, R.A. 1934. "Lake Vegetable as a Possible Source of Forage", *Science* 80(2084)531-533.

Gottas, Harold B. 1959. *Compostage et assainissement* (Genève : Organisation mondiale de la santé).

Grist, D.H. 1936. *An Outline of Malayan Agriculture* Malayan Planting Manual, 2 (Kuala Lumpur).

Gros, R.D. 1975. "Protein Capture and Cultural Development in the Amazon Basin", *American Anthropologist* 77(3)526-549.

Harroy, J.P. 1970. *Economie des peuples sans machinisme* Etudes d'écologie humaine (Bruxelles : Institut de sociologie, Université libre de Bruxelles).

Harris, D.R. 1971. "The Ecology of Swidden Cultivation in the Upper Orenoco Rain Forest, Venezuela", *Geographical Review* 61(4)475-495.

Harry, E. Hoy. 1946. "Mahogany Industry of Peru", *Economic Geography* 22(1)1-13.

Hartog, A. den & Vos, A. 1973. "The Use of Rodents as Food in Tropical Africa", *Nutrition Newsletter* 11(2)1-14.

Harvey, R.M. & Jackson, L.F. 1973. "Nutrient Removal Using Lemna Minor", *Water Pollution Control Federation Journal* 45(9)1928-1938.

Herman, F.J. 1943. *Leguminous Shrubs and Trees Used as Shade and Cover Crops in Tropical and Sub Tropical Conditions* Economic Plants of Interest to the Americas (Washington, DC : US Office of Foreign Agriculture Relations).

Herrera, F. 1941. "Plantas silvestres usadas como alimento en el Peru", *Boletín del Museo de historia natural "Javier Prads"* pp. 169-180.

- 1942. "Plantas tropicales cultivadas por los antigüos Peruanos", *Revista del Museu nacional* pp. 179-195.

Hickling, C.F. 1971. *Fish Culture* (London : Faber & Faber).

Ho, Robert. 1962. "Mixed Farming and Multiple Cropping in Malaya", *Journal of Tropical Geography* 16:1-17.

Hodges & Hodge, *Power, Water, Food for Desert Coasts* (University of Arizona).

Hoehne, F.C. 1937. *Botânica e agricultura no Brasil no sec. XVI*, Biblioteca pedagógica brasileira, Série 5a, Brasiliana, 7 (São Paulo : Cia editora nacional).

Holdich, Sir Thomas. 1905. *India* (London : H. Frowde).

Honma, A.K.D. 1970. "Aspectos da orizicultura na Amazônia", *Lavoura arrozeira* 23(255)46-48.

Huber, J. 1904 & 1906. "Distribuição geografica das plantas frutíferas do Pará", *Boletim do museu Emilio Geldi de historia natural e etnografia* 4(1/4)375-406.

Huet, M. 1969. *Fish Production in Inland Waters of Indonesia* Technical Monographs. Ciba Agrochemistry Division, 1 (London).

\- 1970. *Traité de pisciculture* 4e éd. (Bruxelles : Ch. de Wingaert).

Hunter, J.B. 1969. "A Survey of the Oyster Population of the Freetown Estuary, Sierra Leone, with Notes on the Ecology Cultivation and Possible Utilisation of the Mangrove Oyster", *Tropical Science* 11(4)276-285.

Hunter, R.J. & Camacho, E. 1961. "Some Observations on Permanent Mixed Cropping in the Humid Tropics", *Turrialba* 11(1)26-33.

Hutchinson, T.H. 1972. "Methane Farming in Kenya", *Compost Science* 13(6)30.

Iden. 1964. "Changes in the Soil after Clearing a Tropical Forest", *Plant and Soil* 21(4)101-112.

Igbozurike, M. 1971. "Ecological Balance in Tropical Agriculture", *Geographical Review* 61(4)519-529.

Ilhering. 1930. "Notas ecológicas referentes a peixes de água doce do Estado de São Paulo e descrição de 4 espécies novas", *FAO World Symposium on Warm Water Pond Fish Culture* LV/R5 (Rome : FAO).

Isikovitz, Karl Gustav. 1951. "Lamet, Jungle Peasants of Indochina", *The Eastern Anthropologist* 4:124-132.

Janzen, Daniel J. 1973. "Tropical Agroecosystem, These Habitats are Misunderstood by the Temperate Zones, Mismanaged by the Tropics", *Science* 182(4118).

Johnston, W.B. 1953. "Pacific Island Agriculture", *Economic Geography* 29(1).

Jones, Allen. 1974. *World Protein Resources* (Lancaster : Medical and Technical Publishing Co. Ltd.)

Kassam, A.H. 1973. "In Search for Greater Yields with Mixed Cropping", A Report on Agronomic Work, Samaru-Zaria, Institut for Agricultural Research, Ahmadu Bello University. Miméogr.

Klass, D.L. & Ghosh, S. 1973. "Fuel Gas From Organic Wastes", *Chemical Technology* (Nov.) 689-698.

Köppen, W. 9136. *Das geographische System der Klimate* Handbuch der Klimatologie, I, C (Berlin).

Kuronuma, K. 1954. *Carp Culture in Ricefields as a Side Work of Japanese Farmers* (Tokyo : Ministry of Agriculture and

Forestry).
- "New Systems and New Fishes for Culture in the Far East", *WPFC* 5:123-142.

Lacaze, B. & Rimbaud, G. 1974. "Multilevel Ecological Approach Using Remote Sensing Techniques", pp. 286-288 *in : Proceedings of the First International Congress of Ecology* The Hague 8-14 September 1974 (Wageningen : Centre for Agricultural Publishing and Documentation).

Lawrence, W.R. 1895. *The Valley of Kashmir* (London).

Lawler, J.C. & Cullivan, D.E. 1972. "Sewerage, Drainage, Flood Protection - Bangkok, Thailand", *Water Pollution Control Federation Journal* 44(5)840-846.

Le Mare, D.W. 1952. "Pig Rearing, Fish Farming and Vegetable Growing", *Malayan Agricultural Journal* 35(3).

Lepiz, R.I. 1971. "Asociación de cultivos maiz-frijol", *Agricultura técnica en México* 3(3)98-101.

"Le problème des protéines et ses solutions", *Informations-Chimie* 30(mars)1974.

Les ressources naturelles, symposium franco-suédois, Paris, 15-16 mars 1973 (Stockholm : The Royal Swedish Academy of Engineering Sciences).

Long, G. 1974. *Diagnostique phytoécologique et aménagement du territoire* vol. 1 *Principes généraux et méthodes* (Paris : Masson & Cie.)

Lowestein, F.W. 1973. "Some Considerations of Biological Adaptation by Aboriginal Man to the Tropical Rain Forest", *in* : J. Meggers, E.S. Ayensu ; D.W. Duckworth (eds) *Tropical Forest Ecosystems in Africa and South America. A Comparative Review* (Washington, DC : Smithsonian Institution).

Luzuriage, F.G. 1955. "Indices de las plantas comestibles cultivadas en el país", *Boletín del Instituto de ciencias naturales* 1(2)30-40.

Lychatchynski, D. 1970. *Forrageiras para o Amazonas*, Manaus. programa sectorial de desenvolvimento agropecuario no Amazonas, Série prodipan, 7.

Macias Gonzalo, Blanco. 1969 "Inconveniencia de los desmontes para propósitos agrícolas y de colonización en los trópicos pluviales", *México agrícola* 16(188)44-46.

MacVaugh, R. 1944. *Bulletin of the Torry Botanical Club* 71(5)466-468.

Mande, Alaric. 1970. "Shifting Cultivation and Population Growth in Tonga", *The Journal of Tropical Geography* 31(Dec.) 57-64.

Manners, R. 1956. "Subcultures of a Tobacco and Mixed Crop Municipality", *in* : Steward *et al.* (eds) *The People of Puerto Rico* (Urbana : University of Illinois Press).

Martinez, M. 1937. *Catálogo de nombres vulgares y científicos de plantas mexicanas* (Mexico : Ediciones Botas).

Matida, Y. "The Role of the Soil in Fish Pond Productivity in Asia and the Far East", *WPFC* 3:54-63.

Matikele, R.W. 1952. "Ella Village : an Exemple of Rural Settlement and Agricultural Trends in Highland Ceylan", *Economic Geography* 28(4).

McBryde, F.W. 1947. *Cultural and Historical Geography of Southeast Guatemala* Smithsonian Institution of Social Anthropology, Publication 4 (Washington).

McCumstie, *Economics of Digester Gas* (Noumea : South Pacific Commission).

McGarry, M. 1970. "Water Reclamation and Protein Production Through Sewage Treatment", *in* : M.B. Pescod & D.A. Okun (eds) *Water Supply and Wastewater Disposal in Developing Countries. Proceedings of a Seminar* (Bangkok : Asian Institute of Technology).

McGarry, N.G. & Tangkasame, C. 1971. "Water Reclamation and Algae Harvesting", *Water Pollution Control Federation Journal*. 43(5)824-835.

McGarry, M.C. *et al*. 1972. "Use of Human Wastes in Agriculture", *Thailand Journal of Agricultural Science* 5(3)183-194.

McLarney, W.O. 1973. "Studies of the Ecology of the Characid Fish *Brycon guatemalensis* in Rio Tirimbina, Heredia province, Costa Rica, with Special Reference to its Suitability for Culture as a Food Fish", *The Journal of the New Alchemist* 1:52-59.

McNetting, Robert. 1968. *Hill Farmers of Nigeria : Cultural Ecology of the Kofyar of the Jos Plateau* The American Ethnological Society, Monograph 46. (Seattle : University of Washington Press).

Meggers, Betty J. 1971. *Amazonia : Man Culture in a Counterfeit Paradise* Worlds of Man : Studies in Cultural Ecology (Chicago : Aldine, Atherton).

Miller, Judith. 1973. "Genetic Erosion : Crop Plants Threatened by Government Neglect", *Science* 182(4118)1231-1233.

Mohanrao, G.J. 1974. "Scientific Aspects of Cowdung Digestion", *Khadi Gramodyog* 340.

Moorcroft, William. 1841. *Travels in the Hymalaian Province of Hindustan and the Penjab... from 1815 to 1825* vol. 2 (London : J. Murray).

Morgan, W.B. 1959. "Agriculture in South-Nigeria", *Economic Geography* 35(2).

Muller, Z. ; Chou, K.C. ; Nah, C. 1974. "Cassava as a Total Substitute for Cereals in Livestock and Poultry Rations", *World Animal Review* 12:19-24.

Munsell, H.E. 1949. "Composición de las plantas alimentarias de America Central. Partie 1 - Honduras", *Boletin de la Oficina sanitaria panamericana* 28(12)1253-1273.

Naranjo, Lilia Romero. 1965. "Aprovechamiento industrial del plátano y camote por fermentación (agroquimurgia)". Thèse. Mexico, Universidad nacional autónoma de México.

"Nature et ressources". 1974. Réunion du groupe de travail sur le Projet n° 1 du MAB relatif aux écosystèmes des forêts tropicales, *Bulletin du Programme sur l'homme et la biosphère* 10(2)22.

Nelliat, E.V. ; Bavappa, K.V. ; Nair, P.K.R. 1974. "Multi-Storeyed, a New Dimension in Multiple Cropping for Coconut Plantations", *World Crops* 26(6)262-266.

Nelson, M. *The Development of Tropical Lands : Policy Issues in Latin America* (Baltimore & London : The Johns Hopkins University Press).

Newton, K. 1960. "Shifting Cultivation and Crop Rotations in the Tropics", *Papua and New-Guinea Agricultural Journal* 13(3)81-118.

Nicol, H. 1935. "Mixed Cropping in Primitive Agriculture", *Empire Journal of Experimental Agriculture* 3(10)189-195.

Nogueira Neto, P. 1969. "A criação de animais nativos no Brasil", *in : Simpósio sobre a conservação de natureza* (Rio de Janeiro : Academia brasileira de ciências).

- 1970. *Animais aliení́genos, gado tropical, áreas naturais o outros assuntos* (Sao Paulo : Eciçao Tecnapis).

Norman, D.W. *Rationalising Mixed Cropping under Indigenous Conditions : the Example of Northern Nigeria.*

Nye, P.H. 1961. "Organic Matter and Nutrient Cycles under Moist Tropical Forest", *Plant and Soil* 13/333-346.

O'Donovan, P.B. 1975. "Potential for By-Products Feeding in Tropical Areas", *World Animal Review* 13:32-37.

Organización de los Estados Americanos. 1971. *Introducción a la ecologia del bentos marino.* Serie biológia, monografía 9, Programa regional de desarollo científico y técnico (Washington, DC : CEA).

Osorio Arce, M.M. 1974. "Estudio preliminar para el mejoramiento del ganado bovino en el estado de Tabasco". Colegio superior de agricultura tropical, Cardenas, Tabasco ; Colegio de post graduados Escuela nacional de agricultura, Chapingo-Mexico.

Oswald, W.J. 1962. "The Coming Industry of Controlled Photosynthesis", *Journal of Public Health* 52(235).

- *Production of Low Cost Animal Feed from Wastes Through Use of Solar Energy* (Berkeley : University of California).

Padilla, S.A. 1917-1926. *Diccionario botánico y portátil de las tres Américas* ... (Ahuachapan, Republica del Salvador : Imprenta El Porvenir).

Papadakis, J. 1960. *Geografia agrícola mundial* Coleccion Salvat (Barcelona & Madrid).

Pearson, W.E. 1970. "Fish Farming and Some Associated Problems", *Tropical Science* 12(2)143-149.

Pelzer, K.J. 1972. "The Turtle Industry in South-East Asia", *Erdkunde* Band 26.

Pendleton, R.L. "Land Utilisation and Agriculture of Mindanao, Philippines Island", *Geographical Review* 32(2).

Pennington, T.Y. & Saruhhan, J. 1968. *Manual para la identificación de campo de los principales arboles tropicales de México* (Mexico : Secretaría de agricultura y ganadería, Instituto nacional de investigaciones forestales).

Perera, P.D.A. *Vatu (Mixed Garden) Land Use in the West Zone of Ceylan* (Gangodavila, Ceylan : Vidyadaya University).

\- 1949. "Propagacao das arvores amazonicas", *Boletim do Museau Emilio Goeldi* 10:81-92.

Pesce, Celestino 1941. *Oleaginosas da Amazônia* (Belém, Pará, Brasil).

\- 1942. "Plantas úteis da Amazônia", *Revista brasileira de geografia* 4(2)322-328.

\- 1956. "Plantas estupefacientes da Amazônia", *Revista brasileira de farmácia* 37(7)353-360.

Pescod, M.B. 1971. "Sludge Handling and Disposal in Tropical Developping Countries", *Water Pollution Control Federation Journal* 43(4)555-570.

Phillips, John. 1961. *The Development of Agriculture and Forestry in the Tropics* (London : Faber & Faber).

Pillay, T.V.R. 1973. *The Role of Aquaculture in Fishery Development and Management.* FAO, Technical Conference on Fishery Management and Development, Vancouver, Canada, 12-23 February 1973. Fi : FMD (73/S-47) (Rome : FAO).

Pinto, J. 1931. *Industria pastoril Estaçao Monta do Careiro-Estaçao do Amazonas, relatorio de 1931* (Brasil : Ministerio da agricultura).

Pinxten, K. 1954. *De inlands landbouwbedrijven in Belgisch-Kongo en Ruanda-Urandi* vols. 1 & 2 (Bruxelles : Ministrie van Kolonien).

Pirie, N.W. 1966. "The Merits of Food Protein from Novel Sources", *Science Progress* 54:401.

\- 1971a "Leaf Protein (Its Agronomy Preparation Quality and Use)", *in : International Biological Programme, Handbook 20* (London).

\- 1971b "A Survey of Other Experiments on Protein Production", *in : International Biological Programme, Handbook 20* (London).

Pohland, F.G. & Kang, S.J. 1971. "Anaerobic Processes in Annual Literature Review", *Water Pollution Control Federation Journal* 43:1129-1134.

Polito, J.C. & Xolocotzi, E.H. 1969. "Etnobotánica del ejido Benito Juarez (Sebastopol)", *in : Congreso Mexicano de Botanica, 8-11 septembre, Saltillo, Monterrey* (Oaxaca : Instituto nacional de investigaciones forestales).

Pongsuwana, U. 1963. "Progress of Ricefield Fish Culture in Thailand", pp. 157-163 *in : Proceedings of the Indo-Pacific Fisheries Council*, 10th Session, Section 2.

Portier, R. 1971. "Les Chinois du Cambodge littoral", *Les Cahiers d'outre-mer* 13:45-72.

Prior, T.A. 1971. *Worldwide Marine Aquaculture* (Hawaii :

Oceanic Foundation).

Raymond, W.F. 1956. "The Extraction of Protein Concentrates from Leaves", *Colonial Plant and Animal Products* 6(1)3-19.

Richards, P.W. 1973. "The Tropical Rain Forest", *Scientific American* 229(6)59-67.

Roig Y Mesa, J.T. 1963. *Diccionario botánico de nombres vulgares cubanos* 8e ed. (Santiago de las Vegas : Estación experimental agronómica).

Roth, H.H. & Kerr, M.A. 1970. "Studies on the Agricultural Utilisation of Semi-Domesticated Eland (*Taurotragus Oryx*) in Rhodesia", *Rhodesian Journal of Agricultural Research* 8(1)67-77.

Ruthenberg, Hans. 1971. *Farming Systems in the Tropics* (Oxford : Clarendon Press).

Ryther, J.H. 1971. *Sewage Treatment Aquaculture Farm* (Cape Cod : Woods Hole Oceanographic Institute).

Sachs, Ignacy. 1974. "Environnement et styles de développement", *Annales. Economies, sociétés, civilisations* 29(3)553-570.

Sampaio, A.J. 1934. "Nomes vulgares das plantas amazonicas", *Boletim do Museu nacional* 10:3-69.

Sanchez Ramos, Angel. 1967. "Análisis del medio físico en la región con clima 'A' de Koeppen en oriente de Mexico y su aplicación en la investigacion agropecuasia", *Agrociencia* 1(2)1-14.

- 1968. "Medio físico de la región con clima 'A' de Koeppen en el oriente de México y su relación con los cultivos tropicales". Thèse. Escuela nacional de agricultura, Chapingo, Mexico.

Schilling, Elizabeth. 1939. "Die schwimmenden Garten von Xochimilco", *Schriften des Geographischen Institut der Universität Kiel* Band IX, Heft 3.

Schlippe, Pierre de. 1955. *Shifting Cultivation in Africa : the Zande System of Agriculture* (London : Routledge & Kegan Paul).

Schnell, R. 1971. *Introduction à la phytogéographie des pays tropicaux* vol. 2 *Les milieux - les groupements végétaux* (Paris : Gauthiers-Villars).

Schuwaner, T.D. & Nixon, C.F. 1974. "Helminthiasis as a Measure of Cultural Change in the Amazon Basin", *Biotropica* 6(1)32-37.

Seavoy, R.E. 1973. "The Transition to Continous Rice Cultivation in Kalimantan", *Annals of the Association of American Geographers* 63(2)218-235.

Secretaría de agricultura y ganadería. 1967. *Seminario y viaje de estudio de coníferas latioamericanas* 2e éd. (Mexico).

Shantz, H.L. 1941. "Agricultural Regions of Africa", *Economic Geography* 17(3)217-249.

Sigurdson, Jon. 1975. "Resources and Environment in China", *Ambio* 4(3)112-119.

Singh, R.B. 1971. "The Biogas Plant Generating Methane from Organic Wastes", *Compost Science* 13(1)20.

Sioli, H. 1969. "Ecologia de paisagem e agricultura racional na Amazônia brasileira", pp. 268-279 *in : IIe Simpósio y foro de biologia tropical amazonica*, Florencia Colombia 25 jan. 1969 e Leticia 28-30 jan. 1969.

Skole, R. 1973. "New Protein Route Goes Commercial in Hungary", *Chemical Technology* 80(28)68B-68D.

Smith, Russel Joseph. 1950. *Tree Crops : a Permanent Agriculture* (New York : Devin-Adair).

Soemarwoto, O. 1974. "The Soil Erosion Problem in Java", pp. 361-364 *in : Proceedings of the International Congress of Ecology, I* (Bandung, Indonesia : University of Padjadjaran).

Soong, Min Kong. 1948. "Fishes of the Malayan Padi-fields", *Malayan Nature Journal* 3(2).

\- 1951. "The Fitness of Ecological Niches", *in : Indo-Pacific Fisheries Council* 3rd meeting, section III.

Soong, P. 1961. *Mass Culture of Algae in Taïwan.*

Souza, N.N. *Plantas alimenticias y plantas de condimiento que viven en Yucatan* (Mexico : Instituto de tecnología agrícola henequero).

Spath, C.D. 1971. "The Toxicity of Manioc as a Factor in the Settlement Patterns of Lowland South America". Paper presented at the 70th Annual Meeting of the American Anthropological Association, New York. Miméogr.

Spensley, P.C. *et al.* 1972. "The Prospects for Non-conventional Protein Resources", *Tropical Science* 14(3)203-234.

Spicer, Arnold. 1971. Protein Production by Microfungi", *Tropical Science* 13(4)239-250.

Stark, N. 1969. "Direct Nutrient Cycling in the Amazon Basin", *in : IIe Simpósio y foro de biología tropical amazónica.* Associación pro biología amazónica, Florencia Colombia 25 jan. 1969 e Leticia 28-30 jan. 1969.

Sternberg, H. O'Reilly. 1966. "Die Viezucht im Careiro-Cambizegebiet", *Heidelberger Studien zur Kultur Geographie* Heft 15.

Stirn, J. 1972. "Possibilities for Constructive Use of Domestic Sewage (With Example of the Lake of Tuniz)", pp. 517-519 *in : Marine Pollution and Sea Life* (Noumea : South Pacific Commission).

Szego, G. & Kemp, C. 1973. "Energy Forest and Fuel Plantation", *Chemtec* (May) 275-284.

Tan, L. Wah. 1972. "Carp Culture in Singapore : a Case of Study", *Tropical Geography* 35(Dec.)67-74.

Teik, Gunn Lay. 1951. *Fodders and Feeding-stuffs in Malaya* Department of Agriculture Scientific Series, 24 (Federation of Malaya).

Terra, G.D.A. 1954. "Mixed Garden Horticulture in Java", *Journal of Tropical Geography* 3(Oct.)33-43.

The Protein Advisory Group. 1973. "Proteins from Microalgae and Microfungi", *Tropical Science* 15(1)77-81.
Thurston, H.D. 1969. "Tropical Agriculture : a Key to the World Food Crises", *Bioscience* 19:29-34.
Timmermans, J.A. "Le contrôle de la végétation aquatique dans les étangs d'élevage", *WPFC* 3:61-75.
Todd, John. "Tropical Lowland Farm", *The Journal of the New Alchemist* pp. 40-47.
Tricart, J. 1974. *Les modèles des régions chaudes : forêts et savanes* (Paris : Société d'enseignement).
Turner, B.L. 1974. "Prehistoric Intensive Agriculture in the Maya Lowland", *Science* 185:118-124.
UNESCO, MAB. 1972. *Expert Panel on Project n° 1 : Ecological Effects of Increasing Human Activities on Tropical and Subtropical Forest Ecosystems* Programme on Man and the Biosphere (MAB), Final Report, UNESCO, Paris, 16-18 May 1972. MAB Report Series, 3 (Paris : UNESCO).
Vaas, K.F. 1948. "Notes on the Fresh Water Fish Culture in Domestic Sewage in the Tropics", *Landbouw* (20).
Valadez, S. 1963. "Pasta de cartamo y úrea en comparación con la harinolina en raciones altas de caña de azucar para la engorda de ganado", *Técnica pecuaria mexicana* 1:47-49.
Van der Lingen, M.I. 1957. "Use of Ducks in Fish Production at the Fisheries Research Centre", *Proceedings, First Fisheries Day, Southern Rhodesia* (Salisbury : Fisheries Research Centre).
Vanderweyden, R. 1952. *Notions de culture de l'Elaeis au Congo Belge* (Bruxelles : Direction de l'agriculture, des forêts, des élevages et de la colonisation).
Velsen, R.J. & Edward, I.L. 1970. "Effects of Lightning Strike on Coconuts, Cacao and *Leuchaena leucocephala* in Mixed Planting in the Gazelle Peninsula", *Papua and New Guinea Agricultural Journal* 21(3-4)106-111.
Versteegh, J.D. 1974. "Assessment of Volume Characteristics on Tropical Rain Forest on Large Scale Aerial Photographs", Communication to the First International Congress of Ecology, The Hague 8-14 September 1974. Miméogr.
Villaluz, Dominciano. 1953. *Fish Farming in the Philippines* (Manilla : Bookman, inc.).
- 1974. *Aquaculture Possibilities in Some Island of the Pacific* FAO documentation - Pacific E/E F1 - DP/RAS/69/ 102/12 (Rome : FAO).
Waddell, E. 1972. *The Mound Builders : Agricultural Practices, Environment and Society in The Central Highlands of New Guinea* (Seattle : University of Washington Press).
Wade, B.A. 1969. "Studies on Biology of West Indian Beach Clam (*Donax denticulatus*)", *Ecology Bulletin Marine Science* 17:149-174.

Warren, A.C. 1972. "Les canards et les oiseaux des tropiques", *Revue mondiale de zootechnie* (3).
Watters, R.F. 1958. "Cultivation in Old Samoa", *Economic Geography* 34(4).
West, R.C. *The Pacific Lowland of Colombia* Louisiana State University Studies Social Sciences Series, 8 (Baton Rouge).
Westlake, D.F. 1963. "Comparaisons of Plant Productivity", *Biological Review* 38:385.

III

REVOLUTION BLEUE ? AQUICULTURE ET ECODEVELOPPEMENT

H. Luis Morales avec la collaboration de
Olivier Godard, Solange Passaris et Claudio Romanini

INTRODUCTION

La progression spectaculaire des pêches mondiales au cours de ce siècle a parfois entraîné des espoirs démesurés sur le rôle que le poisson pourrait potentiellement tenir dans l'alimentation, et en particulier pour les pays du Tiers Monde. Or, il s'avère que la pêche conventionnelle pour les espèces traditionnellement exploitées devrait tendre au plafonnement vers l'an 2000 sous les pressions conjuguées de la demande et de l'épuisement des stocks. Faut-il conclure, comme certains chercheurs, que nous approchons d'une limite irréversible, ou plutôt poser le problème du passage de la pêche-cueillette à l'aquiculture, parallèlement à la transition de l'économie de chasse et de collecte à l'économie agropastorale ? C'est le problème que pose la présente étude.

Nous nous proposons, en particulier, d'examiner dans quelle mesure l'aquiculture peut devenir un moyen de satisfaction des besoins alimentaires tout en assurant, par une gestion rationnelle, la reproductibilité à long terme des ressources aquatiques et la qualité du milieu.

Nous illustrerons ensuite par des exemples - situés à des niveaux différents de développement des forces productives - comment l'aquiculture peut répondre aux objectifs de la production harmonisée avec la gestion du milieu. Nous insisterons plus particulièrement sur l'intégration de l'aquiculture dans l'économie paysanne.

1. LES POTENTIALITES DE L'AQUICULTURE : MISE EN VALEUR ET POTENTIEL DES RESSOURCES AQUATIQUES

1.1 EVOLUTION ET POTENTIALITES DE LA PRODUCTION AQUICOLE

L'aquiculture est l'une des alternatives d'une nouvelle stratégie mondiale pour la gestion des ressources aquatiques, et elle représente déjà une partie non négligeable de la production aquatique. Ses principales dimensions sont les suivantes :

- revalorisation des régions côtières dans leur ensemble et mise en place d'une technologie qui change le processus de production en introduisant une dimension écologique. Le pêcheur peut devenir un prédateur s'il fait disparaître une espèce sans lui permettre de se renouveler. L'alternative d'une "culture" change ce processus en permettant le contrôle biologique des phases de production. La pêche hauturière ne sera pas remplacée par l'aquiculture qui ne peut jouer qu'un rôle d'apport complémentaire ; mais elle introduira de nouvelles valeurs dans la gestion des ressources en établissant un état de concurrence qui entraînera une révision du processus.[1]
- revalorisation des espèces régionales, donc des ressources spécifiques destinées à réduire le déficit en protéines de certains pays.[2] Les produits de la pêche ne suffiront pas à pallier cette carence. Une stratégie de développement qui

---

1. La culture des moules au Chili montre les avantages de la culture des moules sur la cueillette naturelle (Mery 1974).
2. Le cas de l'Amérique latine est présenté par Luna-Muñoz (1970) le déficit de protéines était estimé à 1,4 millions de tonnes nettes pour cette partie du monde ; une production équivalente de protéines d'origine animale agricole supposerait la mise en valeur de 37,5 millions d'hectares de nouvelles terres ; cependant, 70% de la production des pêches du Pérou et du Chili était exporté sous forme de farine de poisson ; les pêches de

TABLEAU I : ESTIMATION DE LA PRODUCTION AQUICOLE DE POISSONS DANS LE MONDE (d'après Pillay 1973, établie sur des années différentes et sur 42 pays)

Pays	*Ha*	*Tonnes*
1. Chine*	700.000	2.240.000
2. Inde	607.915	480.000
3. URSS	-	190.000
4. Indonésie	266.300	141.075
5. Philippines	164.414	94.573
6. Thaïlande	-	87.764
7. Japon	508	85.000
8. Taïwan	39.234	56.185
9. USA	28.300	40.200
10. Pakistan et Bangladesh	30.730	37.540
11. Malaisie	90.473	25.648
12. Hongrie	22.000	19.697
13. Italie	-	18.000
14. Vietnam du Sud	2.500	16.500
15. Yougoslavie	9.747	15.840
16. Ceylan	10.000	15.000
17. Roumanie	6.400	12.000
18. Danemark	-	11.000
19. Pologne	62.791	10.909
20. Tchécoslovaquie	42.798	10.641
21. Israël	4.504	10.220
21 autres pays	64.559	39.581
Total	2.153.252	3.657.373

*D'après Tassei Shu 1966 (cité par Bardach 1968), la production chinoise aurait évolué ainsi (en tonnes métriques) :

1936	1949	1958	1965
50	50.000	57.000	1.500.000

TABLEAU II : EXEMPLES D'AQUICULTURE D'APRES LE DEGRE D'INTENSITE DE LA METHODE (d'après Bardach *et al.* 1972)

Méthodes	*Espèces*	*Rendement (kg/ha/an) ou gain économique*	*Remarques*
Transplantation	Carrelet (Dk)(1919-1957)	1:1, 1-1,3	Autres avantages sociaux
	Saumon du Pacifique (USA)	1:2, 3-5,1	A partir de l'éclosion
Lâchage d'alevins en milieu naturel	Saumon du Pacifique (Japon)	1:14-20	A partir de l'éclosion
	Crevettes et autres (Japon)	indéterminé	Amélioration du revenu des pêches
	Truite brune (Dk)	163%	Profit maximum net
Etangs non fertilisés sans alimentation	Mulet, anguille, divers (It)	150-300	Jeunes sauvages
	Crevette (Singapour)	1250	
Etangs fertilisés sans alimentation	*Chanos* (Milkfish) (Taîwan)	1000	
	Carpe (Israël)	125-700	
	Tilapia (Afrique)	400-1200	
	Carpe (Java)	62500-12500	Eaux d'égoûts
Fertilisation et alimentation	Channel catfish (USA)	3000	
	Carpe, mulet (Israël)	2100	
	Carpes et autres (Chine, HK, Malaisie)	3000-5000	Polyculture
Culture intensive en eau courante avec alimentation	Truite arc-en-ciel (USA)	2.000.000	170 kg/1/sec.
	Carpe (Japon)	1.000.000/ 4.000.000	100 kg/1/sec.
	Crevette (Japon)	6.000	
Culture intensive de sessiles, mollusques et algues	Huîtres (Japon)	20.000	
	Huîtres (USA)	5.000	
	Moules (Espagne)	300.000	
	Porphyra (Japon)	7.500	
	Undaria (Japon)	47.500	

passe par la culture plutôt que par la pêche-chasse est obligée de se consacrer prioritairement à l'éventail des possibilités et des demandes régionales.

- revalorisation des techniques locales et participation active des populations dans le processus technique et social de la gestion. L'universalisation des styles de pêche industrielle a entraîné une commercialisation de la technologie dans un rapport de dépendance "centre-périphérie", et une concurrence entre la "pêche artisanale" et la "pêche industrielle", avec une marginalisation croissante des pêcheurs traditionnels (Dieguez 1973). L'alternative qui s'offre aux pêcheurs est de devenir des salariés des nouvelles entreprises. L'aquiculture doit par contre permettre le passage de la chasse à la culture, tout en maintenant les traditions acquises dans la manipulation du milieu. De plus, elle permet une organisation sociale de forme participative différente de celle basée sur des rapports salariaux, et donc plus proche de l'organisation sociale traditionnelle. Elle permet une revalorisation des ressources et des hommes : l'essor productif se fait avec l'intégration des populations locales plutôt que par l'implantation de sociétés étrangères. Ce système permet une réelle redistribution du revenu.

L'aquiculture est principalement pratiquée dans certaines régions de l'Indo-Pacifique, notamment en République Populaire de Chine et en Inde. Ce processus est donc encore loin d'être généralisé à l'échelle mondiale.

Les mollusques sont surtout élevés dans onze pays, dont les USA le Japon, l'Espagne (Pillay 1973). Quant aux algues, les productions japonaise (357.200 tonnes) et coréenne (16.000 tonnes) sont les plus importantes (Pillay 1973).

Très peu d'espèces font l'objet du processus aquicole. Les méthodes de culture sont liées aux modalités biologiques des espèces et aux conditions écologiques des régions. Le tableau II donne les exemples de méthodes de culture les plus significatives :

- la simple transplantation d'un milieu naturel dans un autre
- l'élevage de juvéniles qui sont ensuite relâchés dans leur environnement naturel (c'est le cas de l'élevage du saumon en Suède où 12% de l'exploitation est ainsi contrôlé)
- l'élevage des alevins captés dans leur milieu naturel et transplantés dans des bassins ou étangs sans nourriture et sans fertilisation (l'élevage du mulet en Italie permet des rendements de 150 à 200 kg/ha/an)
- le stockage d'alevins dans les étangs fertilisés sans nourriture additionnelle (c'est le cas de la carpe en Israël qui peut donner 700 kg/ha/an et jusqu'à 2000 kg/ha/an si l'élevage est

---

ces pays ont atteint, en 1970, 13,7 millions de tonnes métriques sur un total mondial de 69,5 millions de tonnes.

effectué dans des eaux d'égoût)

- le stockage et l'élevage avec fertilisation et nourriture additionnelle dans les étangs naturels (cas de la polyculture à Hong Kong avec des rendements entre 3000 et 5000 kg/ha/an)
- la culture d'huîtres ou de crevettes dans des systèmes de circulation d'eau semi-fermés (exemple de la crevette du Japon 6000 kg/ha/an)
- la culture intensive d'organismes sédentaires mollusques et algues. D'après les estimations, la culture en suspension des huîtres au Japon donnerait 20.000 kg/ha/an, celle des moules en Espagne 70.000/ha/an, et celle des algues au Japon : Prophyra 7.500 kg/ha/an, Undaria 47.500 kg/ha/an.

L'analyse du tableau permet d'observer l'intensité des productions en fonction de la capacité de manipulation de l'environnement (polyculture chinoise) ou de l'intégration d'une technologie moderne supposant de gros investissements ; les méthodes déterminent aussi une utilisation différenciée de main-d'œuvre. Il est important de souligner que des méthodes simples peuvent fournir emploi et nourriture, l'emportant ainsi sur des techniques trop chères et trop sophistiquées.

L'évaluation des surfaces potentielles pour l'installation de fermes aquicoles est en soi très difficile ; certains ont avancé quelques chiffres qui ne peuvent qu'offrir une image des possibilités de production. G.L. Kesteven (1972) avance un chiffre mondial de 10 à 20 millions d'hectares d'eaux saumâtres disponibles pour l'aquiculture. Les pays de l'Indo-Pacifique présentent un grand intérêt ; leur potentiel estimé pourrait atteindre 2,5 millions d'hectares, ce qui signifie un quintuplement des superficies (Shao Wen Ling 1973). Cependant, pour la même région, un autre auteur, Pillay (1973), estime que la production de onze pays est basée sur 1.212.112 ha (total eaux douces et eaux saumâtres)[3] et qu'elle pourrait atteindre un

---

3. Il faut préciser le concept de saumâtre : pour D'Angelis (1960), on a établi à Venise, 1958, la classification suivante :

Zone	*Degré de salinité (%)*
hyperhaline	supérieure à environ 40
euhaline	entre 40 et 30
mixohaline	entre 30 et 0,5
mixo-polyhaline	entre 30 et 18
mixo-mésohaline	entre 18 et 5
mixo-oligohaline	entre 5 et 0,5

"Le terme 'eaux saumâtres' désigne seulement les eaux polyhalines, même si les eaux de quelques lagunes, mésohalines ou polyhalines en hiver, deviennent hyperhalines en été."

total de 107 millions d'hectares (voir tableau III).

Il faut insister sur l'importance que pourrait avoir, surtout pour les pays à forte pression démographique, la mise en valeur de sites potentiels pour l'aquiculture extensive. L'utilisation des rizières pour l'élevage de poissons et de crevettes en est un exemple : si 30% des 35,6 millions d'hectares de rizières étaient exploités même avec un taux très bas de production, 2,2 millions de tonnes de poissons pourraient être ainsi obtenues (Pillay 1973).

Les ressources aquatiques de l'Inde sont considérables et peu exploitées jusqu'ici. La production piscicole actuelle de l'Inde est très faible : de l'ordre de 8 à 10 kg/ha/an selon certains auteurs (Prasad 1973), de 600 kg/ha/an selon d'autres sources (Murty 1971).

Le Comité indien pour la nutrition qui recommande 85 gr de protéines animales par personne et par jour, estime que la moitié des quantités de protéines animales nécessaires pourraient être apportées par des poissons. Car si un étang piscicole non amélioré procure un rendement de 45 kg/ha/an, dans les étangs de pisciculture intensive on peut atteindre des productions de 5 tonnes/ha/an. Dans les étangs de fertilité modérée, l'association de trois à sept espèces de poissons aux exigences complémentaires permet déjà d'obtenir une production de 2 à 3 tonnes/ha/an.

Par ailleurs, si l'on compare les ruminants, les porcs ou la volaille avec les poissons, on s'aperçoit que les poissons se révèlent de meilleurs convertisseurs de production primaire.

Cette mise en valeur devrait d'abord s'inspirer de l'expérience et des traditions des sociétés dont la subsistance dépend fortement des ressources aquatiques et qui peuvent nous apporter des éléments techniques et anthropologiques de grande valeur et constituer un point de départ pour des recherches.

Du point de vue de l'organisation productive, l'expérience japonaise des coopératives est exemplaire, si l'on se refère au cas de la Centrale Kumiai qui regroupait en 1969, 600.000 entreprises familiales et 2.340 coopératives. L'organisation coopérative se développe également en France, en Hollande, en Italie, au Chili et bien sûr en République Populaire de Chine.

Les prévisions pour l'évolution de la production aquicole laissent présager une vraie "révolution bleue".

Les plus récentes sont celles du TAC (1973) groupe de travail sur l'aquiculture du Comité technique consultatif ; celui-ci a établi que la production mondiale annuelle pourrait être portée à 50 millions de tonnes d'ici l'an 2000 "si l'on prenait les mesures suggérées... en ce qui concerne la recherche et le développement". La superficie occupée par l'aquiculture qui serait actuellement de 3-4 millions d'ha pourrait être portée à 30 millions (FAO Bulletin 6(1)1973).

TABLEAU III : ETAT ET POTENTIEL TOTAL POUR L'AQUICULTURE DANS ONZE PAYS ASIATIQUES (d'après Pillay 1973)

Pays	*Etat actuel*		*Potentiel*			
	Superficie cultivée (ha)	Production	Eaux fraîches			Marais saumâtres ou salés et lagunes (ha)
			Marais et terres innondées (ha)	Petits réservoirs (ha)	Rizières (ha)	
Bangladesh	-	-	293.000	142.500	3.900.000	166.000
Birmanie	2.920	1.484	5.957.000	-	5.000.000	520.000
Ceylan	10.000	15.000	80.000	58.000	300.000	140.000
Inde	607.915	480.000	480.000	250.000	67.000.000	2.000.000
Indonésie	266.300	141.075	1.760.000	27.000	3.000.000	6.000.000
Malaisie	90.473	25.648	182.000	13.150	227.000	-
Pakistan	30.780	37.540	650.000	32.000	-	-
Philippines	164.414	94.573	126.248	5.720	721.095	381.412
Corée du Sud	76	39	-	220.000	714.000	232.000
Taîwan	39.234	56.185	-	-	533.000	53.871
Thaîlande	-	87.764	1.762.692	214.742	4.100.000	166.000
Total	1.212.112	939.308	11.290.940	963.112	85.495.095	9.659.283

1. Superficie et production du Pakistan et du Bangladesh sont combinées.
2. Marais saumâtres ou salés et lagunes inclus.

CONDITIONS POUR UN DEVELOPPEMENT DE L'AQUICULTURE

Les prévisions semblent s'accorder sur le facteur dix d'expansion d'ici l'an 2000, mais les prévisions sont très aléatoires car elles utilisent comme point de départ la production actuelle et les surfaces aquatiques disponibles. Il n'est guère possible d'universaliser une projection étant donné que les contextes socio-culturels, les conditions démographiques et d'emploi, les technologies diffèrent selon les pays et les régions conditionnant les processus productifs. Un volontarisme international dans ce domaine serait très dangereux.

Les avis émis sur les conditions générales permettant le développement de l'aquiculture sont nombreux et divers (Bardach *et al.* 1968 et 1972 ; PIM ; Groupe TAC ; Pillay 1973). Pour le Groupe TAC, qui résume plusieurs expressions, la mise en culture de zones nouvelles est prioritaire, puis viennent l'amélioration des techniques, une recherche bien orientée, une technologie et une ingéniérie adaptées aux problèmes clé ; ces problèmes concernent les différents aspects exposés au tableau IV, et également :

- sélection et amélioration des sites
- corrections des sols
- conception de filtres et grilles anti-prédateurs
- conception de systèmes de recyclage
- techniques hydrologiques pour une régulation de l'évaporation
- incubateurs, etc.

Sur le plan de l'organisation et de l'adaptation des communautés aux nouvelles conditions de production et de manipulation de l'environnement : réseaux de commercialisation, responsabilités sociales ... L'ensemble suppose entraînement et éducation.

Un des points à notre avis décisif pour un passage plus planifié vers des techniques aquicoles est celui de la connaissance du cycle biologique des espèces, puisque le développement biologique prédétermine une certaine organisation de la production, un choix de techniques, un niveau quantitatif et qualitatif de production et de productivité. L'aquiculture est, en fin de compte, la manipulation d'un processus de développement biologique et sa réussite dépend de la capacité à recréer artificiellement un "milieu" d'élevage.

Mais la "maîtrise totale" du comportement biologique d'une espèce et la manipulation d'un milieu doivent être le résultat d'une recherche de laboratoire, et aussi le fruit d'une confrontation permanente avec l'expérience des pêcheurs et les demandes du marché.

L'analyse des demandes préalable au choix des espèces peut révéler le contenu social et la signification économique des pressions pour une implantation aquicole ; dans les recherches proposées par le Groupe TAC, l'aspect biologique ou écologique (*stricto sensu*) semble dissocié d'une analyse sociale. En effet,

TABLEAU IV : PRIORITE EN MATIERE DE RECHERCHE (d'après Groupe d'aquiculture du TAC 1974)

Espèces	I	II	III	IV	V	VI	VII	VIII	IX	X
Carpes (production d'alevins)	1	2	3		4		5		6	
Poissons-chats	1		2						3	
Tilapia		3	1		2					
Chanos-chanos	1		2	3						
Mulets	1	3	2							
Crevettes			1			2		3		4

I Production de semences
II Polyculture
III Approvisionnement en nourriture et aliments
IV Densité de population
V Amélioration des espèces
VI Reproduction artificielle
VII Contrôle de la qualité de l'eau
VIII Contrôle des paramètres du milieu
IV Lutte contre les maladies
X Lutte contre les prédateurs et les espèces concurrentes

l'évaluation des potentialités du développement aquicole dépend autant des capacités des populations ou des pays que de l'existence d'un milieu et d'espèces aptes à un élevage intensif ou extensif.

En effet, ces capacités sont très dépendantes du développement de l'ingéniérie, qui est en fin de compte, avec la biologie, l'une des clés de la réussite d'un élevage. Ces capacités d'ingéniérie, de "savoir faire", sont aussi très liées aux conditions et aux traditions d'un pays. Une prospective réaliste doit en tenir compte et les études préalables doivent être intégrées, dès le début, dans une vision d'ensemble et pas seulement biologique ou technologique.

2. HARMONISATION DES OBJECTIFS DE LA PRODUCTION AVEC LA GESTION DU MILIEU

Une perspective d'écodéveloppement doit permettre d'ouvrir un éventail de potentialités de production basées sur le développement des ressources naturelles locales et mettant à profit les cycles naturels, tout en assurant une gestion du milieu qui en permette la conservation et la régénération. L'élaboration de telles stratégies doit partir des aspects spécifiques sociaux et environnementaux des situations concrètes. Leur but sera d'assurer la satisfaction des besoins fondamentaux des populations de chaque écorégion.

L'aquiculture représente un potentiel de production pour les milieux écologiques très divers (milieux naturels ou milieux totalement artificialisés), et à des niveaux de développement des forces productives très variés (de l'économie paysanne traditionnelle à l'économie moderne intensive en capital).

Une gestion harmonieuse du milieu se caractérise par :

- la mise en valeur des ressources spécifiques à chaque écorégion
- l'optimisation et la rationalisation de l'utilisation des ressources renouvelables dans une perspective de gestion à long terme
- la mise en place de formes d'organisation de la production permettant de profiter de toutes les complémentarités et notamment d'utiliser les déchets à des fins productives
- l'évaluation des impacts écologiques et sociaux des technologies employées et la recherche d'écotechniques
- sur le plan institutionnel, instauration d'une autorité horizontale capable de dépasser les particularismes sectoriels et participation effective des groupes de populations concernés.

Nous examinerons ci-après quelques points particuliers illustrant l'harmonisation des objectifs de la production avec la gestion du milieu.

2.1 RECHERCHE D'UNE UTILISATION MAXIMALE DES POTENTIALITES DU MILIEU

De grandes superficies agricoles sont considérées comme inexploitables ou exploitées avec une productivité très basse. Dans bon nombre de ces cas, l'aquiculture peut permettre leur mise en valeur, en augmentant les superficies utilisables ou en réalisant des productions supérieures à celles des activités agricoles classiques. Ainsi la substitution de l'aquiculture à l'élevage dans des pâturages de mauvaise qualité s'est traduite par une production de 2,5 t/ha/an au lieu d'une production de viande de 11 kg/ha/an (Schuster *et al.* 1955). Un système complexe et intégré de pâturages et d'étangs pourrait permettre la récupération de mauvaises terres ; en effet un système d'occupation des sols par l'eau (pisciculture, drainage, culture d'algues destinées à donner une nourriture au poisson et au bétail) peut améliorer les fonds par l'accumulation de limon sur lequel il est ensuite possible d'établir une bonne terre de culture (Schuster *et al.* 1955 ; Wurtz 1960). La mise à profit des vastes stocks d'eau des grands barrages, bien que délicate, est pratiquée depuis longtemps (*Onzième congrès des grands barrages* 1973 ; "Man Made Lakes" 1972).

Les terres inondées et les marais peuvent devenir plus productifs si une politique de pisciculture est mise en pratique. En outre, cette mise en valeur peut se conjuguer avec une amélioration sanitaire, par l'introduction de certains poissons qui se nourrissent de moustiques ou d'insectes porteurs de maladies (Kuang-Ming & Jih-Pao 1972).

Toute masse d'eau est en puissance un habitat pour des organismes vivants, donc une source de protéînes ; il suffit d'appliquer certains principes de gestion du flux énergétique pour obtenir une productivité beaucoup plus grande qu'en agriculture.[4]

L'aquiculture permet en outre de produire des protéînes pour la consommation humaine à travers la manipulation des chaînes trophiques :

ALGUES ———→ MOUSTIQUES ———→ POISSONS ———→ PROTEINES

2.2 MISE EN PLACE D'UN SYSTEME INTEGRE DE MISE EN VALEUR DES RESSOURCES RENOUVELABLES : RECYCLAGE ET POLYCULTURE

Une telle approche se situe à l'opposé d'une approche linéaire, qui privilégierait une activité spécialisée, fondée sur un ou

4. La production des étangs est fonction de la qualité des fonds ; cette "qualité" est obtenue par un traitement dont les procédés sont fortement liés à l'exercice d'une agriculture bien planifiée. Voir Wurtz 1960.

deux éléments d'un produit agricole, et dont tout recyclage et toute intégration plus complexe seraient exclus. Dans ce cas, l'environnement ne serait pas intégré et les effluents, les déchets ou les sous-produits ne pourraient être que polluants.

La conception d'un système intégré implique une approche fondamentalement différente : en effet, il peut se constituer de divers éléments - agriculture, élevage, aquiculture - de formes diverses de polyculture ; les divers éléments sont associés les uns aux autres et forment un ensemble cohérent et cyclique.

Les sous-produits et les déchets, en particulier, constituent l'un des éléments dynamiques du système et sont réinsérés dans le cycle productif. Par exemple on peut avoir :

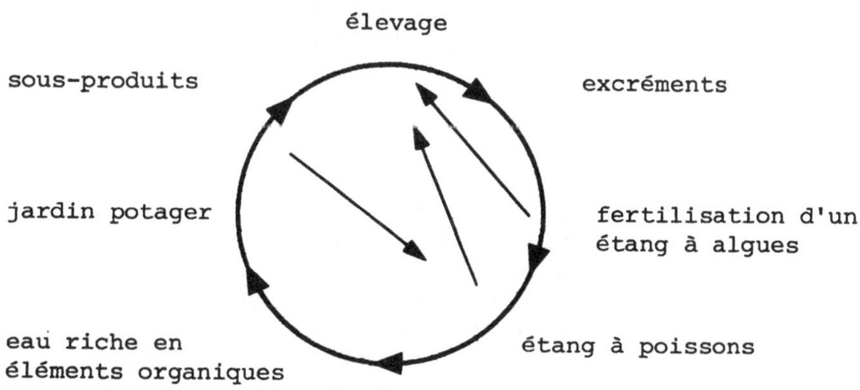

Ce système permet un output maximum (viande, poissons, légumes) pour un input réduit au minimum. On peut à la limite imaginer un modèle idéal qui fonctionnerait en cycle fermé sans aucun input extérieur.

Certaines pratiques traditionnelles se situent dans cette optique et savent bien utiliser les complémentarités ou recycler les déchets. Il importe de les répertorier et de les étudier afin d'en déceler les potentialités et les faiblesses. Notamment, en ce qui concerne le recyclage des excréments humains, traditionnel dans l'aquiculture ou l'agriculture des nombreux pays d'Extrême-Orient, il apparaît important d'approfondir l'étude de l'aspect sanitaire de ces pratiques, qui donnent des résultats productifs remarquables, mais sont responsables de nombreuses maladies et épidémies.

2.3 TRANSFORMATIONS INSTITUTIONNELLES PERMETTANT L'INTEGRATION SOCIALE LORS DU PASSAGE DE LA PECHE A LA CULTURE

Les considérations historiques et anthropologiques qui ont permis de faire une analyse du passage de la cueillette et de la chasse à la culture sont opportunes (par ex. : Moscovici 1972). L'analyse la plus simple nous conduit à distinguer une position plutôt *passive* d'une position plutôt *active* de l'homme face à la nature. C'est le contrôle des forces et des déterminismes naturels qui est utilisé en vue d'une amélioration de la quantité et de la qualité (voir Mandel 1962). C'est, en ce sens, un passage révolutionnaire du point de vue des structures de production et des rapports sociaux qui se transmet à tout l'ensemble social.

Le changement des aspects structurels de la production (passage de la pêche à la culture) et l'élargissement de la production qu'il peut entraîner, peuvent occasionner des changements dans les rapports de production et les rapports sociaux de manière plus générale, notamment par une ouverture plus large sur le marché.

La valeur historique de l'aquiculture réside dans la possibilité réelle qu'elle offre d'intégrer dans tous les systèmes, côtiers et non côtiers (continentaux), modernes et traditionnels, une forme plus rationnelle de production de protéines ; elle aura une connotation sociale ou économique différente d'après les situations ou les contextes dans lesquels elle s'implante. Néanmoins, on peut souligner quelques éléments constants dans cette implantation :

- elle exige une connaissance des écosystèmes, une manipulation d'une certaine technique et l'élargissement de l'horizon temporel de la production.
- elle renvoie toujours au problème des usages alternatifs du milieu aquatique en général, et marin en particulier.
- elle permet la revalorisation des espèces locales, par des techniques locales.

Il faut tenir compte des conséquences sociales et économiques que l'implantation de l'aquiculture engendre. Ce thème est généralement le moins étudié et le moins considéré dans les programmes de développement. Par contre, des conséquences inattendues viennent détourner les programmes de leurs objectifs primitifs.[5]

Le caractère dominant de toutes les activités de pêche à un stade artisanal est le mode de production traditionnel qui est fondé sur l'organisation familiale de la production, non ou peu intégré à un marché, souvent respectueux de l'équilibre de la

---

5. J. Galtung (1973) et Kalpana Bardhan (1973) font respectivement le point sur des conséquences dans le cas du programme d'assistance indo-norvégien à Kerala, pour les pêcheurs, et dans le cas de la "Révolution Verte" (Bourgoignie 1974).

nature. Certaines sociétés traditionnelles de pêche ont réglementé leurs activités par des droits coutumiers comportant des interdits très stricts, afin de permettre au milieu natures et à son potentiel productif de se régénérer et de se perpétuer. C'est l'exemple des cités lacustres du Dahomey (Bourgoignie 1974) jusqu'à ce qu'elles soient brusquement intégrées dans l'économie de marché.

La vie de la faune lacustre était régie par l'ouverture ou la fermeture naturelle d'un chenal reliant la lagune à la mer, réglementant la température et le degré de salinité des eaux de la lagune à différentes périodes de l'année, de façon à permettre la reproduction des poissons. Les pêcheurs respectaient rigoureusement le cycle écologique sur lequel se réglaient leurs activités régies par le droit coutumier, garant de la pérennité de leur système de production. Lorsque des travaux portuaires amenèrent l'ouverture permanente et définitive du chenal, l'équilibre écologique fut rompu. On assista alors à une surexploitation du milieu lacustre et au rejet des droits coutumiers.

Selon le type d'aquiculture mis en place (choix des produits, choix des techniques, rapports de production, intégration au marché...) les conséquences sur la structure sociale seront très différentes ; celles-ci peuvent être éclairées par les questions suivantes :

- Dans quelle mesure et dans quel sens le processus de changement contribue-t-il à la transformation, à la valorisation ou au renouvellement du traitement des écosystèmes, (soit d'une attitude "destructive" vers une attitude "harmonique" ou le contraire) ?
- Dans quelle mesure et dans quelle direction le processus transforme-t-il les systèmes de travail, induisant de nouveaux schémas de rationalité technique, sociale, économique, la création ou la diminution de l'emploi, la redistribution du revenu, l'affirmation ou la recomposition d'élites, etc.?
- Dans quel sens le processus détermine-t-il un changement dans les réseaux de distribution et de commercialisation, et quel est son apport spécifique possible (ou réel) dans l'approvisionnement en ressources alimentaires d'une région ou d'un pays, la valeur qualitative du produit et sa répercussion sociale, sa capacité de changer les habitudes de consommation, etc ?

Le passage de la pêche à l'aquiculture doit pouvoir se réaliser en maintenant les structures familiales de production et sans bouleversement du contexte socio-culturel ; cette transition est le plus souvent possible par le biais de solutions coopératives. Dans le cas contraire, on voit souvent s'installer de grandes entreprises, aboutissant au salariat et à la prolétarisation des populations autochtones.

2.31 *L'aquiculture japonaise*

Le cas de l'aquiculture japonaise est un exemple d'une transition remarquablement accomplie, tant du point de vue technique que du point de vue de l'organisation sociale.

Il s'agit d'une solution alternative élaborée par les pêcheurs eux-mêmes, face à la diminution des ressources côtières liée à la surexploitation et à la pollution des eaux. Ces pêcheurs étaient en même temps agriculteurs, si bien que l'adaptation à la culture du milieu marin était aisée.

> Depuis l'avènement de l'ostréiculture il y a trois siècles, et bien que les ingénieurs et les biologistes tiennent une part de plus en plus importante dans les efforts accomplis, les véritables novateurs de l'aquiculture japonaise ont le plus souvent été des pêcheurs (Muller-Feuga & Querellou 1973).

Ces groupements avaient les caractéristiques suivantes :

- base familiale, avec un nombre d'actifs variant de deux à neuf personnes, et un appel à la main-d'œuvre saisonnière
- concurrence avec les industries urbaines (dans l'ostréiculture, pendant sept mois de l'année, 4/5 de la main-d'œuvre est féminine)
- dispersion croissante des activités à cause de la petite taille des exploitations.

Les coopératives ont été instituées en 1948 et réorganisées en 1962. Ces coopératives (Kumiai) ont permis le regroupement des pêcheurs ; en 1969 elles rassemblaient 600.000 entreprises familiales associées en 2.340 coopératives.

Les coopératives offrent une protection juridique, une aide financière et technique. C'est à l'échelle de la coopérative que sont prises les décisions et que le produit est commercialisé. Les nouveaux aménagements et les nouvelles techniques sont mis au point au niveau de toute la concession, en collaboration avec les centres de recherche.

Ces techniques s'inspirent largement de l'expérience des pêcheurs et reposent sur l'utilisation rationnelle de la productivité naturelle, aboutissant à une conception de "fish-farming" très moderne et hautement productive (Masaru Fujiya 1974 ; Willoughby 1974).

On assiste donc à une évolution simultanée de l'organisation sociale et des techniques de production.

2.32 *L'aquiculture chinoise*

Dans le cas de l'aquiculture chinoise (en République Populaire de Chine) il faut mentionner la décision politique prise en 1959 après une longue discussion sur deux alternatives : développer la pêche en mer ou la pêche intérieure sur la base des

FIGURE 1 : CONCEPTS FONDAMENTAUX DU FISH-FARMING AU JAPON (d'après Fujiya 1974)

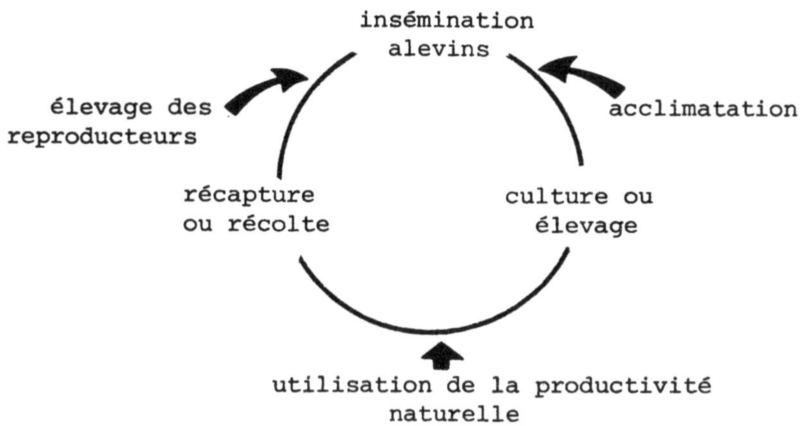

FIGURE 2 : DIAGRAMME DU FISH-FARMING AU JAPON (d'après Fujiya 1974)

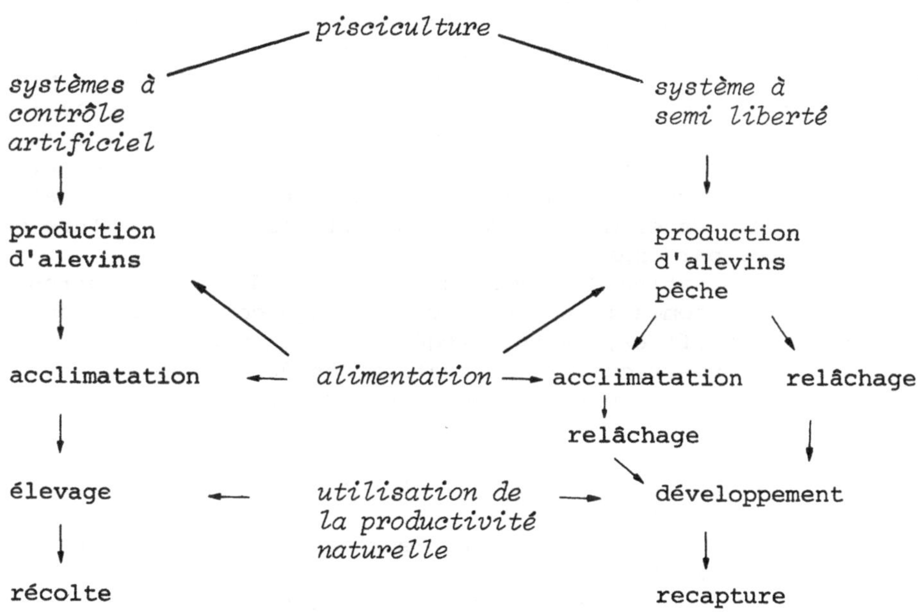

développements hydrauliques (barrages, étangs, etc.).[6] La décision fut favorable au développement de la pisciculture intérieure. Mais pour réaliser cette option il fallait une organisation de base (en l'occurence, les "Coopératives du Peuple et de la pisciculture") et un système national de recherches.

L'information sur l'organisation et le fonctionnement de ces coopératives est très restreinte, mais il faut néanmoins souligner que les performances de productions qui y sont réalisées sont étroitement liées à la gestion et à la propriété collective des étangs et des plans d'eau (Makoto Tange 1966).[7] En France, les formes d'organisation sont très diversifiées et le développement des organisations coopératives est parfois la conséquence des affrontements sociaux pour l'utilisation du littoral [8] (Lagadec 1974) ou des besoins d'une communauté de prendre en charge son propre développement (Merckelbach 1974).[9]

2.4 LES OPTIONS RELATIVES AUX LIENS ENTRE L'AQUICULTURE ET LES AUTRES ACTIVITES DE L'ESPACE ENVIRONNANT

Deux situations alternatives extrêmes s'opposent ici :

- l'absence totale de liens : l'activité aquicole fonctionne en système autonome et fermé, input et output étant attachés à des espaces extérieurs au système environnant ; une des conditions de cette situation est l'artificialisation totale du système de production par raport aux processus et à la structure écologiques du milieu environnant ; par rapport à l'occupation de l'espace, l'aquiculture paraîtrait alors exclure toute autre activité
- l'intégration : celle-ci se caractérise par la mise à profit de toutes les compatibilités possibles dans l'usage de l'espace et de toutes les complémentarités possibles dans la combinaison des activités ; trois aspects sont ici à retenir :
  a) la pratique de l'aquiculture dans un espace ouvert affecté à des usages multiples et compatibles (l'aquiculture en rizière, par exemple)
  b) l'utilisation des déchets et sous-produits des autres activités comme input de l'activité aquicole (eaux usées, eaux réchauffées, déchets végétaux et animaux, etc.) et, de manière symétrique, l'utilisation des déchets et sous-produits de l'aquiculture comme input d'autres activités (uti-

---

6. Voir les publications de l'Institut chinois de recherches, citées par Bardach *et al.* 1968.
7. Cité par Bardach *et al.* 1968 (sur base d'un article paru dans Voshoku 1966).
8. L'exemple des "marins-pêcheurs" de la rade de Brest.
9. L'exemple de l'Ile d'Houat en Bretagne est représentatif.

lisation des coquilles de certains coquillages comme engrais agricole, par exemple)

c) la mise sur pied d'activités d'appui communes à l'aquiculture et à d'autres activités, telles que : systèmes de gestion, unités de transformation et systèmes de commercialisation et de distribution.

Plus l'intégration des diverses activités est poussée, plus le système de coordination doit être développé ; un des problèmes majeurs devant alors être résolu est celui de la fragilité du système global qui repose sur un système complexe d'interdépendances ; des marges de liberté doivent donc être volontairement établies dans ces liens, même si cela doit se traduire par une baisse de l'efficacité immédiate de l'ensemble des activités du point de vue de l'utilisation des ressources.

L'ensemble des options se présentant ainsi aux divers niveaux du système décisionnel relatif à l'aquiculture et sur le plan des liens entre l'aquiculture et les autres activités de l'espace environnant ont, de manière évidente, des liens étroits entre elles ; finalité, choix de produit, choix de techniques, forme institutionnelle, organisation de la production, intégration dans le système régional, ne peuvent être déterminés en fonction de rationalités autonomes ; c'est ce que signifie la notion de style de développement. Cependant, la présentation schématique que nous avons faite ne doit pas conduire à la conclusion qu'il n'y a que deux styles fortement opposés ; des marges de liberté existent entre les divers niveaux, ce qui rend possible un certain nombre de combinaisons permettant l'élaboration de solutions propres aux données écologiques et sociales spécifiques et aux objectifs retenus. D'autre part, dans un même pays ou dans une même région, il est possible de faire cohabiter des solutions relevant de styles différents ; ainsi certains pays du Tiers Monde peuvent viser à la fois une aquiculture orientée vers l'exportation de produits à forte valeur ajoutée et une aquiculture orientée vers la satisfaction des besoins locaux. Cependant les conditions de cette cohabitation doivent être examinées de près pour éviter les distorsions probables (inégalités de revenus entre les travailleurs des deux types de production, expansionnisme déplacé de l'un des deux types de production, etc.), et des priorités doivent nécessairement être fixées.

Ainsi dans le cas de l'économie côtière spécialement lagunaire, on assiste à des distorsions fréquentes et ces écosystèmes sont bien souvent soumis à une dégradation irréversible.

Deux traits caractérisent les espaces littoraux :

- ils font l'objet d'une demande extrêmement forte de la part d'un grand nombre d'activités : urbanisation, industries lourdes telles que la sidérurgie et la pétrochimie, activités portuaires, tourisme, agriculture, pêche, aquiculture, centrales électriques, etc.

- étant par définition des espaces d'interaction étroite entre terre, mer et air, les espaces littoraux constituent un écosystème hautement productif et aussi particulièrement fragile. (D'Angelis 1960 ; Kormondy 1969).

De longue date, la plupart des espaces littoraux, en particulier lagunaires, ont fait l'objet d'activités de pêche se transformant progressivement en une sorte de gestion des peuplements marins ; une technologie élémentaire mais efficiente a été mise en place en divers endroits (Hickling 1970 ; Bardach *et al.* 1972 ; D'Angelis 1960).

Sous la pression des fortes demandes signalées plus haut, cet acquis tend à être supplanté par d'autres usages souvent destructifs de l'environnement, et les pêcheurs sont le plus souvent engagés dans un processus de marginalisation. L'aquiculture représente dès lors le moyen de préserver sur une base économique raisonnable l'activité des groupes de population vivant de l'exploitation artisanale des ressources marines (Steven 1972).

Le développement de l'aquiculture constitue aussi un élément fondamental d'une stratégie de protection de la qualité du milieu ; alors que pour d'autres activités le milieu ne représente qu'un espace indifférencié bien situé pour les relations économiques internationales, pour l'aquiculture, celui-ci est nécessairement saisi comme structure écologique complexe à équilibre fragile ; le développement de l'aquiculture entraîne donc une modification du rapport de forces entre les acteurs de la scène régionale au profit de ceux qui veulent maintenir ou restaurer la qualité du milieu.

La place effective de l'aquiculture dans les activités littorales dépend de l'évaluation de son potentiel productif par rapport à celui d'autres activités. La viabilité de l'aquiculture dépend ici fortement de sa capacité à s'intégrer avec d'autres activités du littoral ; un lien privilégié devrait être développé avec l'agriculture selon les indications données plus haut (utilisation des déchets, activités d'appui comme, en particulier, pour la commercialisation), ces deux activités pouvant devenir le point de départ d'une industrie alimentaire. Une autre possibilité d'intégration se situe au niveau du traitement des effluents urbains et de l'utilisation des eaux réchauffées des centrales électriques, en particulier nucléaires.

Cependant, dans le cadre d'une stratégie de développement à long terme du littoral, la seule évaluation du potentiel actuel de l'aquiculture ne peut pas être le critère déterminant de choix. Au delà des objectifs que peut constituer le maintien socio-culturel d'un groupe de population, il est nécessaire de prendre en considération deux aspects :

- l'aquiculture est une activité à évolution rapide ; il est alors déraisonnable de situer sa place à long terme sur la base du potentiel actuel

- la rigidité ou la flexibilité d'une option sont déterminantes pour le long terme ; à cet égard, l'aquiculture se présente comme une option flexible ; il est toujours possible d'abandonner l'aquiculture pour installer une industrie pétrochimique ; l'inverse n'est pas possible, en raison des dégradations écologiques de longue durée, sinon irréversibles, impliquées par une telle activité. L'aquiculture a donc l'immense avantage de préserver les options pour l'avenir.

3. AQUICULTURE ET SYSTEMES DE PRODUCTION INDUSTRIELLE

Le développement de l'aquiculture est important dans certains pays industriels dont les besoins alimentaires sont le reflet d'un marché très exigeant sur la qualité et la présentation des produits. Pour ce marché, une industrie est en train de se créer, souvent novatrice dans les méthodes de production, compte tenu d'une revalorisation des sources d'énergie, de la récupération de certaines espèces en voie de disparition, du recyclage des déchets et des eaux usées, etc...

Nous présenterons ici quelques exemples de techniques qui, tout en agissant comme facteur positif de gestion du milieu écologique, permettent d'obtenir une production intensive, dans des conditions correspondant aux exigences du système économique et social environnant.

3.1 SYSTEMES DE RECUPERATION MASSIVE DES RESSOURCES EN VOIE DE DISPARITION

Ces systèmes ont été mis en pratique au niveau national dans quelques pays, devant le danger de disparition de certaines espèces. Les techniques employées impliquent une coopération très forte de la recherche scientifique appliquée et des entreprises responsables des déséquilibres écologiques qui affectent les conditions de production des poissons ou des invertébrés.

3.11 *Le cas du saumon de l'Atlantique en Suède*

Les barrages construits pour la production d'énergie hydroélectrique ont eu pour conséquence de fermer les rivières à la remontée naturelle des saumons, entraînant des chutes dans la reproduction de l'espèce. Un effort national a permis de reprendre cette production : l'Institut Suédois du Saumon a été chargé de faire des recherches concernant la production des juvéniles.

Chaque entreprise hydroélectrique doit installer des écloseries en coopération avec l'Institut. Les juvéniles sont ensuite relâchés dans les rivières. On a obtenu une production annuelle de 1,5 million d'unités de juvéniles ainsi relâchés ; on en récupère annuellement environ 12%. Le cas du saumon de la Baltique a également été l'amorce d'une coopération internationale au niveau régional, en vue de l'élaboration d'un système d'accords réglementant la production des juvéniles et les pêches (Swedish Salmon Institute 1975).

3.12 *Les moules et les huîtres en Hollande*

Un cas assez similaire est celui des moules et des huîtres de Hollande, dont la production avait considérablement baissé par suite d'un déséquilibre écologique causé par la fermeture des mers intérieures et le pompage des eaux pour les besoins des industries des polders. Un plan national est en cours d'élaboration pour résoudre ce problème (Korringa 1973).

3.2 SYSTEMES DE "FISH-FARMING" A HAUTE PRODUCTIVITE

Ces systèmes sont ceux qui ont subi l'évolution la plus rapide dans le domaine de l'aquiculture. Le "fish-farming" porte surtout sur certaines espèces destinées à la consommation de luxe. On retrouve ici le cadre d'une liaison très étroite entre la recherche scientifique et l'expérience des aquiculteurs. Les installations mises en place sont parfois très coûteuses, mais les résultats de la production sont souvent spectaculaires, et il s'agit ici d'un secteur qui ouvre des perspectives de production massive pour l'avenir, notamment à l'intention des grandes agglomérations urbaines. Il faut noter que c'est à partir de ces systèmes que se font la plupart des prospectives sur les potentialités de l'aquiculture dans le monde (FAO, PIM 1968). Etant donné que les conditions sociales et économiques de base des pays producteurs sont très spécifiques, il est difficile de généraliser. Les systèmes d'élevage du poisson-chat aux USA, de l'anguille au Japon et en Europe, la culture des mollusques, des crustacés, sont autant d'exemples qui ne sont pas directement transposables dans n'importe quel contexte.

Le système d'élevage du poisson-chat aux USA permet de réaliser un rendement par hectare et un revenu monétaire maximaux dans des conditions d'élevage très intensives et artificialisées. La production de cet élevage atteignait aux USA 9 à 11.000 tonnes en 1966.[10]

10. Bardach *et al.* (1972) signalent pour 1969 une production de 30.000 tonnes ; le Bureau of Commercial Fisheries (USA 1969,

On pratique généralement la monoculture dans des réservoirs très peu fertilisés, du fait des risques de pollution qui pourraient résulter de la prolifération et de la décomposition éventuelles d'algues (Bardach *et al.* 1972). On utilise une nourriture à base de protéines de farine de poisson, additionnée de vitamines et de sels minéraux. La production du poisson-chat est sensible aux aléas techniques et épidémiques, et soumise aux caprices du marché. Néanmoins on a prévu pour 1975 un accroissement de la production de 31.500 t par rapport à la production de 1968. Etant donné la productivité de la pisciculture du poisson-chat, le revenu monétaire qu'elle permet est très compétitif, comparé à d'autres productions agricoles.[11]

TABLEAU V : REVENU DE PLUSIEURS ACTIVITES AUX USA

Production	*Revenu/ha/en US*
riz	257
soja (irrigué)	77
coton	212
poisson-chat (intensif)	200 à 750
truite	2.500 à 5.000

D'après le CNEXO, DP/RPO-08. 119

L'élevage de l'anguille au Japon est un cas complexe. Il repose sur la capture des civelles (jeunes anguilles longues de 5 à 7 cm), puis sur leur engraissement intensif, du fait que l'on n'est pas encore parvenu à maîtriser la reproduction artificielle de cette espèce migratoire. En effet les anguilles recherchent les eaux chaudes pour pondre (Mer des Sargasses), et par la suite les civelles émigrent vers les eaux intérieures, dans les lagunes et les rivières. L'élevage de l'anguille au Japon, dont la production est extrêmement importante et représente plus du quart de la production totale des pêches natio-

traduit par le CNEXO/DP/RPO-08.119) donne pour 1968 une production de 5.500 t et de 12.000 t pour 1969. Willoughby (1971, p. 67 et 69), donne 13.000 t en 1965 et 40.800 t métriques pour 1970.

11. D'après US Bureau of Commercial Fisheries, traduit CNEXO/DP/RPO-08.119.

nales, est dépendante des importations[12] et du marché international. Les difficultés d'approvisionnement en juvéniles constituent un frein majeur à l'expansion de cette activité.

L'élevage est très intensif et atteint une très haute productivité. Il se fait en deux étapes : les trois premiers mois, les anguilles sont mises dans des réservoirs de 200 m^2 à raison de 300.000 à l'hectare. Puis, elles sont transférées dans des réservoirs de 600 m^2 où elles sont nourries avec de la farine de poisson, mélangée à la pulpe des vers à soie. Le système généralement appliqué est la monoculture ; la polyculture avec la carpe commune et le mulet est très rare (Bardach *et al.* 1972).[13]

A Taîwan, la polyculture est pratiquée, sur la base de l'expérience chinoise : les anguilles sont élevées avec d'autres poissons (carpes, mulets), qui ont des niches écologiques diverses ; la production est de 8 t/ha. La raison de conversion alimentaire est la suivante (comparée avec la japonaise) :

TABLEAU VI : RAISON DE CONVERSION ALIMENTAIRE AU JAPON ET A TAIWAN (d'après Bardach *et al.* 1972, p. 391)

Pays	*Nourriture*	*Raison*
Japon	poisson (fileté) , vers à soie	5.5 : 1
	sardines	5.43-7.16:1
	aliments artificiels	3.03-4.6 :1
Taîwan	trash fish	10-15:1
	aliments artif. (granulaire)	2.1.-2.6:1
	aliments artif. mélangés avec l'huile de poisson	1.9:1

12. Provenant de divers pays, l'importation de civelles au Japon a connu une progression significative entre les années 1969 (60.755 kg) et 1971 (148.977 kg) (Honma 1971), dont, de France (1971) 23.602 kg, de Chine (RP) 529 kg, de Formose, 107.986 kg, et le solde, de Corée, d'Italie, du Royaume Uni et Hong-Kong. Voir Honma 1971, p. 115.
13. Akio Honma mentionne d'autres méthodes : "flowing-water method ; net-preserve method ; tunnel method ; circulating-filter method" (Honma 1971, p. 108-112).

La production de Taïwan est passée de 122,7 t (1965) à 2000 t (1969), sur la base de 200 ha d'eau, avec une moyenne de 10/ha/an (voir Chang 1973).

La culture des mollusques est celle qui a permis les plus hauts rendements par hectare : on obtient pour les moules 70 t/ha/an. Actuellement, la plus grande partie de la production mondiale provient de coopératives très centralisées qui ont trouvé leur origine dans l'organisation coopérative de communautés traditionnelles de pêche ou d'entreprises familiales.

3.3 LES SYSTEMES DE PRODUCTION EN CIRCUIT FERME

Les recherches sur l'aquiculture en milieu contrôlé ont permis de mener à bien des expériences de culture intensive avec un système d'eau en circuit fermé (Max Plank Institut, Starnberg, en Allemagne) (FAO Bulletin 1(3)1969). L'expérience qui a porté sur des carpes, a montré que celles-ci pouvaient fort bien se développer dans un espace très réduit, à condition de recevoir une alimentation de qualité supérieure. L'eau, maintenue à la température constante de 23°C, traverse plusieurs aquariums et est épurée par des filtres. Les carpes ont atteint un poids moyen de 800 g en un an.

Des expériences semblables ont été menées au Laboratoire d'Unilever en Ecosse (FAO Bulletin 2(2)1970) et à la Station de biologie marine de Kristineberg, Lysekil, Suède.

Le problème central consiste à établir un contrôle progressif sur les différents facteurs du milieu, afin de parvenir à définir les conditions d'un filtre biologique assurant parfaitement le circuit fermé d'eau.

3.4 SYSTEMES DE PISCICULTURE UTILISANT LES EFFLUENTS URBAINS

La concentration urbaine pose des problèmes d'évacuation des eaux usées : pollution, coûts élevés des traitements. De nombreuses recherches et expériences menées sur les utilisations potentielles de ces effluents prouvent aujourd'hui qu'il est possible d'envisager la mise en place de systèmes permettant de substituer aux traitements physico-chimiques des alternatives très adéquates du point de vue écologique et du point de vue de la production agricole et aquicole.

L'utilisation positive des effluents domestiques à des fins productives fait l'objet de très nombreux projets à travers le monde. Ces effluents, à des degrés variés de traitement, sont utilisés pour l'irrigation et la fertilisation des terres, pour la production de poissons, crevettes, mollusques, directement ou à travers la chaîne alimentaire, pour la production de plantes aquatiques à utilisations multiples.

Ces systèmes présentent de multiples avantages alternatifs complémentaires :

- l'élimination des effluents domestiques
- une production supplémentaire de protéines
- l'amélioration de la qualité des sols.

Comparons l'évolution du traitement des déchets, respectivement dans un système physico-chimique classique et dans un système biologique avancé. Dans le cas du système physico-chimique les eaux usées arrivent dans un réservoir où elles se décantent et subissent une décomposition bactérienne. On obtient alors une eau riche en éléments organiques dans laquelle se développe une production primaire abondante. En fin de cycle, les eaux sont néanmoins chargées et de plus, on se trouve avec une quantité importante d'algues dont on doit se débarrasser ce qui implique un coût supplémentaire. Dans le système biologique, les algues disparaissent à travers la chaîne alimentaire écologique, qui aboutira à la production de poissons. Nous citerons ici quelques-unes des expériences réalisées.

Dans la Baie d'Humboldt, en Californie (USA), on tente d'utiliser les eaux d'égoûts dans la production d'aliments pour les juvéniles du saumon (*Oncorhynchus*); les recherches sont en cours (Allen & Dennis 1974) ; l'Institut central des recherches sur la pêche continentale, Barrackpore, Bengale occidental (Inde), expérimente l'élevage de carpes dans des étangs alimentés par des eaux d'égoûts ; les algues qui ont proliféré sont la *Chlorella* sp., la *Spirulina* sp. et l'*Oscillatoria*, l'aliment préféré de la carpe (*Hypophthalmichthys molitrix*) ; le poids moyen des carpes des 4 premiers mois a augmenté respectivement de 120 g, 380 g, 770 g et 996 g (FAO Bulletin).

Aux Etats-Unis, à la Woods Hole Oceanographic Institution, Massachusetts, on étudie l'utilisation des eaux d'égoûts traitées pour enrichir les populations naturelles mixtes de phytoplancton marin destinées à nourrir les huîtres, les moules et les pétoncles. On produit également des homards et des algues destinées à l'industrie chimique. D'après les études de laboratoire, cette culture ne présente aucun inconvénient (FAO Bulletin 5(1)1972).

Une étude similaire a été entamée à l'Institut des sciences marines de l'Université de Caroline du Nord (USA), pour déterminer le potentiel en aquiculture des étangs d'eau saumâtre recevant des effluents domestiques ayant fait l'objet d'un traitement secondaire. L'expérience a porté sur l'élevage des crevettes (*Penaeus aztecus*) (FAO Bulletin 4(4)1972).

Israël, qui aujourd'hui approche d'une utilisation à 100% de ses ressources en eau, vise à un recyclage systématique des eaux usées. Les ressources en eau y font particulièrement défaut pendant la saison sèche, où la demande, spécialement pour l'agriculture, est très forte. Les considérations sanitaires limitent l'utilisation des eaux d'égoûts traitées, qui, de plus, ont parfois de hautes teneurs en sel et ne sont pas utilisables pour l'irrigation. Par ailleurs, dans certaines régions, les besoins en eau de l'agriculture sont très restreints par rapport au volume des eaux traitées. C'est pourquoi a été conçu un système qui intègre le traitement des eaux à l'agriculture et l'aquiculture : les eaux issues des stations de traitement alimentent des étangs piscicoles avant d'irriguer les champs. D'autre part, les eaux trop salines pour l'irrigation sont utilisées pour la culture d'espèces de poissons adaptées à de hauts degrés de salinité (c'est le cas des carpes, des tilapias et des truites). Cette gestion intégrée des eaux usées permet des rendements en poissons qui peuvent dépasser 20 t à l'hectare, dans le cas d'un système de polyculture avec une alimentation additionnelle riche en protéines et un procédé d'aération (Hepher & Schroeder 1974).

3.5 SYSTEMES D'INTEGRATION DES EFFLUENTS INDUSTRIELS DANS L'AQUICULTURE

L'aquiculture constitue l'une des alternatives de recyclage pour les effluents de certaines industries, essentiellement agro-alimentaires, ainsi que pour les rejets thermiques.

A Cracovie (Pologne), le Laboratoire d'hydrobiologie a entrepris des études sur l'utilisation des déchets industriels de sucrerie à forte teneur en composés organiques pour la fertilisation des étangs à carpes ; dans les étangs expérimentaux de Golysz, des études ont été menées pour la purification des déchets à tous les niveaux trophiques (FAO Bulletin 1(3)1969 ; 3(3)1971).

A Vodvany (Tchécoslovaquie), on s'est servi des effluents d'une usine d'amidon et des eaux usées provenant des poulaillers pour fertiliser des étangs ; ils ont géré une croissance très dense de phyto et de zoo-plancton, entraînant une forte augmentation de la quantité de poissons (FAO Bulletin 1(3)1969)

Les effluents thermiques sont déjà utilisés pour l'élevage des poissons et des crustacés. En URSS, depuis dix ans déjà, on profite des eaux réchauffées d'une centrale thermique pour l'élevage commercial de la carpe, avec addition de sels nutritifs : la production était de 15 kg/m^2 en 1960 et de 100 kg/m^2 en 1965 (Nations Unies 1973 ; FAO Bulletin 2(2)1970).

La même expérience a eu lieu en Tchécoslovaquie, à Brno, où en 1969 on a élevé des carpes dans les eaux chaudes provenant des centrales électriques. Ce procédé a fourni 1500 kg/ha de carpes en trois mois avec une alimentation en granulés (FAO Bulletin 2(1)1969).

A Lorneville, Baie de Fundy, New Brunswick (Canada), on entreprend des recherches pour la production de saumons, de truites arc-en-ciel, de homards, d'anguilles et de moules dans des eaux chauffées à 15°C (FAO Bulletin 6(1)1973).

La culture de moules dans des eaux réchauffées est aussi expérimentée dans la Baie de Kiel, en République fédérale allemande (*Meerestechnick* (3)1974).

On s'intéresse également beaucoup au recyclage des eaux réchauffées des centrales nucléaires pour l'aquiculture. Des unités de production fonctionnent au Japon, en Grande-Bretagne, aux Etats-Unis et en Union Soviétique, avec de très hauts rendements. Les eaux chaudes sont utilisées pour l'éclosion ; on y élève principalement des poissons comme les carpes ou les tilapias et des crustacés.

Néanmoins, on ne connaît pas encore les conséquences à long terme de ces procédés. L'ambiguité de la technologie est d'autant plus forte qu'elle est plus complexe et le bilan est à faire.

TABLEAU VII : EFFETS DES REJETS THERMIQUES - RESULTATS APPARENTS (d'après Aquaservice, France 1974).

Effets physiques	*Lac réchauffé*	*Lac non réchauffé*
Températures en été	25° à 30°	20° à 24°
Températures en hiver	7° à 9°	0° à 7°
Oxygène	en surface jamais inf. à 6 mg/1	varie en fonction de la profondeur
Effets biologiques		
Production primaire	7 $g/m^2/j$ biomasse identique mais turnover plus élevé	3,8 $g/m^2/j$
Production secondaire		
Zooplancton total	13,18 $g/m^2/j$ 2	7,20 $g/m^2/j$
Zooplancton phytophage	3,9 $g/m^2/j$ biomasse totale Zooplancton constante mais turnover plus rapide : 2	0,90 $g/m^2/j$
Daphnia : Taille	20% plus grande	
Croissance	40% plus élevée	

3.6 LES RESSOURCES NOUVELLES : LES ALGUES ET HERBES AQUATIQUES

Les végétaux aquatiques constituent une ressource extrêmement considérable et prolifique. Leurs usages potentiels sont très variés et peu explorés dans l'ensemble à ce jour.

Certaines espèces sont traditionnellement utilisées directement dans l'alimentation de certains pays, surtout en Asie, ou indirectement, en Occident principalement, dans la production de produits de base (*Alginates, Carraghenates* ou *Carraghenanes, Agaragar* et *Furcellaranes*), employés surtout comme gélifiants et épaississants dans les produits alimentaires sucrés, salés ou autres (pharmacologie) etc.[14] On peut également citer : utilisations pharmaceutiques, engrais, extraction de protéines, production d'énergie, d'aliments pour le bétail, etc...

L'analyse de certaines espèces a révélé, dans certains cas, une qualité et une richesse exceptionnelles : la *Chlorella* par exemple contient 50% de protéines, des vitamines de différents types (C, provitamine A, thiamine, le potassium, le magnésium, le soufre, le calcium, le fer, le manganèse, le cuivre, le zinc et le cobalt. De plus, elle a un rendement comparativement plus grand que celui des cultures de protéines d'origine agricole (Bardach 1968). Il faut cependant souligner que les plantes aquatiques contiennent souvent des substances toxiques, dont la neutralisation doit faire l'objet d'études adéquates.

Certaines plantes, qui envahissent les milieux aquatiques, notamment les canaux d'irrigation, révèlent, à l'analyse, des possibilités d'utilisation diverses, ce qui constitue en soi une méthode efficace et positive de lutte contre ces plantes (Pirie 1970). Citons le cas de la *jacinthe d'eau* dont on peut voir la composition dans le tableau ci-dessous ; des recherches sont en cours pour sa mise en valeur. Ses utilisations potentielles sont :

- fourrage pour le bétail
- extraction de protéines pour la consommation humaine
- engrais verts
- fabrication d'aliments comme le "hyacinth curry", des biscuits et gâteaux, le suji
- aliments pour les poissons

---

14. Le marché mondial des colloïdes naturels exerce une forte pression sur la culture d'algues dont on extrait les alginates et les carraghenates. Aux Philippines, Marine Colloids Inc. (Parker 1974), en France Kelco Company, pour l'implantation de *Macrocystis Pyrifera* (voir *Le Monde* 29 janv. 1975 ; *Sciences et pêche* (216) juil. 1972 ; *Paris Match* 22 fév. 1975).

- pâte à papier
- alcool éthylique
- soie artificielle.[15]

TABLEAU VIII : COMPOSITION DE LA JACINTHE D'EAU

	% de la base sèche sauf indication spéciale
matière sèche (% base humide)	5,9
protéine crue	16,0
azote	2,5
cellulose	28,0
hydrate de carbone disponible	7,8
extrait d'éther	3,5
cendre	17,0
phosphore	0,42
calcium	1,0
potassium	4,4
magnésium	1,1
énergie kcal/g/sec	3,8

Extrait de Boyd, "The Nutritive Value of Three Species of Water Weeds", *Economic Botany* 23(2)1969.

Au Mexique, une plante aquatique connue sous le nom de *lys aquatique* (*Eichernia crassipes Mart*) constitue un grave problème pour les lacs, les digues, les canaux et les ports. Elle prolifère très vite et son accumulation occasionne de graves ennuis pour la navigation, la pêche sportive et les systèmes hydroélectriques dont elle obstrue les canalisations et arrive à abîmer la machinerie des générateurs d'énergie.

Il y a encore très peu de temps, on la considérait comme une mauvaise herbe et quand cela s'avérait nécessaire, on la combattait avec des herbicides coûteux qui polluaient les écosystèmes aquatiques. Aujourd'hui cette plante constitue un excellent fourrage qui sert à fabriquer des tourteaux pour le bétail, après une déshydratation préalable.

A cette fin, le Programa Nacional de Aprovechamiento Forrajero en Mexico, cherche à élaborer un procédé qui permettrait son exploitation industrielle dans le cadre de l'économie de marché. La société chargée de son exploitation utilise une motofaucheuse

15. Voir : *Noxious Acquatic Vegetation* 1973 ; Bagnall *et al.* 1974.

pour la récolter et obtient des résultats satisfaisants. On n'est pas encore arrivé à la perfection voulue car il y a des ajustements et des modifications à faire pour que ce procédé devienne économique et efficace.

La machine ressemble à une moissonneuse-lieuse qui serait posée sur une barque. Elle ramasse le lys sur la surface de l'eau à l'aide d'un cylindre rotatif. Le lys récolté par la machine contient jusqu'à 92% d'humidité. Pour extraire l'humidité de la plante, on emploie une méthode mécanique. Une grande partie de l'eau se perd par écoulement. Après égouttage, la plante passe par des rouleaux à action flottante et à pression régulière pour extraire l'eau de manière progressive et systématisée. Le mode opératoire a une grande importance car si l'on procédait à l'extraction de l'eau de manière trop rapide, on retirerait également la sève où se trouvent les éléments nutritifs qui précisément donnent à la plante sa qualité spécifique. Cette machine moissonneuse-lieuse peut récolter jusqu'à 100 mètres cubes par heure et son coût approximatif est d'un million de pesos mexicains. Le tableau IX montre les relations en pourcentages de l'humidité de la matière sèche et du poids du lys au cours des différentes phases de déshydratation jusqu'à obtention d'un produit qui présente les propriétés convenables à la fabrication de la farine ou des tourteaux pour le bétail.

Les *algues* sont traditionnellement cultivées en Asie, en particulier au Japon où la production annuelle atteignait 357.000 t en 1972, soit plus de la moitié de la production mondiale. On y cultive principalement trois espèces destinées à l'alimentation : *Porphyra*, *Undaria* et *Monostroma*.

Une expérience de "ferme marine" est en cours au sud de la Californie ; l'algue géante, *Macrocystis pyrifera*, qui y est cultivée, a retenu l'attention des experts en énergie, car sa surface entière a la capacité d'absorber les éléments nutritifs de l'eau, et de plus elle pousse extrêmement rapidement : elle peut croître de 60 cm par jour jusqu'à ce qu'elle atteigne une taille moyenne de 20 à 30 m. Elle est une source de matière organique particulièrement riche qui peut être transformée en méthane. Cette expérience porte sur une superficie de 3 ha environ, et paraît être un succès.

Un radeau de corde est fixé à 12 m en dessous de la surface de l'océan, par des cables ancrés 100 m sous l'eau. C'est sur ces radeaux de cordes que sont plantées les algues. Des bateaux de recherche avec équipes de plongeurs assurent l'entretien du système. L'étape suivante en prévision sera la réalisation d'une ferme de 400 ha, dans les eaux profondes des océans Atlantique et Pacifique (*Newsweek* 23 sept. 1974, p. 54).

TABLEAU IX : RELATIONS ENTRE LA MATIERE SECHE, HUMIDITE - MATIERE SECHE ET POIDS DU LYS

% de matière sèche	*% d'humidité*	*Relation entre la matière sèche et l'humidité*	*Rendement d'une tonne d'iris égoutté au % d'humidité considéré*	*Quantité de lys égoutté par tonnes au % d'humidité considéré*
Lys égoutté	92%	1 à 11,5	1000 kg	1000 kg
Lys sans humidité superficielle	83%	1 à 4,88	450 kg	2127 kg
Lys conditionné	60%	1 à 1,15	200 kg	5000 kg
Lys déshydraté	12%	1 à 0,13	90,4 kg	11,061 kg

Source : Secrétariat d'agriculture et d'élevage. Problématique fourragère. Programme d'approvisionnement fourrager. 1975. pp. 145-148. Mexique.

On ne connaît pas encore les répercussions de telles implantations sur l'équilibre écologique du milieu. Elles peuvent cependant ouvrir pour l'avenir des perspectives, non seulement pour la production d'énergie, mais aussi pour des utilisations diversifiées, notamment alimentaires.

4. INTRODUCTION DE l'AQUICULTURE DANS UNE ECONOMIE PAYSANNE

L'aquiculture peut être introduite dans des contextes variés de l'économie paysanne et fournir un complément de protéines appréciables pour l'alimentation familiale, et même un revenu additionnel. Selon les cas et les contextes, l'introduction peut se faire au niveau des exploitations individuelles ou au niveau villageois ou communal. Sans prétendre être exhaustifs, nous allons, à l'aide de quelques exemples illustrer ces possibilités.

4.1 LA PISCICULTURE DANS LES RIZIERES

Cette association est très répandue dans les pays asiatiques, spécialement en République Populaire de Chine, Indonésie, Japon, Inde, et dans certains pays d'Afrique. Les rizières inondées pendant des périodes de trois à huit mois par an peuvent être peuplées d'alevins ; la production dépend du climat, des espèces disponibles, des méthodes de culture et des types de riz en culture.

Les poissons sauvages qui rentrent dans les rizières peuvent être capturés grâce à la méthode des enclos. On peut ainsi obtenir un rendement variant de 3 à 200 kg/ha/an.

Mais les possibilités les plus intéressantes sont celles qui s'obtiennent par la culture simultanée du riz et des poissons. Trois possibilités se présentent :

- pêche des poissons sauvages entrés dans les rizières
- utilisation des étangs de rizières pour l'élevage après la récolte du riz
- culture simultanée du riz et du poisson.

Au Japon, la culture du riz est adaptée aux besoins de l'élevage du poisson ; avant l'inondation, les étangs sont fertilisés avec des engrais préparés avec du fumier et des eaux domestiques usées, ou encore avec des engrais chimiques ; le riz semé, les étangs sont inondés et les alevins sont lâchés. On en lâche de 2.000 à 6.000 par hectare et même de 7.500 à 12.500 si l'on fournit une alimentation complémentaire. La carpe commune est élevée pendant deux ans avant d'être vendue aux consommateurs ; cependant c'est uniquement pendant la première année que le poisson doit être alimenté. Dans de bonnes conditions, on peut obtenir une production de 2.250 kg/ha/an (Schuster *et al.* 1955).

En outre, l'empoissonnement des rizières permet une augmentation importante du rendement du riz. La raison principale de cet accroissement de l'output est que le poisson peut ramollir le sol et faciliter la décomposition des engrais, créant ainsi de bonnes conditions pour la croissance du système racinaire du riz, ce qui donne des pailles plus épaisses et des épis plus lourds.

TABLEAU X : PRODUCTION COMPARATIVE DU RIZ (KG/100M^2) AVEC ET SANS POISSONS (Schuster *et al.*1955)

Rizières sans poissons	*Rizières avec poissons*	*Pourcentages de rendement additionnel*
48,73	51,74	62%

Si l'introduction de la pisciculture dans les rizières implique un surcroît de travail et de soins, par contre les techniques sont simples, demandent un investissement très réduit, et garantissent un accroissement du revenu par la production de poisson et de riz supplémentaire.

Il serait intéressant d'étendre cette technique à de nombreux pays. On connaît en Asie plus de 85 millions d'hectares de rizières répartis sur onze pays dont les déficits alimentaires sont alarmants (Pillay 1973).

L'empoissonnement des rizières permet également de lutter contre les larves des moustiques. En Arkansas, aux Etats-Unis, on a procédé à des tests pour déterminer l'efficacité de sept espèces de poissons, dont la carpe commune et la carpe chinoise ont été les espèces les plus efficaces : réussite à 100%, 48 heures après leur introduction (FAO Bulletin 5(3-4)1973 ;

---

16. Voir à ce sujet un rapport fait par le Ministère de l'agriculture de la République Populaire de Chine en 1965 : "Rural Raising of Fish" (Chapter 33, part 4) *in* : *Fundamentals of Agricultural Production Techniques* 1974.

(Schuster *et al.*1955).

4.2 L'INTEGRATION DE L'AQUICULTURE A L'ELEVAGE TRADITIONNEL

C'est le cadre le plus large pour la combinaison d'une activité piscicole et agricole, surtout dans les régions où l'élevage est peu productif. Cette association a un double effet positif : par la fertilisation des étangs, elle permet une production aquicole pour l'alimentation humaine et un apport de nourriture complémentaire pour les animaux, permettant ainsi d'améliorer la production de l'élevage. L'association sera très systématisée et productive si les animaux sont parqués dans un bâtiment approprié qui permette la récupération intégrale des déjections animales. (Cf. Quelques écotechniques pour le tropique humide : les techniques intégrées).

On peut également utiliser les abreuvoirs des animaux en tant qu'étangs piscicoles, à condition d'y mettre des espèces adéquates capables de nettoyer les algues pernicieuses (Schuster *et al.* 1955).

On peut réaliser la combinaison de l'élevage des chèvres, moutons, porcs, et de l'aviculture avec l'aquiculture : il s'agit de trouver les possibilités de chaque espèce et de son apport dans cette intégration.[17] Ainsi :

- les canards mangent des escargots porteurs de maladies
- les moutons mangent les herbes aquatiques des eaux fertilisées avec leur fumier
- les volailles sont nourries avec les déchets du poisson déjà consommé par l'homme et les étangs sont fertilisés avec les déchets du poulailler
- les porcs sont alimentés par des plantes aquatiques (*Ipomoea reptens*) qui ont une croissance très rapide et
- les égoûts des porcheries sont utilisés pour la fertilisation des étangs qui produisent ces plantes ainsi que des carpes et les Tilapias.

4.3 L'UTILISATION DES INFRASTRUCTURES D'IRRIGATION A DES FINS PISCICOLES

Dans le cadre des possibilités déjà étudiées pour l'élevage de poissons, canards, crustacés, etc. dans une économie paysanne, il faut signaler les potentialités offertes par la mise en valeur des volumes d'eau créés par les systèmes d'irrigation.

---

17. FAO Bulletin 1(4)1969, p. 10 ; Bardach *et al.* 1972 mentionnent les systèmes d'intégration aquiculture-agriculture en Indonésie : utilisation des fumures de bétail et des déchets de plantes comme fertilisants des étangs.

Les objectifs à atteindre seraient : un assainissement de ces masses d'eau (poissons mangeurs de moustiques) ; une lutte contre l'envahissement des eaux par les végétaux grâce à des poissons herbivores ; une réutilisation des déchets organiques des espèces biologiques (dans le cadre d'un élevage intensif de canards, crustacés, poissons) ; il est également possible d'étudier les effets de la présence de la masse biologique vivante dans l'eau pour l'agriculture elle-même, surtout en tant que base organique. Quelques exemples peuvent illustrer ces propositions :

- utilisation des *Tilapias* et des carpes en tant qu'herbivores et mangeurs de moustiques
- élevage de *Cryphiops* (macrobrachium) *rosenbergi* (le Man) et de *Cryphiops* (macrobrachium) *lanchesteri*, crevettes d'eau douce, végétariennes, aptes à l'élevage dans des étangs ou des réservoirs (voir FAO : BCSP/67/E/Z Mexique 1967)
- élevage des grenouilles (*Rana* sp.), seules ou en polyculture avec des poissons, éventuellement dans des cages (voir III 4.11).
- utilisation de certaines algues ou plantes aquatiques qui envahissent les plans d'eau à des fins énergétiques ou alimentaires, comme c'est le cas des jacynthes d'eau, et des lys en combinaison avec un élevage d'espèces biologiques, de préférence à une lutte chimique (voir III 3.6).

4.4 LE CAS DE CULTURES DE TYPE FRUITICOLE OU HORTICOLE COMBINEES AVEC L'AQUICULTURE

Cette association peut s'effectuer de deux manières : soit par une combinaison dynamique entre l'étang lui-même et la bordure de terre périphérique, soit en asséchant et déplaçant périodiquement l'étang de façon à éviter une décomposition du fond, nuisible à l'oxygénation de la vie aquatique (Wurtz 1960).

Les bordures des étangs, étant bien humides, sont aptes aux plantations potagères (pommes de terre, haricots, maîs). Outre la production alimentaire additionnelle, cette association permet de raffermir le sol qui borde l'étang.

Par ailleurs, on peut utiliser, pour améliorer l'alimentation des poissons, les feuilles et les fruits des arbres ainsi que tous les déchets végétaux. (Les mûriers, les palétuviers, le soja, les saules, l'*Avicennia*, le *Rhizophora mangle*, les palmiers, etc.). Les feuilles des mûriers et celles du manglier sont utilisées directement dans l'alimentation des poissons.

En Colombie (Medellin), on nourrit des *Tilapia rendalli* avec des feuilles d'arbres de la région : *Manihot esculenta* (yuca), *Alocasia macrorhiza* (bore), *Cnidorcolus chayamansa* (chayamansa) et avec des plantes aquatiques comme l'*Elodea canadiensis* (FAO 1974).

Par ailleurs, l'eau de l'étang, riche en matières organiques, constitue une excellente eau d'arrosage ou d'irrigation pour les cultures périphériques, dans la mesure où les mêmes cultures lui restituent d'autres déchets organiques. Cette pratique est courante en Asie, mais n'a pas donné lieu à des recherches. Néanmoins certaines expériences, avec des laitues, ont donné des résultats tout à fait positifs (*New Alchemist* 1974, pp. 73-76).

Les étangs peu profonds qui ne sont pas utilisés pour l'aquiculture pendant une période de l'année peuvent servir à la culture du cresson, de l'*Ipomoea*, du *Limnocharis* et de la colocase dont les feuilles sont très appréciées en salades ou dans la préparation des potages ou bouillons (Schuster *et al.* 1955).

Par ailleurs, la façon la plus adéquate d'enrichir le sol des étangs, après assèchement, afin de reconstituer un fond favorable à la pisciculture, est d'y cultiver les plantes les plus appropriées à la nature du sol. Dans les Dombes, en France, par exemple, l'avoine est cultivée un ou deux ans, en alternance avec trois ou quatre années de pisciculture. Sur les fonds argileux, on ne peut cultiver que l'avoine ; son résultat est médiocre (huit fois la semence) mais elle contribue à ameublir et aérer le sol. Par contre, la production de poisson est excellente : 175 kg/ha/an, tandis que dans certains étangs de la même région où la pisciculture n'est pas associée à la culture de l'avoine, la production ne dépasse pas 50 kg/ha/an (Wurtz 1960, pp. 14-15).

Les légumineuses sont souvent utilisées dans cette association, du fait de leur pouvoir d'enrichir le sol en azote. En Pologne, on étudie actuellement une légumineuse dont l'intérêt est évident. Il s'agit d'une vesce (*Vicia faba*), une variété spéciale qui supporte les grands froids de l'hiver. Cette vesce est semée, en automne, après la pêche, sur le fond des étangs asséchés, en même temps qu'un peu d'orge. Elle pousse en hiver, malgré la neige et supporte des froids rigoureux jusqu'à -30°. Cette technique est surtout utilisée dans les étangs d'alevinage et de premier grossissement. Lorsque l'on remet ces étangs en eau, les vesces, et l'orge qui les accompagne, se décomposent, assez rapidement d'ailleurs, en raison de l'élévation de la température. Il y a alors prolifération de plancton et d'animaux benthiques. Les jeunes carpes trouvent de cette manière une nourriture extrêmement abondante, et grossissent vite. L'intérêt de ces plantes est donc double : ce sont des légumineuses qui enrichissent le fond en azote organique, puis nitrique, et par ailleurs, en se décomposant, elles enrichissent l'eau en matières organiques (qui seront décomposées à leur tour) et en animaux, benthiques surtout, qui augmentent considérablement la production en poissons (Wurtz 1960, p. 19).

4.5. LA POLYCULTURE EN ETANG AVEC APPORT DE MATIERE ORGANIQUE

L'utilisation et le recyclage de certains déchets pour la fertilisation des étangs est courante dans certaines communautés villageoises notamment en Asie du Sud-Est.

Les techniques de récupération et de recyclage permettent de couvrir plusieurs objectifs, notamment :

- l'économie d'eau
- une amélioration des conditions sanitaires
- la production de nourriture bon marché, avec les ressources existantes
- l'utilisation de méthodes plus ou moins stables sur la base d'un élevage combiné de plusieurs espèces régionales (ou adaptées aux conditions écologiques de la région ou des exigences du recyclage).

La polyculture est une méthode tout à fait adaptée à ces objectifs. Elle est originaire de Chine, où elle est utilisée en vue de la production de différentes espèces de carpes, de tilapia, de *Chanos* et de mulets.

Dans la figure suivante, nous pouvons observer six différents types de poissons qui ont des habitudes alimentaires diverses :

1. *Ctenopharyngodon idellus* qui se nourrit de végétaux de surface
2. l'*Aristichys nobilis* se nourrit de zooplancton dans les eaux moyennes
3. l'*Hypophtalmichtys molitrix*, également dans les eaux moyennes se nourrit du phytoplancton
4. le *Cirrhinus molitorella*, au fond, se nourrit d'animaux benthiques et d'excréments de la carpe *Ctonopharyngodon idellus*
5. la carpe commune, *Cyprinus carpio*, vit comme la précédente
6. la carpe noire, *Mylopharyngodo n piceus*, se nourrit de mollusques et est prédatrice.

On applique donc des principes écologiques et l'étang est considéré comme une ressource polyvalente : les poissons sont élevés selon leurs habitudes alimentaires spécifiques de façon à ce que l'on obtienne un équilibre interne et un contrôle de la population par la présence d'un prédateur.

Il est également possible de combiner cet élevage avec certains types de crustacés d'eau douce, le *Cryphiops* (macrobrachium) *rosenbergi*[18] ou d'utiliser la chaîne trophique en développant

18. Voir Doc. FAO : BCSP/67/E/2 et BCSP/67/R/3, présentés au Mexique, juin 1967, lors d'une Conférence de la FAO sur la culture des crevettes.

FIGURE 3. LA POLYCULTURE CHINOISE : HABITAT ET NICHES DES DIFFERENTES ESPECES DE CARPES (d'après Bardach *et al.* 1972, p. 105)

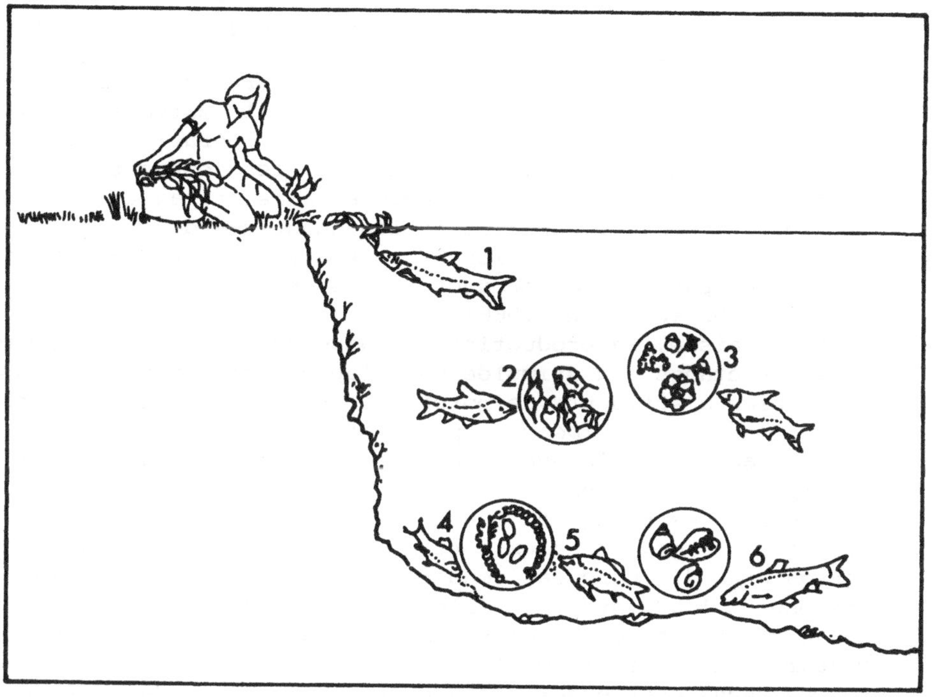

la présence de la *Daphia*, crustacé zooplanctonique.[19]

Citons cet exemple indien, où 132 exploitations, s'étendant sur plus de 12.000 hectares, sont alimentées par des eaux d'égoûts traitées ou semi-traitées ; on y cultive la carpe indienne, qui grandit en cinq ou six mois ; la production de ces exploitations est estimée à 3.200 kg/ha/an (FAO Bulletin 6(3)1974). Dans ce cas, les habitudes alimentaires de certaines espèces peuvent être utilisées pour débarrasser les réservoirs des moustiques porteurs de maladies ; ces espèces doivent pouvoir s'adapter aux conditions extérieures du milieu : salinité,

19. Du point de vue de la prospective de nouvelles formes, surtout en provenance du milieu des eaux intérieures et douces : voir les utilisations intéressantes de la *Daphnia* petit crustacé aquatique et excellente nourriture pour les poissons ; la *Daphnia* serait aussi profitable comme organisme zooplanctonique élevé dans des eaux traitées et trouvant une réutilisation dans l'élevage (FAO Bulletin 4(4)1972 ; Dinges 1974).

alcalinité, température, etc.[20] D'autres études essaient de déterminer les combinaisons possibles de poissons se nourrissant des déchets les uns des autres.[21]

A Taïwan, l'étang de culture de tilapia est situé au terminus d'un système d'égoût. Après le drainage et le séchage de l'étang en novembre, l'eau d'égoût est introduite jusqu'à une hauteur d'eau de 30 cm. On laisse séjourner l'eau durant trois semaines environ, période durant laquelle la matière organique s'accumule dans le fond de l'étang. Cette opération est répétée trois à quatre fois. Puis, en mars, les jeunes tilapias sont introduits et de l'eau supplémentaire est ajoutée selon les besoins des poissons. Quand les quantités d'eau usée sont considérables, la production de poissons atteint 7 à 8 t par hectare et par an. Les productions moyennes sont de l'ordre de 3,5 à 5 t/ha/an (Huang 1968).

En Malaisie, la production primaire de plantes aquatiques dans les étangs est stimulée par l'apport d'engrais organique sous forme d'effluents de porcherie. Ainsi, les plantes aquatiques (*Eichornia*, *Ipomoea*) produisent de grandes quantités de fourrage pour l'élevage des porcs. L'addition de 330 kg de superphosphate par ha/an porte la production de poissons élevés dans ces mêmes étangs de 1,6 t à 2 t de poisson par ha/an. Dans tous ces étangs, les eaux sont neutralisées avec du calcaire (jusqu'à pH 7). Dans ces conditions la biomasse de poisson se compose de 1.500 hybrides mâles de *Tilapias*, 450 *Puntius javanicus* et 150 carpes végétariennes par hectare (Fish Culture Research Institute 1960-61).

Des recherches expérimentales se poursuivent dans diverses directions. Ainsi, dans des étangs empoissonnés en tilapias et carpes, on recherche les méthodes les plus satisfaisantes.

---

20. Certaines études ont démontré la résistance du tilapia à la concentration de matières contaminantes ; en effet, certaines expériences ont révélé que le *Tilapia mossambica* ne concentre ni le DDT, ni l'Aldrin, ni l'Endrin, ni les détergents ; donc elle a été recommandée pour l'élevage dans les eaux traitées ou provenant des égoûts urbains (cité par Almeida Martinez 1974). Quelques espèces de tilapia contrôlent l'envahissement des algues : en effet, le *Tilapia heudeloti* et le *Tilapia menapleura* mangent des algues, le *Tilapia mossambica* mange les algues filamenteuses, l'habitat principal des moustiques ; une culture combinée du *Tilapia mossambica* et d'espèces insectivores pourrait permettre le contrôle de la malaria (Bardach *et al.* 1972, p. 375) ; le *Tilapia nilotica* mange également des algues filamenteuses et de grandes plantes.
21. *News IDRC* 30 déc. 1974 : aide du Canada au Gouvernement de l'Inde, pour l'Etat du Bengale occidental.

d'augmentation de la teneur en oxygène. On compare les effets de la mise en mouvement de l'eau, de la récolte d'algues, du pompage ("Oxygen Balance in Fish Ponds" 1968).

En Inde, des recherches portent sur l'utilisation des tourteaux de *Madhuca latifolia* (un arbre cultivé pour l'huile que l'on extrait de ses graines) comme engrais. Bhatiak démontre par diverses expériences, que ce tourteau présente une toxicité sélective sur certaines espèces de poissons de pisciculture. Les espèces suivantes sont sensibles au Madhuca : *Cirrhinus mirigala*, *Punctius ticto*, *Cyprinus carpio* communis, *Trichogaster fasciatus*, *Channa gachua*. Si l'on introduit dans un étang une solution de 100 à 500 g de Mahna Cake par litre, la toxicité disparaît au bout de 48 à 192 heures suivant la concentration. Ce traitement présente un grand intérêt pour l'élimination des espèces indésirables dans les étangs, tout en rendant possible l'introduction ultérieure des espèces souhaitées, lorsque les conditions normales sont rétablies (Bathiak 1970).

L'implantation d'un système combiné de recyclage des eaux domestiques traitées avec la culture du plancton (phyto et zoo) la pisciculture et l'irrigation, constitue une importante potentialité de production au niveau des villages, qui parallèlement, peut permettre une utilisation optimale des ressources en eaux disponibles, selon l'exemple de l'agriculture israélienne, précédemment cité.

De nombreuses études relatives aux conséquences sanitaires des produits de ce type de pisciculture, sont en cours. Nous n'en connaissons pas encore les résultats à longue échéance. Par ailleurs, il convient également de considérer les réactions des populations face à ces nouveaux produits (voir Irving 1974, p. 357).

4.6. LA GESTION DES RESSOURCES AQUATIQUES EN MILIEU SAUMATRE DANS LE CADRE D'UNE ECONOMIE TRADITIONNELLE DE PECHES

L'économie paysanne est très liée, dans les régions côtières, aux pêches. Les étangs et les lagunes, soumis à des contacts directs avec la mer, sont le lieu d'affluence des poissons : espèces marines ou espèces soumises à une migration. Dans ces régions, la vie économique (nous l'avons déjà vu au deuxième chapitre) a un caractère traditionnel et conservateur, bien que les pêcheurs soient habiles à manipuler l'environnement lagunaire. Ceux-ci deviendront "aquiculteurs" dans la mesure où ils pourront intervenir dans le processus de développement biologique des espèces. De nombreuses communautés de pêcheurs, dans le monde, se sont ainsi développées, entre une activité agricole et une activité aquicole, en transférant des idées d'un secteur à l'autre, et en alternant ces activités pour faire face aux cycles de sécheresse et au rythme des saisons.

Lorsque l'on tend vers une rationalisation plus grande dans la manipulation de l'envionnement marin ou lagunaire ou que l'on passe à la "culture", des changements s'opèrent, selon le contrôle que l'on peut avoir sur le processus de développement biologique des espèces :

- pêche des juvéniles pour les élever dans des bassins ad-hoc
- systèmes de "valli" (Italie) ou "bordigues" (Languedoc, France) qui permettent l'entrée des poissons et en empêchant la sortie, de façon à pouvoir les pêcher aisément lorsqu'ils ont atteint une taille commercialisable ; dans ce cas, on intervient parfois sur le milieu, en régularisant les eaux douces pour diminuer la salinité du milieu. Les étangs peuvent également être fertilisés par le déversement des eaux traitées des égoûts urbains.
- reproduction des espèces dans des écloseries (ou milieux fermés) permettant une ponte artificielle et protégeant la croissance des larves, juvéniles, etc. Ceux-ci sont ensuite relâchés ou transférés en milieu ouvert et naturel. On peut citer le cas, en France, de la Coopérative des pêcheurs de l'Ile d'Houat (Bretagne) où une écloserie a été construite, destinée à la reproduction des larves de homards et d'autres espèces ; ceci a permis le repeuplement du milieu naturel et, par conséquent, la stabilisation des pêches (Merckelbach 1974).[22] Des repeuplements et le passage à des pratiques de culture ont couramment été opérés pour les mollusques (moules, huîtres, coquilles Saint-Jacques) par des communautés vivant en économie paysanne, notamment au Japon, au Chili, en France, au Vénézuela, au Mexique, etc.

Voici quelques expériences particulièrement intéressantes :

4.61 *L'élevage du* Chanos-chanos *dans certains pays de l'Indo-Pacifique.*

Ce type d'élevage est très répandu à Java, dans le cadre d'une économie de pêche traditionnelle.[23] La technique de base est

---

22. Jean Le Doven a présenté une communication sur cette expérience au Colloque "Aquiculture : perspectives et avenir", Marseille, 27-28 mai 1975.
23. Le *Chanos-chanos* (milkfish) est une espèce qui se prête particulièrement bien à l'élevage dans des étangs d'eaux saumâtres ; il résiste aux maladies et croît rapidement, de plus sa chair est très bonne ; il mange des algues, ce qui le situe aux premiers niveaux de la chaîne alimentaire et biotique. Cette espèce se trouve dans la Mer Rouge, dans l'Océan Indien, de l'est africain à l'Australie, et aussi dans le Pacifique (Bardach *et al.*1972, p. 314).

simple : les alevins sont capturés et élevés dans les étangs côtiers, "tambaks", qui présentent les conditions idéales de salinité. Depuis 1952, cependant, la technologie a évolué, et le *Chanos* est élevé dans des eaux intérieures, dans des réservoirs fertilisés. La monoculture prédomine, et la production se situe entre 50 et 500 kg/ha, avec une moyenne de 350.

Aux Philippines, la technologie est plus élaborée et permet une production de 1.000 kg/ha/an. Les étangs sont traités par de nouveaux systèmes de fertilisation, introduits par la FAO, reproduisant les techniques de Taîwan.

A Taîwan, en effet, on a développé un système de fermes marines comprenant trois types de réservoirs : réservoirs de production, réservoirs de serre ou d'hivernage, et réservoirs d'alevins, tous trois interconnectés. La production était de 7.990 t en 1930 pour 6.940 ha ; de 15.539 t en 1950 pour 13.084 ha ; de 29.094 t en 1966 pour 15.616 ha. Elle a donc progressé ainsi :

1930 : 1,16 t/ha/an
1950 : 1,18 t/ha/an
1960 : 1,56 t/ha/an
1966 : 1,86 t/ha/an

L'élevage du *Chanos* permet donc une mise en valeur intéressante des étangs d'eaux saumâtres, soit que l'on utilise la productivité naturelle des lagunes, avec ou sans fertilisation, soit que l'on introduise un aliment artificiel additionnel.

TABLEAU XI : ETAT DE LA PRODUCTION DU *CHANOS-CHANOS* DANS TROIS PAYS DE L'INDO-PACIFIQUE (d'après Ling 1972)

	Hectares exploités	*Main-d'oeuvre*	*Tonnes*	*Kg/ha/an*	*Hectares potentiels*
Indonésie	120.000		47.00	350	+ de 500.000
Taîwan	16.300		20. à 30.000	1.600 à 1.800	5.000
Philippines	165.000	165.000	90.000	350 (méth.trad.) 1.000 (méth.mod.)	535.000

Cette espèce présente toutefois quelques inconvénients : d'abord il faut entretenir minutieusement les étangs, surtout les fonds des réservoirs, pour obtenir une algue benthique propre, aliment principal du poisson. Un autre problème important est celui de l'approvisionnement en alevins, qui doivent être collectés dans leur environnement naturel, car les expériences pour produire une fécondation artificielle n'ont pas eu, jusqu'à présent, de résultats positifs. Les réglementations internationales et les dangers de maladies, surtout la transmission du choléra, rendent difficile l'importation d'alevins (Ling 1972).

Néanmoins les potentialités de cet élevage ne sont pas épuisées, aussi bien dans les pays qui le pratiquent déjà intensivement (voir tableau XI) que pour ceux où son introduction permettrait d'améliorer et de stabiliser les conditions de vie des sociétés traditionnelles de pêcheurs.

4.62 *La culture de la crevette de rivière au Mexique* (Machrobrachium americanum)

Des études sont effectuées actuellement au Mexique sur les possibilités du développement de l'élevage de la "langostino del rio".[24]

A l'état sauvage les différentes espèces de crevettes de rivière se rencontrent dans les eaux douces et les eaux saumâtres des zones tropicales et sub-tropicales. La reproduction se fait en eaux saumâtres. Dès la naissance, les larves de *Machrobrachium* sont des nageuses actives. Elles se nourrissent de plancton animal mais en l'absence de celui-ci, elles peuvent se nourrir d'animaux morts et de déchets organiques.

Le succès du développement des larves dépend de la salinité de l'eau qui doit varier entre 8 et 22%. Les jeunes remontent les eaux des fleuves et arrivent en eau douce au bout de deux ou trois mois. A ce moment, ils mesurent six à sept cm de long, pèsent 6 g et ressemblent à une crevette adulte. Certains individus peuvent remonter 100 km de fleuves. Ils atteignent la maturité à neuf mois. Les mâles adultes pèsent 450 g en moyenne, et les femelles 225 g. Certains individus atteignent le poids d'un kilo.

Si l'on parvient à vérifier l'hypothèse que l'espèce *Machrobrachium americanum* n'a pas besoin de se reproduire en eau saumâtre il y alors de grandes possibilités pour l'élevage de cette crevette qui pourra repeupler d'innombrables lacs naturels, lacs artificiels de barrage et étangs artificiels et que l'on pourra exploiter en semi-culture. Les larves peuvent être capturées près du barrage de La Villita dans le delta du Rio Balsas, pendant la période août-octobre ; les formes post-larvaires peuvent être élevées dans les eaux du barrage de La Villita ou dans les étangs de son complexe d'irrigation par les paysans.

Des expériences ont déjà eu lieu : en 1971, un petit groupe privé, "L'Aquacultura S.A.", a construit deux bassins et un laboratoire pour la culture du *Machrobrachium americanum* dans

24. Un groupe d'études a été constitué, composé de spécialistes de l'Instituto nacional de pesca, Fideicomiso para el desarrollo de la fauna acuatica, ainsi que de spécialistes internationaux.

le village de Cacalotan, près de Rosario dans l'état de Sinaloa. De nombreuses femelles gravides ont été capturées dans les fleuves voisins et l'insémination artificielle a réussi. Dans les étangs, on cultive les crevettes à partir de la forme juvénile que l'on capture dans les rivières locales. Chaque bassin mesure environ 100 m sur 7,5 avec 1,5 m de profondeur. L'eau est collectée par pompe jusqu'à une profondeur d'un mètre. Les crevettes juvéniles sont nourries avec toutes sortes de déchets qui sont gardés par les habitants du village à cet effet. Une autre expérience d'insémination artificielle et d'élevage a été effectuée à Rosario, dans l'état de Sinaloa, par un autre groupe de recherche privé, le CIFSA (Consultores en Ingeneria Fluiviomaritima S.A.) qui a son siège à Mexico.

Ce secteur de recherche peut présenter des possibilités immédiates de développement à bas prix, et peut offrir dans un avenir très proche des applications dans de nombreuses autres régions du Mexique et même dans d'autres pays d'Amérique latine. Cette expérience serait très économique et pourrait se réaliser dans les régions des plaines côtières du Mexique où il y a de nombreuses terres non exploitées, une grande quantité constante d'eau douce disponible, et une main-d'oeuvre sous-employée. Beaucoup de municipalités pourraient intensifier l'emploi de leur main-d'oeuvre et faire l'élevage de la crevette en monoculture ou en association avec d'autres espèces.

4.63 *La technique des "valli" en Italie*

Dans les lagunes italiennes, on utilise le phénomène annuel de la remontée des poissons entre février et décembre ; les opinions divergent sur les causes qui poussent les poissons à remonter, mais l'on peut tout de même noter l'influence de la faible salinité (les eaux douces attirent les poissons), de la température élevée des étangs, de la saturation en oxygène, de la présence de nitrates et de phosphates et d'une vie dominante surtout dans les fonds (benthos) plutôt qu'en surface (plancton). Les Romains, puis les Vénitiens, ont mis à profit ce phénomène pour la pêche. En effet, les poissons descendent vers la mer au moment de la maturité sexuelle. Il suffit alors de les empêcher de fuir la lagune. C'est la technique des "valli" (ou des "obstacles") que les Italiens ont développée dans l'Adriatique : des palissades de roseaux laissent écouler les eaux mais arrêtent les poissons (D'Angelis 1960). Les poissons ainsi capturés sont les daurades, les mulets et les anguilles ; tous les poissons descendent chaque année pour la ponte, sauf les anguilles qui ont un processus de croissance plus long.

4.7 LA PISCICULTURE EN CAGES DANS LES RIVIERES

Lorsque l'eau est disponible en abondance, la culture intensive des poissons en eau courante est plus avantageuse. L'eau courante est en effet favorable à une grande densité de poissons par suite de la haute oxygénation de l'eau qu'elle offre. Mais ce mode de pisciculture implique qu'un complément d'aliments soit mis à la disposition des poissons.

Au Cambodge, une espèce fort appréciée, le *Pangasius sutchi*, est élevée dans des cages de 9 m x 4,5 m qui flottent à la surface de la rivière. Ces cages sont couvertes de plantes aquatiques telles que l'*Ipomoea aquatica* ou l' *Eichornia crassipes* qui protègent les poissons d'un ensoleillement trop intense (Lafont & Saveun 1951 ; Hickling 1961).

Chaque cage, construite en bambous, permet l'élevage de 7.000 à 8.000 poissons. Les jeunes poissons, qui pèsent de 80 à 150 g sont introduits chaque année dans les cages en septembre-octobre. Les Pangasius se nourrissent principalement de petits poissons mais une ration complémentaire de bananes, de plantes aquatiques, etc... leur est distribuée deux fois par jour. Au bout de huit mois, les Pangasius pèsent 1.200 g et peuvent être commercialisés. Pratiqué au niveau villageois, l'élevage du Pangasius procure ainsi en abondance des poissons de qualité pour l'alimentation humaine.

Toutefois, le Pangasius étant une espèce prédatrice, pour éviter qu'ils ne se mangent entre eux, il faut veiller à ce que, dans une même cage, tous les poissons aient une taille identique.

En Indonésie, une technique similaire à celle du Cambodge est utilisée, avec cette différence que les cages sont fixées au fond du cours d'eau. Cette culture intensive de poissons semble avoir été introduite en Indonésie par les Japonais en 1940.

Dans la ville de Bandung, la rivière Tjibunut se divise en deux bras. Le niveau de l'eau et sa vitesse varient suivant la saison. Le débit est en moyenne de 200 l. par seconde. La rivière reçoit les égoûts de la ville et des déchets y sont lancés chaque jour.

Trente-quatre cages sont disposées sur une longueur de 40 m dans l'un des bras du cours d'eau, tandis que 198 cages sont installées dans l'autre bras de la Tjibunut, sur une longueur d'un ou deux km. Les cages, rectangulaires (1,5 à 3 m de long sur 0,9 à 1,5 m de large et 0,6 à 0,7 m de haut) sont construites en bambous de 2 à 3 cm de diamètre espacés de 0,5 à 1,5 cm. Par niveau d'eau normal, les cages émergent de 15 à 20 cm au-dessus de l'eau. Leur protection contre les matériaux solides entraînés par les eaux est assurée par des grilles en fer, situées en amont.

Chaque cage reçoit 200 à 400 carpes : les unes de petites

carpes de 5 à 8 cm de longueur, d'autres, ce qui est préférable, des carpes de 8 à 12 cm. Le poids de chaque poisson augmente de 180 à 200 g en seize semaines. Chaque cage gagne de 6 à 13,5 kg de poisson par mois. En deux ou trois mois, la production disponible atteint 50 à 75 kg de poisson. Quelques semaines suffisent à amortir le coût de production des cages.

L'on constate que, bien que l'eau soit extrêmement polluée et chaude, la purification s'opère naturellement par dilution avec l'eau de pluie et grâce à la turbulence des eaux. Une intense vie aquatique végétale et animale se développe au fond de la rivière : feuilles et herbes y poussent en abondance tandis que la population de vers aquatiques *Oligochaete* est considérable. Vaas et Sachlan (1956) ont dénombré 329 Oligochaetes et *Tendipedidae* par décimètre carré constituant un poids total de 703 mg.

Cette méthode offre de riches perspectives dans les cours d'eau riches en flore et faune de fond. Cependant, il est souhaitable de fournir une alimentation complémentaire aux poissons (Huet 1956).

4.8 SYSTEMES AGRICOLES ET AQUICOLES COMBINES, DANS LE CADRE D'UNE EXPLOITATION RURALE MIXTE

4.81 *Principe général*

Les principes agronomiques d'une exploitation agricole "moderne" tendent à favoriser la monoactivité, système qui établit une dépendance très forte d'inputs extérieurs au système lui-même.[25] A l'inverse, la combinaison de plusieurs activités, notamment agricoles et aquicoles, permet d'utiliser les complémentarités des différents éléments du système, en les intégrant les uns aux autres. On parvient ainsi à une économie maximale d'inputs externes, pour une optimisation des produits.

Le système combiné présenté ci-dessous est basé sur les principes suivants :

- utilisation des sources d'énergie éolienne, solaire ou géothermique, selon le cas, pour pomper ou réchauffer l'eau, et pour chauffer éventuellement les serres ou les étangs
- réutilisation des déchets organiques des différents composants du système
- optimisation du rendement énergétique : 20 calories sont nécessaires pour produire une calorie de nourriture pour une table américaine ; par contre, certains peuples de Papua-Nouvelle Guinée (les Tsembaga) produisent 20 calories de nourriture

25. Voir aussi ce volume, II 2.4.

FIGURE 4. DIAGRAMME DU FLUX D'ENERGIE POUR UN SYSTEME COMBINE DE SERRES ET DE BASSINS D'AQUICULTURE CHAUFFES PAR L'ENERGIE SOLAIRE (d'après *The New Alchemist* 1974, p. 42)

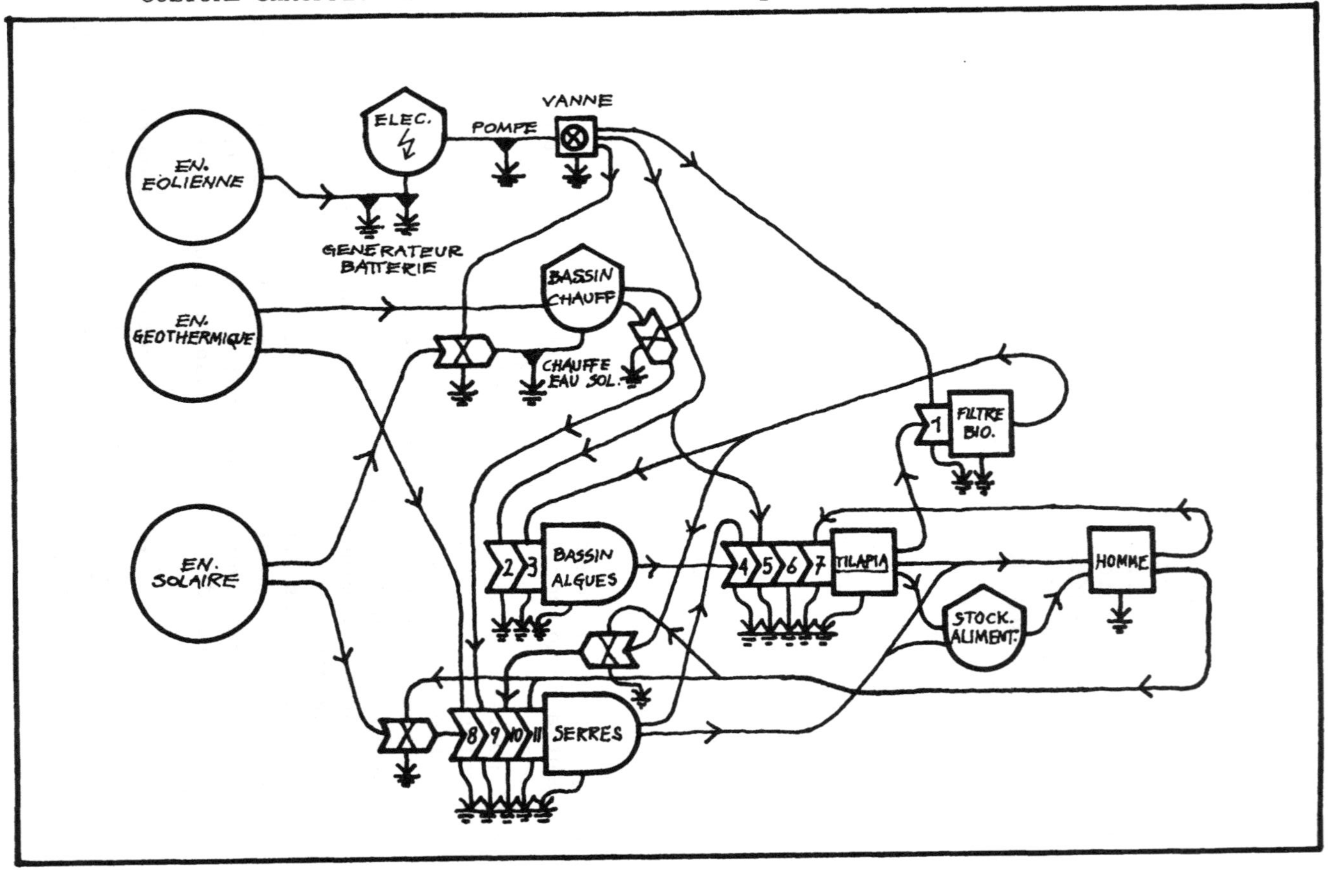

FIGURE 5. UN SYSTEME COMBINE DE BASSIN PISCICOLE ET DE SERRE : CHAUFFAGE SOLAIRE ET ENERGIE EOLIENNE (d'après *The New Alchemist* 1974, p. 97)

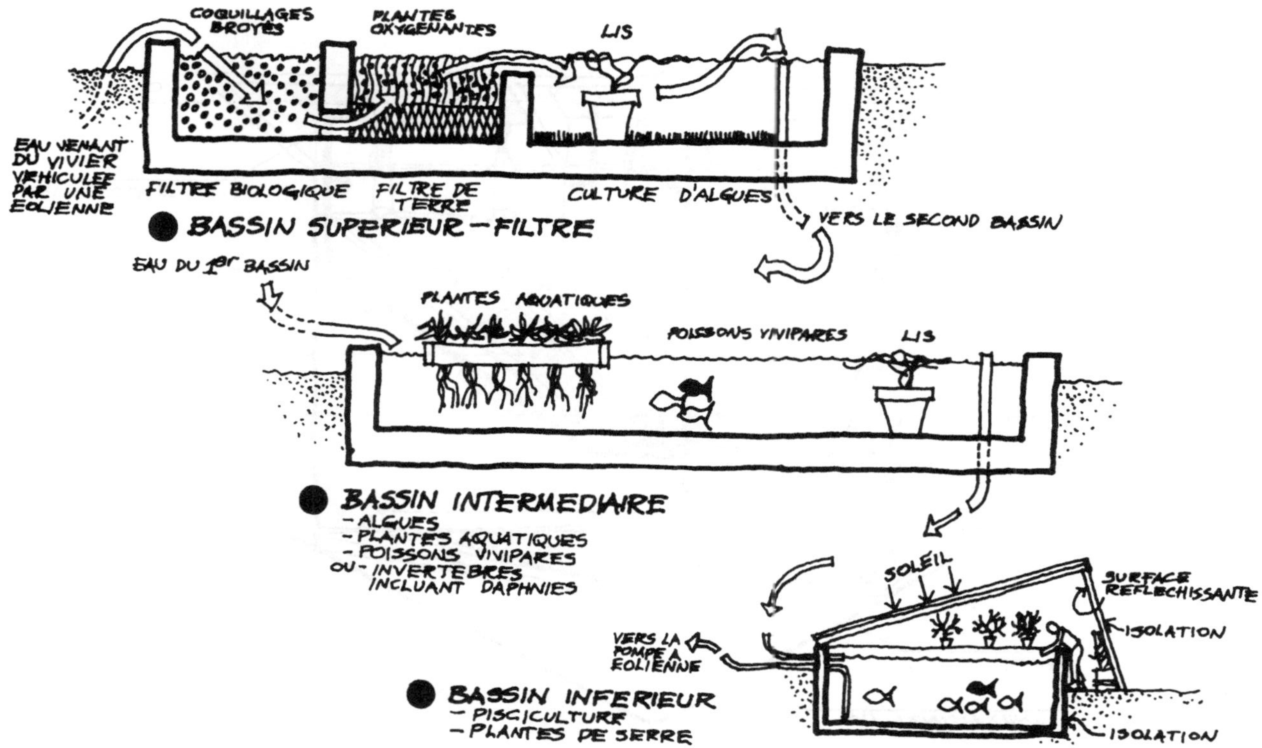

FIGURE 6. SCHEMA D'UNE SERRE-DISTILLATEUR PARTIELLEMENT AMENAGEE POUR LA CULTURE SANS SOL ET L'AQUICULTURE COMBINEES, BANYULS-SUR-MER, FRANCE

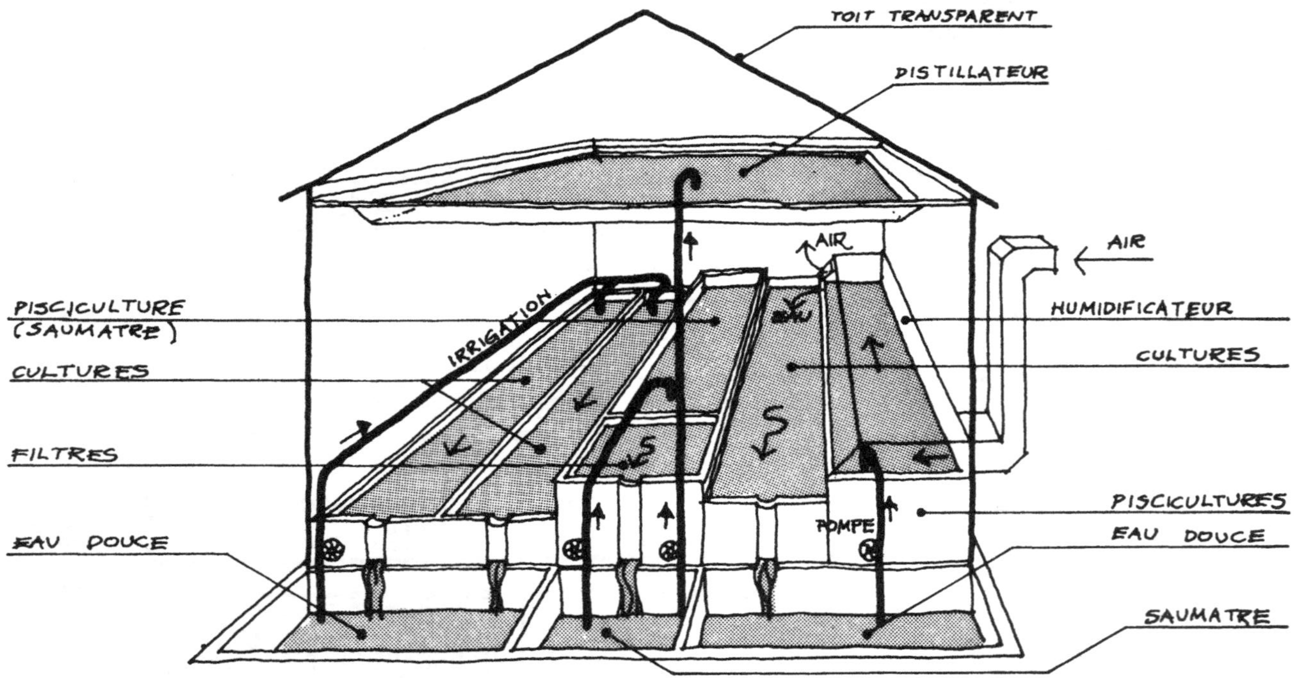

par calorie d'énergie incorporée
- recirculation de l'eau, ce qui permet une économie dans les régions arides.

Outre la production de protéines, l'aquiculture fournit une eau d'arrosage enrichie d'éléments organiques. Les espèces introduites sont normalement herbivores (*Tilapia* ou carpes) et se nourrissent du plancton produit grâce au recyclage des effluents.

4. 82 *Association des cultures végétales irriguées et de la pisciculture en serres*

Des serres réalisant cette association peuvent intéresser autant les régions froides que les régions arides ou semi-arides exigeant une économie d'eau, et peuvent même se concevoir à l'intérieur des agglomérations urbaines.

Certaines expérimentations pour réaliser cette intégration sont en cours de réalisation.

Le "Miniature Ark" (*New Alchemist* 1974) est basé sur les principes suivants : le soleil fournit la chaleur ; l'énergie écolienne permet la circulation de l'eau à travers le chauffe-eau solaire, les filtres et les bassins ; les bassins, en plus de la production primaire de base, assurent la fonction de stockage de la chaleur, et la régulation du micro-climat à l'intérieur de la serre (chaleur, humidité).[26]

Le système se compose de trois bassins en série. Le premier sert à la purification de l'eau ; le second produit une nourriture additionnelle pour les poissons élevés dans le troisième bassin. Régulièrement, l'eau du bassin intermédiaire, y compris les phyto et zooplanctons, est déversée dans le dernier. Par ailleurs, dans le troisième bassin ont été placés divers organismes (insectes, vers...) qui, grâce à la chaleur, prolifèrent et constituent un apport alimentaire pour les poissons. Les plantes sont cultivées dans des bacs situés autour du bassin, irriguées avec cette eau.

Les enceintes solaires pour la culture et l'aquiculture combinées en économie d'eau (Boutière & Coulombon 1972) ont été prévues spécialement pour les zones arides, et comprennent un procédé de distillation de l'eau saumâtre. Elles permettent

---

26. *New Alchemist* 1974. Les exemples d'évaluation du flux d'énergie sont tirés de H.T. Odum "*Energy Ecology and Economics*". Paper invited by Royal Swedish Academy of Science 1973 K.F. Vass *Fish Culture in Freshwater and Brackish Ponds* 1963 ; R. Rappaport "*The Flow of Energy in an Agricultural Society*" *Scientific American* 224 (3) 116-134.

de réaliser des cultures irriguées en eau douce et parfois saumâtres, et simultanément des élevages d'animaux aquatiques et spécialement de poissons, dans les bassins de stockage des eaux douces ou salées, suivant le schéma général suivant :

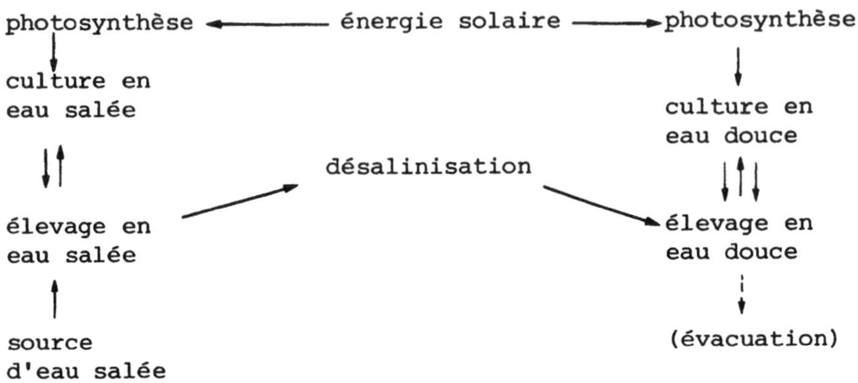

Les bassins de stockage d'eau douce ou salée servent de bassins d'élevage et sont en même temps utilisés pour humidifier l'air qui circule dans les enceintes de culture. Le substrat solide sur lequel se développent les cultures végétales sert également à la filtration des eaux des bassins d'élevage, ces eaux étant aérées au cours du cycle d'irrigation. Les produits cataboliques issus des élevages et retenus par le substrat des cultures apportent une partie des éléments utilisables par les végétaux. Dans ce système, les poissons sont nourris avec des aliments artificiels.

4.9 POSSIBILITE DE CONSTRUCTION ET D'EXPLOITATION D'UN ETANG PISCICOLE DANS LE CADRE D'UNE UNITE FAMILIALE

Il n'est guère d'exploitation agricole, si petite soit-elle, qui ne puisse aménager un petit espace pour la production piscicole, pour peu qu'elle dispose d'une quantité d'eau suffisante, laquelle peut être très peu importante. On a déjà mentionné l'utilisation, à cet effet, des abreuvoirs des animaux ; on peut se référer aux exemples cités précédemment.

N'importe quel "bac à poissons", même simple, peut fournir à l'unité familiale un apport alimentaire important. Les poissons peuvent être nourris de façons très diverses, y compris avec les déchets organiques de la ferme. Voici quelques illustrations :

- au Nigéria, le Service fédéral des pêches a entrepris des expériences pour l'élevage du *Tilapia* dans des étangs d'eau saumâtre, en le nourrissant avec des produits de la

TABLEAU XII : QUELQUES PRODUITS ALIMENTAIRES DESTINES A INTENSIFIER L'AQUICULTURE TROPICALE

Aliment	*Poisson*	*Partie comestible*	*Coefficient de conversion kg-aliment kg poisson*	*Hectare de culture/ hectare d'étang piscicole*	*Pays ou lieu de l'expérience*
malanga (colocasia esculenta)	Tilapia rendalli	feuilles dénervurées	4.04	1 pour 4 (pour une production de 4 tonnes de tilapias ha/an)	Colombie
ramie (Bohemeria nivea)	Tilapia rendalli	feuilles et branches	9	1 pour 5	Colombie
déchets d'origine végétale transformés contenant 40% de protéines en matière sèche	Tilapia nilotica	aliments granulés	1.5 coûte 0,12 dollars/kg pour une production de 5t/ha/an	7,5 tonnes d'un produit qui	République Centre-Africaine, Bangui
lisiers de porcherie	Tilapia nilotica	excréments urine déchets		la production de lisiers de 300 porcs avec une production piscicole de 5 tonnes ha/an	Afrique tropicale

Source : d'après le *Bulletin de l'aquiculture de la FAO*, Rome.

région (pâte d'arachide, maïs et autres) (FAO Bulletin 4(2)1972, p. 6)
- en Amazonie, une expérience a permis l'alimentation des poissons avec des termites (Sachs 1974) ; en Colombie, avec des feuilles d'arbres locaux (ce volume, III 4.4)
- des expériences menées en Israël ont montré que les larves de moucherons sont un excellent apport alimentaire pour de nombreux poissons. Ces larves peuvent être très facilement élevées, dans de petites mares d'eau dont le fond est tendu de chiffons ou de plastique : les moucherons y sont attirés et y déposent leurs oeufs (voir *New Alchemist* 1974, p. 18).

4.10 LA CULTURE DES PLANTES AQUATIQUES DANS LE CADRE DE SOCIETES TRADITIONNELLES

Certaines algues sont directement comestibles. Les Japonais, par exemple, font usage d'une grande variété d'algues. L'une d'entre elles, le "*wakamé*" riche en protéines et en fer, pousse naturellement sur les rochers. Mais on cultive aussi cette algue marine sur des cordages immergés, ensemencés de minuscules pousses.

Les Indiens Seri, de Sonora (Mexique) cultivent en bordure de mer une plante aquatique *Zostera marina L* ou "l'herbe à anguilles", qu'ils moissonnent et qui constitue une base importante de leur alimentation. C'est le seul cas connu d'utilisation pour l'alimentation humaine de grains provenant de la mer. Cette plante, dont la culture ne requiert ni eaux fraîches, ni pesticides, ni engrais artificiels, pourrait constituer une source de nourriture importante pour l'humanité (Felder & Beck 1973).

Des recherches s'attachent à la sélection de plantes aquatiques, telle la *Wolffia arrhiza* par exemple, une Lemnaceae traditionnellement cultivée en Thaïland dans les étangs où l'on procède à la cueillette tous les trois ou quatre jours durant neuf mois de l'année. Cette plante aquatique dont la teneur en protéines est élevée, fournit 265 t de matière verte soit 10,5 t de matière sèche par ha/an.

4.10 1 *L'algue Spiruline*

L'exemple le plus connu est celui de l'algue Spiruline dont la cueillette à des fins alimentaires se perd dans l'histoire du Mexique précolombien et est pratiquée également par les populations du Tchad. Les peuples qui vivaient dans la Vallée de Mexico avant la Conquête, avaient vécu antérieurement dans des zones humides, et s'orientèrent donc vers les produits aquatiques. Ils recherchèrent tout ce qui pouvait servir d'aliments dans le lac Toxcoco. Or, ni les plantes communes, ni les poissons, ne peuvent vivre dans ce lac car ses eaux sont trop salées et trop alcalines. La seule exception est une efflorescence microscopique qui flotte à la surface, connue par les Aztèques sous le nom de "tecuitatl". La ceuillette du tecuitatl se fait à l'aide de filets ou de pelles ; ensuite, on les met à sécher au soleil. On l'utilise comme aliment ou condiment dans les omelettes il a le goût du fromage et, lorsqu'il est frais a une couleur bleue ou verte. En veillissant il prend une teinte noire et on ne peut le manger qu'en petites quantités seulement en tant que condiment. La signification du mot "tecuitatl" en langue nahuatl, est "né de la pierre", parce que les Aztèques avaient observé qu'il se développait dans des eaux riches en sels minéraux et qu'ils lui attribuèrent une forme de vie minérale.

Petit à petit le tecuitatl est tombé dans l'oubli et cela fait seulement dix ans qu'on l'a redécouvert dans le lac Texcoco où l'on a commencé son utilisation industrielle.

4.10 *Caractéristiques de la Spiruline*

11 C'est une algue multicellulaire mesurant 250 microns de long, facilement concentrable par filtration, d'une taille idéale pour rendre possible dans des conditions économiques, sa séparation d'avec son milieu aquatique. Elle possède des vésicules sur la surface de son corps en forme de spirale, pouvant se remplir de gaz, ce qui lui permet de remonter à la surface de l'eau et d'y flotter grâce à une phénomène de turgescence.

La forme spiralée de cette algue lui permet de s'entrelacer pour constituer d'importantes masses d'algues flottantes dans les lacs salins. La spiruline, qui supporte de hauts niveaux de salinité et d'alcalinité, est l'un des rares organismes capables de vivre dans de telles conditions. Les eaux du Texcoco arrivent à contenir jusqu'à 270 g de chlorure de sodium par litre et une grande concentration de gaz carbonique en solution. Avec une concentration de gaz carbonique supérieure à 50 000 ppm l'algue Spiruline possède une activité de photosynthèse maximale.

Une autre caractéristique importante de la Spiruline est qu'elle est une plante C4 comme le maïs et le fourrage pangola. Elle réalise sa photosynthèse avec une optimisation thermique élevée (généralement entre 30 et 35° centigrade) et avec un pouvoir de fixation du gaz carbonique très élevé ainsi qu'une grande productivité de matière sèche (de 21 à 50 t de matière sèche par ha/an). Presque 70% de la matière sèche est une protéine d'assimilation facile, ce qui signifie, pour une production de 40 t de matière sèche par ha/an, une production de 28 t de protéines par ha/an (un hectare de maïs produit 100 kg de protéines par récolte).

En plus de sa grande richesse en protéines, l'algue Spiruline est riche en carotenoïdes (plus de 1,5 pour 1 000) dont la moitié est constituée de carotène prévitamine A et de Xantophile de grand pouvoir colorant. Elle contient aussi des lipides importants. La paroi des cellules de la Spiruline est constituée d'une membrane mucoprotéique, facilement assimilable par le procès de digestion humaine, à l'inverse d'autres algues, comme la chlorella et le scenedesmus qui possèdent des parois cellulaires cellulosiques de digestibilité difficile.

4.10 *Utilisations de la Spiruline*
12

Le Consejo nacional de ciencia y tecnologia (CONACYT) a organisé pour le Programme national d'alimentation le deuxième colloque franco-mexicain de l'algue Spiruline dans la ville de Mexico en 1975.[27]

Les principales utilisations expérimentées qui y ont été énoncées sont les suivantes :

- élevage des ruminants (agneaux et veaux) et des porcs. On a constaté une bonne digestibilité de la Spiruline et des résultats positifs relativement à la naissance des bêtes et à la qualité de la viande
- aquiculture. La Spiruline diminue les coûts en protéines pour les cultures intensives de truites, de tilapias et de carpes. De bons résultats ont été obtenus pour les moules, les crustacés et l'alimentation des larves (crevettes et poissons)
- source de pigments particulièrement appréciée pour les poissons d'ornements
- alimentation humaine. Des réserves ont été énoncées à l'encontre de l'utilisation massive de la Spiruline pour l'alimentation humaine, arguant du manque de connaissances sur certains de ses aspects. Néanmoins, l'Instituto nacional de investigaciones agricolas chapnigo de Mexico, étudie un pain à base de spiruline qui contiendrait 19,7% de protéines alors que le pain ordinaire n'en contient que 6 à 7%.

Bien que l'algue Spiruline ne puisse vivre que dans les lacs salés et alcalins, caractéristiques des zones tropicales arides (Lac Texcoco au Mexique, Lac Tchad en Afrique) son exploitation doit constituer un exemple à suivre pour d'autres micro-organismes ou végétaux aquatiques supérieurs du tropique humide. Des études sont faites actuellement pour l'implantation d'un complexe agro-industriel de Spiruline dans le Desierto, réalisées par Herbrero, Santillan et Escatel de l'Instituto politecnico nacional de Mexico. Ces auteurs proposent, dans les zones d'implantation possibles, l'utilisation de déchets organiques en provenance d'un élevage contigu pour fournir les

---

27. Voir SOSA-TEXCOCO 1972, et Proceedings. *III° Congrès des sciences et technologies alimentaires*, Washington, D C, 1970.

TABLEAU XIII : PRIX ET POURCENTAGE EN PROTEINE DE DIFFERENTS PRODUITS (1971/72)

Produits	*Prix/kg (dollars)*	*% de protéines*	*Prix/kg/protéines*	*Coût annuel pour produire 1/3 des protéines nécessaires à 10 millions d'habit. (millions dollars)*
Oléagineux				
soja				
farine	0.13	50	0.26	21
concentré	0.41	70	0.69	54.6
isolat	0.83	90	0.92	73.9
coton				
farine	0.36	55	0.67	53.8
concentré	0.36	65	0.55	43.8
cacahuette				
farine	0.11	50	0.22	17.7
isolat	0.77	90	0.86	69.1
coco				
farine	0.44	25	0.76	141.3
ajonjoli				
farine	0.88	65	1.35	107.7
Graines concentrées				
blé	0.11	23	0.48	38.0
riz	0.11	16	0.69	54.4
Concentré de poisson	0.48	80	0.60	47.4
Concentré de feuille	1.00	50	2.00	158.2
Synthétiques				
lysine	2.20	-	-	
metionine	2.20	-	-	
Protéines cellulaires				
levures	0.30	50	0.60	48.2
bactéries	0.44	65	0.68	54.6
algues	0.84	65	1.29	103.6
spiruline	0.50	65	0.76	61.0

nutriments nécessaires à la reproduction de l'algue. Ils présentent également la maquette d'une usine pilote d'un hectare pour préciser les conditions définitives de la construction d'un complexe agro-industriel. Il existe déjà une usine pilote en fonctionnement, pour la collecte et le séchage d'une à dix tonnes de Spiruline par jour ; cette usine utilise un évaporateur solaire réalisé par la Société Texcoco, en collaboration avec l'Institut français des pétroles. Le produit séché est exporté vers les Etats-Unis, l'Europe, l'Australie, la Nouvelle-Zélande où l'on mène des études sur la valeur alimentaire de l'algue pour des élevages d'animaux terrestres ou aquatiques.

4.10 *D'autres algues*
2

D'autres espèces d'algues peuvent être aussi avantageuses que l'algue Spiruline. Parker (1974) signale l'usage de l'algue marine du genre *Euchema sp.* aux Philippines dans la consommation humaine et décrit les possibilités économiques de cette plante.

Au Japon il y a des unités de production d'algues pour la consommation humaine, de l'espèce *Chorella sp.* Cette algue, de séparation difficile par ultracentrifugation, produit 32 g de matières sèches au mètre carré et par jour et son prix au Japon est de 15 dollars le kg. En Thaïlande l'algue de l'espèce *Scenedesmus sp.* produit 18 g de matières sèches au mètre carré et par jour, mais présente l'inconvénient d'être difficilement séparable en raison de sa petite taille.

Les caractéristiques les plus importantes que doivent présenter les algues pour pouvoir être exploitées à l'échelle locale et à un faible niveau de sophistication technique sont :
- une récolte et une séparation faciles
- une utilisation humaine et une absence contrôlée de toxicité
- un pourcentage élevé de protéines dans la matière sèche

Dans les pays en voie de développement on élimine évidemment a priori toute culture artificielle à coût technologique élevé.

A Hawaï, Dugan et ses collaborateurs (1973) citent l'utilisation en complexes agro-industriels de déchets animaux pour la culture d'algues planctoniques, et l'exploitation de la matière sèche de ces algues pour nourrir les animaux. Le prix de l'algue fourragère est de 0,13 dollar le kg.[28]

4.11 POTENTIALITES DE L'ELEVAGE DES GRENOUILLES ET DES TORTUES

Les grenouilles représentent un produit de "luxe" pour certains pays. Cette espèce aquatique peut pourtant constituer une ressource potentielle pour les économies paysannes. Elles exis-

---

28. Pour la récolte de l'algue voir Golueke et Oswald (1964).

tent à l'état naturel dans des étangs et des réservoirs de nombreux pays et les populations en font usage dans leur alimentation. Sa culture se développe en Amérique latine [29], en Inde et en Chine. Il est possible de combiner la culture des grenouilles avec certaines espèces de poissons (carpes indiennes par exemple). Des expériences ont lieu à Barrackpore et Cuttack (Inde). Les résultats indiquent que les carpes élevées seules donnaient 886 kg/ha, tandis qu'en polyculture la production des carpes atteint 1.845 kg/ha/an avec la *Rana hexadactyla* et 1.311 kg/ha/an avec la *Rana tigrina* (Barcach *et al.* 1972, p. 282-283).

Ces expériences laissent entrevoir une possibilité d'expansion intéressante de l'élevage des grenouilles au sein des économies paysannes, et nous amènent par ailleurs à poser la question d'autres espèces et familles animales aquatiques susceptibles de présenter un intérêt pour de petites unités de production mixtes agricoles et aquicoles. Dans cet ordre d'idées, certains ont pensé à l'élevage des crocodiles mais peut-être d'autres hypothèses plus réalistes seront-elles envisagées.

A noter aussi le potentiel offert par les tortues. Diverses méthodes de protection des couvées sont expérimentées sans qu'il soit possible de se prononcer sur la meilleure méthode, en l'état actuel de nos connaissances. Parmi les tortues marines, la tortue verte (*Chelone mydas*), végétarienne, donne une chair qui est à la base de la traditionnelle soupe de tortue. Parmi les tortues d'eau douce, on peut citer le *Trionyx cartilagineus* qui se nourrit de poissons et de grenouilles et le Terrapin des rivières dont les oeufs sont très prisés.

---

29. Le Service de diffusion scientifique de l'OEA (Organisation des états américains), CIMPEC, fait le point sur ces cultures au Mexique : des expériences ont eu lieu près de Cuernavaca, et l'on a obtenu une ponte de 18.000 oeufs par femelle, avec une survie de 25 à 30% ; l'Etat de Sinaloa (Mexique) exportait, selon le journal colombien *El Tiempo* (*El Tiempo* Bogota 29 sept. 1974, p.8) 2.000 t de cuisses de grenouille en Californie.

CONCLUSION

L'aquiculture peut constituer un élément dynamique important de l'activité agricole, et ceci dans une double optique. En premier lieu, elle permet, pour un faible coût, la production locale de protéines - et l'on sait combien cet apport pourrait améliorer les conditions de vie d'une fraction importante des peuples du Tiers Monde, dans la mesure où le consommateur est également le producteur ou en reste proche, ce qui réduit le coût du produit et en facilite l'accès. D'autre part, une meilleure utilisation du potentiel naturel, basée sur une connaissance approfondie des différents éléments de l'écosystème et de leurs interrelations, peut permettre d'accroître l'output agricole. Il faut démystifier les spécialisations agricoles, reposant sur un apport d'inputs d'origine industrielle important comme étant la seule voie possible pour la production de nourriture. De même qu'il faut élargir l'éventail des produits de l'agriculture pour l'alimentation et y inclure les produits de l'aquiculture, de même il faut diversifier les activités et apprendre à utiliser leurs complémentarités, en les intégrant les unes aux autres.

Une telle démarche poursuit à la fois des objectifs sociaux et écologiques. Les possibilités d'introduction de l'aquiculture dans une économie paysanne, dont nous n'avons pu donner ici qu'un bref aperçu, apparaissent suffisamment importantes pour que nous espérions qu'elles deviennent l'objet d'explorations et de recherches plus systématiques et approfondies.

ANNEXES

I Production de la carpe commune par pays et selon les méthodes

II Exemples représentatifs de la production du poisson-chat aux USA

III Production de *Tilapias* par pays et rendements selon les types de culture

IV Systèmes de culture du *Tilapia*

ANNEXE I : PRODUCTION DE LA CARPE COMMUNE, PAR PAYS ET SELON LES METHODES (d'après Bardach, Ryther, MacLarney 1972 p. 67) - RENDEMENTS DES CULTURES DE CARPES COMMUNES DANS DIFFERENTS PAYS

Pays ou région	*Méthode de culture*	*Rendement (kg/ha)*
Tchécoslovaquie	Croissance en étangs avec canards	500
Europe	Croissance naturelle en étangs	25 - 400
	Croissance en étangs avec nourriture additionnelle	100 - 400
	Culture intensive en étangs	1 500
R.F.A.	Culture en eau d'égoût traitée sans alimentation	500 - 900
Guatémala	Culture intensive en étangs	4 000
Haïti	Eclosoirs gouvernementaux	2 300+
	Etangs des fermes (culture de subsistance) habituellement sans alimentation	550
Inde	Croissance naturelle en étangs	400
	Croissance gérée en étangs	1 500
Indonésie	Culture intensive en étangs	1 500
	Croissance en cage en eaux "polluées" sans alimentation	500 000 - 750 000
Israël	Culture intensive de "mirror carp"	1 500
Yougoslavie	Culture en étangs, sans fertilisation	780
	Culture en étangs, avec addition de fumier	1 500 - 2 000

Pays	Système	Rendement
Japon	Croissance en étangs d'irrigation (fertilité peu élevée)	76
	Croissance en étangs d'irrigation (fertilité moyenne)	180
	Croissance en étangs d'irrigation (fertilité élevée)	490
	Croissance en étangs d'irrigation avec alimentation très intense	5 000
	Culture intensive en étangs	5 000
	Croissance en eau courante ou ruisseaux	400 000 - 2 000 000 (dépend de la vitesse de circulation de l'eau)
	Croissance en rizières	700 - 1 200
	Elevage en cages flottantes	4 000
	Elevage en systèmes de recirculation fermés	4 000 000
Nigéria	Culture commerciale avec fertilisation et alimentation	371 - 1 834
Philip-pines	Culture intensive en eaux stagnantes	5 500
	Culture intensive en eaux courantes avec alimentation très intense	80 000
Pologne	Croissance en eaux d'égoût traitées, sans alimentation	1 300
R.A.U.	Culture expérimentale en étangs avec alimentation	2 500
Etats-Unis (Alabama)	Culture intensive avec fertilisation inorganique, sans alimentation	314
	Culture intensive avec fertilisation inorganique et alimentation (non réalisable économiquement)	784 - 1 930
URSS (Ukraine)	Elevage en rizières	150 - 200
URSS	Culture expérimentale en tourbières (non fertilisées)	50
	Culture expérimentale en tourbières (fertilisées)	250 - 300
	Culture en fermes collectives	200 - 500

ANNEXE II : EXEMPLES REPRESENTATIFS DE LA PRODUCTION DU POISSON-CHAT AUX USA (d'après Bardach *et al*, 1972, p. 182)

Localité	*Espèces stockées*	*Nombre stocké par ha.*	*Taille des poissons stockés*	*Fréquence d'alimentation*	*Temps de croissance*	*Taille à la récolte*	*Production (kg/ha)*	*Type de culture*
Auburn Univ. Alabama	brown bullhead	1200	2,5-10,0cm	Inconnue	13 mois	0,33 kg ou plus	2024 (seulement les poissons de taille négociable	Culture expérimentale en étangs fertilisés alimentés par eau puisée
Auburn Univ. Alabama	Channel	1184	6,4 g	9130 kg au total durant la période de croissance	188 jours	Inconnue	2008	Culture expérimentale en étangs alimentés par eau puisée
Dumas, Arkansas	Blue ; channel	5441 60	5-10 cm 10-15 cm	3% du poids total des poissons quand la température de l'eau dépasse 16°C ; 5% durant les jours chauds d'hiver uniquement	251 jours	Blues 0,45 kg channels 0,67 kg	Blues 1189 channels 145 Total = 1334	Culture commerciale dans un étang de 2,1 ha alimenté par eau puisée

Dumas Arkansas	Blue ; Channel	32 736	8-20 cm 8-20 cm	3% du poids total des poissons quand la température de l'eau dépasse 16°C ; 5% durant les jours chauds d'hiver uniquement	273 jours	Blues Channels	0,85kg 0,54kg	Blues 123 Channels 1732	Culture commerciale dans un étang de 10 ha alimenté par eau puisée
Stuttgart Arkansas	Channel	600	15 cm	3% du poids total des poissons quand la température dépasse 16°C (6 jours par semaine) 0,75% 1 ou 2 jours par semaine quand la température est plus basse	210 jours	0,57 kg		1527	Culture expérimentale en étangs alimentés par eau puisée
Stuttgart Arkansas	Channel	2000	10 g	Inconnu	Inconnu	0,24 kg		2206	Culture expérimentale en étangs de 0,04 ha alimentés en eau puisée

Stuttgart Arkansas	Channel	2000	10 gr	Inconnu	Inconnu	0,27 kg	2621	Culture expérimentale en étangs de 0,04 ha alimentés en eau puisée et aérée par air compressé
Stuttgart Arkansas	Channel	2152	10 gr	Inconnu	Inconnu	0,29 kg	2864	Culture expérimentale
Ames Iowa	Channel	Près de 800	Juvénile	Inconnu	Inconnu	Inconnu	3977	Culture expérimentale

ANNEXE III : PRODUCTION DE TILAPIAS PAR PAYS, ET RENDEMENTS SELON LES TYPES DE CULTURE

Pays	*Espèces stockées*	*Type de culture*	*Résultats*
Indonésie	*T. Mossambica* (35%), carpe commune (30%), *Nilem* (*Osteochilus hasselti*) (20%), *Gourami* (*Osphronemus goramy*) (15%)	Croissance à court terme en petits étangs tropicaux	Bonne production des poissons de petite taille
Israël	*T. Nilotica* (juvéniles 2550-3000/ha), carpe commune (2500/ha)	Culture expérimentale en étangs	Rendement total moyen de la monoculture de carpes, 4159 kg/an ; rendement total moyen avec l'addition de tilapias 5292 kg/ha/an
	T. Nilotica (3000/ha), carpe commune 5500/ha	Culture expérimentale en étangs	Rendement égal de la carpe en mono ou polyculture mais l'addition de tilapias accroît le rendement total de 13 à 33%
	T. Nilotica, carpe commune	Culture expérimentale en étangs avec fertilisation et alimentation complémentaire	La monoculture de carpes donnait 900-1500 kg/ha ; production totale avec l'addition de tilapias dépassait 2500 kg/ha
	T. Nilotica (1000-1500 juvéniles/ha), carpe commune (2 groupes de taille)	Culture commerciale en étangs	Rendement total supérieur à celui qui pourrait être atteint par la monoculture des différentes espèces
	T. Nilotica, carpe commune, *Mugil cephalus*, *Mugil capito*	Culture expérimentale en étangs	L'addition de tilapias aux carpes et aux mulets accroît généralement la production de ces 2 espèces et accroît invariablement la production totale

Kenya, Ouganda Tanzanie	*Tilapia sp.*, mirror carp (var. de *Cyprinus carpio*)	Culture en étangs d'eau douce	L'addition de carpes (recommandée par Y. Pruginin) accroît le rendement des étangs occupés jusque-là par la monoculture du tilapia
Malaisie	*T. Mossambica, Barbus gonionotus*	Culture expérimentale en étangs d'eau douce avec 40-120 kg/ha de superphosphates	Utilisation efficiente de la très forte production de phytoplanctons par la fertilisation provoquée
Philippines	*T. Mossambica, Chanos*	Culture en étangs d'eau saumâtre, initialement prévus pour le *Chanos*	Le tilapia s'introduit accidentellement dans les étangs de *chanos* et est souvent indésirable pour les exploitants, néanmoins, il peut accroître la production totale
Asie du Sud-Est	*Tilapia* sp., carpe commune, Barbue sp. *Tilapia sp.*, carpe commune, kissing gourami (helostoma temmincks)	Culture en étangs d'eau saumâtre Eau d'égoûts	
Soudan	*T. macrochir, T. melanopleura* (sans disctinction d'âge)	Etangs d'eau douce	Comparée à la monoculture, la polyculture accroît les rendements de chacune des espèces
Ouganda	*T. Mossambica,* carpe commune	Culture d'eau douce	Rendements en polyculture supérieurs à ceux de la monoculture pour chacune des espèces

USA (Alabama)	*T. Mossambica*, (4400/ha), channel catfish (*Ictalurus prunctatus*) (1250/ha)	Culture expérimentale avec alimentation des poissons-chats	Production en monoculture de channel catfish, 1400 kg/ha ; production en polyculture, 1568 kg/ha de catfish plus 266 kg/ha de tilapias ; taux de conversion alimentaire du catfish égal dans les deux cas
	T. Nilotica (2500/ha), channel catfish (7500/ha)	Culture expérimentale avec alimentation des poissons-chats	Production de catfish égale ou supérieure à celle obtenue en monoculture ; production totale améliorée avec l'addition de tilapias : taux de conversion alimentaire du poisson-chat égal dans les deux cas
	T. Mossambica (2500/ha), *T. Nilotica* (2500/ha), largemouth bass (*Micropterns salmoides*)	Culture expérimentale en eau douce	Production de 21,2 kg/ha de bass et 2118 kg/ha de tilapias
	T. Mossambica (2500/ha), *T. Nilotica* (2500/ha), *T. Melanopleura* (2500/ha), largemouth bass (500/ha)	Culture expérimentale en eau douce avec addition d'une quantité indéterminée de vairons (*Pimephales promelas*), pour la nourriture des largemouth bass	Production de 108,6 kg/ha de bass et de 2182,7 kg/ha de tilapias ; les vairons ont complètement disparu

Taïwan	*T. Mossambica* (50% ou plus de la récolte), *Mugil Cephalus* (12%), carpe argentée (*Hypophtalmichthys molitrix*) (10%), les 28% restant composés de : carpe commune et de poissons rouges (*Carassins auratus*), d'*Aristichthys nobilis*, d'anguilles (*Anguilla japonica*) de *Chanos*	Culture d'eau douce ou saumâtre en étangs très riches, souvent pollués organiquement	Bonne production de poissons

ANNEXE IV : SYSTEMES DE CULTURE DU TILAPIA (d'après Bardach *et al.*, 1972 pp. 366-367)

Pays	*Espèces stockées*	*Type de culture*	*Résultats*
Cameroun	*T. Nilotica, Heterotis niloticus, Hemichromis fasciatus*	Subsistance et étangs commerciaux	Bonne production et contrôle effectif de la population de tilapias
Chine	*T. Mossambica*, mulet ray (*Mugil cephalus*) milkfish (*Chanos chanos*), association de carpes chinoises	Etangs traditionnels	L'addition de tilapias, de mulets et de *Chanos* à la culture de carpes chinoises accroît le rendement même dans le cas où il était aussi élevé que 7500 kg/ha
Costa Rica	*T. Melanopleura* et/ou *T. Mossambica*	Culture expérimentale en étangs privés ou gouvernementaux	Production annuelle moyenne 2784 kg/ha maximum, 3449 kg/ha
Angleterre	*Tilapia sp.*, carpe commune	Culture expérimentale en eaux de refroidissement de centrales thermiques	
Inde	*Tilapia sp., Chanos, Catla*, (*Catla catla*)	Elevage en étangs très fertiles	Le rendement en tilapia était assez bon mais le rendement total de l'étang était bas. Les *chanos* et les catla ont été pratiquement exterminés, vraisemblablement par les tilapias
	Tilapia sp., Barbus sp., Nagendram fish (*Osteochilus thomassi*)	Culture commerciale en eau douce	

Indonésie	*T. Mossambica* (35%), carpe commune (30%) ; *Nilem* (*Osteochilus hasselti*) (20%) *Gourami* (*Aphronemus goramy*) (15%)	Elevage rapide en petits étangs tropicaux	Bonne production de poissons de petite taille
Israël	*T. Nilotica* (saumoneaux 2550-3000/ha), carpe commune (2500/ha)	Elevage expérimental en étangs	Production totale moyenne dans le cas de la monoculture des carpes 4159 kg/ha/an ; production totale moyenne avec adjonction de tilapias 5292 kg/ha/an
	T. Nilotica (6000/ha), carpe commune (5500/ha)	Elevage expérimental en étangs	Production de carpes égale en monoculture et polyculture, mais l'adjonction de tilapias augmentait la production totale de 13 à 35%
	T. Nilotica carpe commune	Elevage expérimental en étangs avec fertilisation et alimentation additionnelle	La monoculture des carpes produisait 900 à 1500 kg/ha ; la production totale avec adjonction de tilapias était de plus de 2500 kg/ha
	T. Nilotica (1000-1500 saumoneaux/ha), carpe commune (2 groupes de tailles)	Elevage commercial en étangs	Production totale plus élevée qu'en cas de monoculture de chaque espèce
	T. Nilotica, carpe commune *Mugil cephalus*, *Mugil capito*	Elevage expérimental en étangs	L'adjonction de tilapias dans des étangs de carpes et mulets augmentait en général la production de carpes et de mulets et augmentait toujours la production totale

Taïwan	*T. Mossambica* (50% ou plus de la récolte), *Mugil cephalus* (12%), carpe argentée (*Hypothalmichthys molitrix*) (10%), les 28% restant comprenant : carpes communes, poissons rouges (*Carassius auratus*), "grosses têtes" (*Aristichthys nobilis*), anguilles (*Anguilla japonica*), *Chanos*	Elevage en étangs, en eau fraîche et saumâtre, dans des étangs très riches, souvent organiquement pollués	Bonne production de poissons

BIBLIOGRAPHIE

Almeida Martinez, Ricardo. 1974. *El genero Tilapia* (Pisces, Cichlidae) ; *su bibliografía y su revisión con énfasis al cultivo de especies introducidas a Mejico y sus relativos* (Reading : University of Reading).

Alverson ; Longhurst, A.R. ; Gulland, J.A. 1970. "How Much Food from the Sea ? ", *Science* 168(3930)503-505.

Ansell, A.D. 1971. "An Approach to Sea Farming", *New Scientist* (14)408-409.

Arne, P. 1938. "Contribution à l'étude de la biologie des muges du golfe de Gascogne", pp. 77-113, *in : CIESMM, Ve réunion, Monaco 1938.*

Bagnall, L.O. *et al.* 1974. "Feed and Fiber from Effluent-Grown Water Hyacinth", pp. 116-141 *in* : *Wastewater Use* 1974.

Bardach, John. 1968. "Aquaculture. Husbandry of Aquatic Animals Can Contribute Increasingly to Supplies of High-Grade Protein Food", *Science* 161(3846)1098-1106.

Bardach, John & Ryther, John. 1968. *The Status and Potential of Aquaculture* PB 177760 (Washington DC : The Executive Office of the President).

Bardach, John ; Ryther, John ; MacLarney. 1972. *Aquaculture. The Farming and Husbandry of Freshwater and Marine Organisms* (New York : Wiley Interscience).

Bardhan, Kalpana & Bardhan, Pranab. 1973. "La révolution verte et les tensions socio-économiques : le cas de l'Inde", *Revue internationale des sciences sociales* 25(3)314-321.

Bathiak, H.L. 1970. "Use of Mahua Cake in Fisheries Management", *Indian Farming* 20(4)39-42.

Beadle, L.C. 1946. "The Venetian Lagoon", *Scientific Progress* (34)734-750.

Billups, C. ; Wilkins, B. ; Pike, R. 1971. "Applications of Population-Balance Models in the Prediction of Shrimp Size

Distribution", *in : Seventhieth National Meeting, American Engineering Society, New York.*

Boerema, L.K. 1973. "Stock Assessment of the Peruvian Anchovy and Management of the Fishery", *in : FAO Technical Conference Vancouver* 13-23 Feb. 1973. Doc. FI : FMD/73/R-6 (Rome : FAO).

Bourgoignie, G.E. 1972. "Ethno-écologie d'une collectivité régionale : les cités lacustres du Dahomey", *Journal canadien des études africaines* 6(3)403-431.

Boyd, C.E. 1969. "The Nutritive Value of Three Species of Water Weeds", *Economic Botany* 23(2).

- 1974. "Utilisation of Aquatic Plants", *in :* D.S. Mitchell (ed.) *Aquatic Vegetation and its Use and Control* (Paris : UNESCO).

Ceccaldi, H.J. 1973. "Aspects généraux de la culture des crevettes", *Etudes et revues, Conseil général de pêches de la Méditerranée* (52).

CGPM (Conseil général de pêches de la Méditerranée). 1969. *Report of the First Meeting of the Working Party on Fresh, Brackish and Hypersaline Water Fisheries* Rome, 6 May 1969. CGPM 10/69.9. (Rome).

CIC (Comité interprofessionnel de la conchyliculture). 1974. *Moules, huîtres et coquillages de France* (Paris).

COBB, J. 1901. "Commercial Fisheries of the Hawaiian Islands", pp. 427-433, *in : Report of the United States on Commercial Fisheries* (Cité par Hickling, 1970).

Coleman, Mark *et al.* 1974. "Aquaculture as a Means to Achieve Effluent Standards", pp. 199-212, *in : Wastewater Use* 1974.

Commoner, Bary. 1972. *L'encerclement* (Paris : Le Seuil).

D'Angelis, Ruggero. 1960. "Exploitation et description des lagunes saumâtres de la Méditerranée", *Etudes et revues, Conseil général de pêches de la Méditerranée* (12).

Dieguez, Antonio Carlos. 1973. *Pesa e marginalização no littoral paulista* Thèse de maîtrise (Sao Paulo : Universidade de São Paulo).

Dingues, Ray. 1974. "The Availability of Daphnia for Water Quality Improvement and as an Animal Food Source", pp. 142-161, *in : Wastewater Use* 1974.

Dong-Ho Kim. 1968. "Algunas consideraciones sobre la utilización industrial de algas marinas en Chile". Instituto central de biologia, Universidad de Concepción, Chile. Miméogr.

Donnelly, Robert & Inouye, Tommy. 1974. "Coliform and Phytoplankton Studies in a Brackishwater Aquaculture Pond Fertilized with Domestic Wastewater", pp. 404-411, *in : Wastewater Use* 1974.

FAO. 1968. *Bulletin d'aquiculture de la FAO/FAO Aquaculture Bulletin.*

FAO. 1969. *Programme indicatif mondial (PIM) : Les perspectives de développement des pêches mondiales pour 1975-1985* Circulaire

n° 118 (Rome : FAO).
FAO. 1973. "Concentré de protéines de feuilles", *Cérès* 31(janv.-févr.)40.
FAO. 1973. *Annuaire statistique des pêches 1972* 34 (Rome : FAO).
FAO. 1974. *Symposium FAO/CARPAS sur l'aquiculture en Amérique latine Montevideo. Nov. 1974* Doc. CARPAS 6-74/SC 6 (Rome : FAO).
Felder, R. & Beck, m. 1973. "Eelgrass (*Zostera marina L.*) in the Gulf of California : Discovery of its Nutritional Value by the Seri Indians", *Science* 181(4097)355-356.
First US-Japan Meeting on Aquaculture at Tokyo, 18-19 Oct. 1971, Seattle, Washington INOAA Technical Reports NMFS-CIPC-388 (Washington, DC : US Department of Commerce 1974).
Fish Culture Research Institute. 1960-61. pp. 28-31 *in : Economics of Fish Culture* (Malacca : Rep. Tropical Fish Culture Research Institute).
"Fundamentals of Agricultural Production Techniques", p. 270 *in* : *Translations on People's Republic of China* (266) JPRS 61746 (Washington, DC : US Department of Commerce 1974).
Galtung, Johan. 1973. *Development from Above and the Blue Revolution* PRIO Publication n° 2-12 (Oslo : International Peace Research Institute).
Georges, M.J. 1972a. "Preliminary Experiments in Marking Penaeid Prawns in Paddy Fields", *in* : Pillay 1972.
- 1972b. "On the Food and Feeding Habits of *Petapenaeus Monocerus* (Fabricus)", *in :* Pillay 1972.
Godelier, Maurice. 1974. *Rationalité et irrationalité en économie* (Paris : Maspéro).
Golueke, C.G. & Oswald, W.J. 1964. *Harvesting and Processing Sewage-Grown Planktonic Algae* Report n° 64-8 (Berkeley : University of California, Sanitary Engineering Research Laboratory).
Grave, Holger. 1974. "Net Enclosures and Mussel Culture at the Kiel Bay", *Meerestechnik* (3)97.
Groupe TAC (Groupe consultatif sur les protéines). 1974. Voir: *Bulletin du PAG* 4(2).
Gulland, J.A. 1970. *The Fish Resources of the Ocean* FAO - Fisheries Technical Paper n° 97 (Rome : FAO).
Hacker, Simon ; Pike, Ralphy ; Wilkins, Bert. 1971. "Heat Transfer in a Gulf Coast Estuarian Lake", *AICHE Symposium Series* (Winter).
Hempel, G. 1973. "Productivity of the Oceans", *in* : *FAO Technical Session III, Vancouver* CAN FI : FMD/73.
Hepher, B. & Schroeder, G.L. 1974. "Wastewater Utilisation in Integrated Aquaculture and Agriculture Systems", pp.9-15, *in* : *Wastewater Use* 1974.
Hickling, C.F. 1961. *Tropical Inland Fisheries* (London : Longmans).
- 1962. *Fish Culture* (London : Faber & Faber).

- 1970. "Estuarine Fish Farming", *Advances in Marine Biology* (8)119-213.

Honma, Akio. 1971. *Aquiculture in Japan* (Tokyo : Japan-FAO Association).

Huang, T.N. 1968. "Sewage for Tilapia", *Current Affairs Bulletin* (51-52)23-24.

Huet, Marcel. 1956. "Aperçu de la pisciculture en Indonésie", *Bulletin d'agriculture du Congo Belge* 47(4).

- 1960. *Traité de pisciculture* (Bruxelles).

Huguenin, John & Ryther, John. 1974. "Experiences with a Marine Aquaculture. Tertiary Sewage Treatment Complex", pp. 377-386, *in* : *Wasterwater Use* 1974.

Idyll, C.P. 1973. "Marine Aquaculture : Problems and Prospect", *in* : *FAO Technical Session III, Vancouver* FI : FMD/731 5-37.

IDCR (International Development Research Centre). 1973. *Aquaculture in Southeast Asia* Seminar in Malacca (Ottawa : International Development Research Center).

Instituto de investigaciones pesqueras. 1970. "Análisis de sistemas de afloramiento/Analysis of Upwelling Systems". Working Conference, IIP-IBP/PM, Barcelone, 24-25 Marzo 1970.

Ilin, B. 1954. *Mullet Farming* (Krimizdat, USSR) (Cité par Hickling 1970).

Irving, L.M. 1974. "Recycling for a Purpose. But for what Purpose ? A Sociologist's View", p. 357. *in* : *Wastewater Use* 1974.

Iversen, E.S. 1968. *Farming the Edge of the Sea* (London : Fishing News).

Jhingran, V.G. & Gopalakrishnan, V. 1973. "Prospects for the Development of Brackiswater Fish and Shrimp Culture in India", *in* : *FAO Technical Conference, Vancouver* FI : FMD/73/C-L.

Keith, Barbara. 1974. *Fisheries of Peru 1972-1973* Foreign Fisheries Leaflet n° 74-6 (Washington, DC : US Department of Commerce).

Kerfoot, W.T. & Jacobs, S.A. 1974. "Permissible Levels of Heavy Metals in Secondary Effluent for Use in a Combined Sewage Treatment-Marine Aquaculture System" I : "Monitoring during Pilot Operation", *in* : *Wastewater Use* 1974.

Kerfoot, W.T. & Redmann, G.A. 1974. "Permissible Levels of Heavy Metals in Secondary Effluent for Use in a Combined Sewage Treatment-Marine Aquaculture System", II, pp. 79-101 *in* : *Wastewater Use* 1974.

Kesteven, G.L. 1972. "Brackish-Water Lagoon and Mangrove Forests". Paper presented in the *Pacem in Maribus* Meeting, Jamaica (Cité par Pillay 1973).

Kormondy, Edward. 1969. *Concepts of Ecology* (Englewood Cliffs, N.J. : Prentice Hall).

Korringa. 1973. *Consideraciones biotécnicas acerca de los cultivos marinos*. Seminario interdisciplinario de aquicultura (Vigo, España).

Krejsa, J. Richard. 1974. "Polycultural Wastewater Reclamation at California Polytechnic State University, an Academic Institutional Systems", *in* : *Wastewater Use* 1974.
Kuang-Ming & Jih-Pao. 1972. "Results Obtained in Using Biology to Control Insect Pests", pp. 12-14 *in* : *Translations on People's Republic of China* (218) JPRS 58475 (Washington, DC : US Department of Commerce).
Lafont, A. & Saveun, D. 1951. "Notes sur la pisciculture au Cambodge", *Cybium* (6).
Lagadec, Patrick. 1974. "L'élaboration et l'évolution d'une stratégie d'aménagement régional : le cas de la Rade de Brest", *in* : *Environnement et planification de la science : 4 études de cas* (Paris : EPHE VIe Section, CIRED, pour la DGRST).
La Prairie, Yves. 1974. "Le temps des marins", *Le Monde* 11 dec. p. 21.
Lin, S.Y. 1951. "Pond Culture of Warm Water Fishes", *in* : *Proceedings of the United Nations Conference on Scientific Conservation and Utilisation Resources VII, 1951.*
- 1968. *Milk fish Farming in Taîwan* Fish Culture Report 3 (Taîwan Fishing Research Institute) (Cité par C.F. Hickling 1970).
Ling, S.W. 1972. "A Review of the Status and Problems of Coastal Aquaculture in the Indo-Pacific Region", *in* : Pillay 1972.
Luna-Muñoz, J. 1970. "El desarrollo pesquero y la integración regional", *Revista de estudios internacionales* (4)133-149.
Makoto Tange. 1966. "Observation of Freshwater Culture in the People's Republic of China", *Voshoku* February, March, April, May, June. (Cité par Bardach *et al.* 1968).
Mandel, E. 1962. *Traité d'économie marxiste.* Vol. 1 (Paris : Maspéro).
Man Made Lakes as Modified Ecosystems. 1972. SCOPE Report 2 (Paris : International Council of Scientific Union.
Mann, K.H. 1974. "Comparison of Freshwater and Marine Systems", pp. 168-173, *in* : *Proceedings of the First International Congress of Ecology. The Hague. 1974* (Wageningen : Center for Agricultural Publishing and Documentation).
Margalef, R. 1974. "Human Impact on Transportation and Diversity in Ecosystems. How Far is an Extrapolation Valid", *in* : *Proceeding of the First International Congress of Ecology. The Hague. 1974* (Wageningen : Center for Agricultural Publishing and Documentation).
Merckelbagh, Alain. 1973. "L'aménagement de la mer côtière". Introductive Session Rosporden, 27-28 Avril 1973 (Paris : Centre d'études et d'action sociales maritimes).
- 1974. "Le rôle des populations maritimes dans l'aménagement du territoire", *in* : *IIe Colloque international sur l'exploitation des océans, Bordeaux.* Vol. 1. Bx Ca 104.
Mery, J.E. 1974. "Aspectos económicos del desarrollo y posibilida-

des de los cultivos de moluscos en Chile", *in* : *FAO-Symposio sobre aquacultura en America latina* Doc. : Carpas/6/74/SE 3, Octubre 1974 (Roma : FAO).

Mitchell, D.S. 1974. *Aquatic Vegetation and its Use and Control* (Paris : Unesco).

Moiseev, P.A. 1973. "Le développement de la pêche des espèces traditionnellement exploitées", *in* : *FAO Technical Session III, Vancouver* FMD/73/R-4. Publié aussi dans *Journal of Fisheries Research Board* 30(12).

Moscovici, Serge. 1972. *La société contre nature* (Paris : Union générale d'éditions).

Muller-Feuga, A. & Querellou. 1973. "L'exploitation de la coquille Saint-Jacques au Japon", *CNEXO. Rapports scientifiques et techniques* (14).

Murty, D.S. 1971. "Harvest More Fish Through Compost Culture", *Indian Farming* 21(4)40-43.

Nations Unies. 1973. *Study of the Production of Waste Heat in Thermal Power Plants, of its Possible Impact upon the Environment and of the Possibilities of its Economic Use* ECOSOC. ENV/RII, 20 Dec. 1973 (New York : Economic and Social Council).

- 1974. *Bulletin du PAG* (Groupe consultatif des organismes des Nations Unies sur les protéines et les calories) 4(2).

- 1974. "Examen de la situation alimentaire mondiale présente et future", p. 141, *in* : *Conférence mondiale de l'alimentation, Rome, 5-16 nov. 1974* E/Conf. 65/3.

Neal, R.A. 1973. "Alternatives in Aquacultural Development Consideration of Extensive Versus Intensive Methods", *in* : *FAO Technical Conference on Fishery Management and Development, Vancouver, Jan. 1973* FI : FMD/73/C-2 (Rome : FAO).

Odum, E.P. 1959. *Fundamentals of Ecology* (Philadephia : W.B. Saunders).

Odum, H.T. 1973. "Energy, Ecology and Economies". Paper invited by the Royal Swedish Academy of Science.

Odum, William. 1974. "Potential Effects of Aquaculture on Inshore Coastal Waters", *Environmental Conservation* 3(Autumn).

Onzième congrès international des grands barrages. Madrid, Espagne, 11-15 juin 1973/ Eleventh International Congress on Large Dams. Madrid, Spain, 11-15 June 1973 IV : Rapports généraux. Rapports de synthèse : Communications (Paris : Commission internationale des grands barrages/International Commission on Large Dams).

Oxygen Balance in Fish Ponds", *Adv. Leafl. Tropical Fish Culture Research Institute* (5)1968, 1-6.

Pakrasi, B.B. *et al.* 1964. "Culture of Brackish-Water Fishes in Inpoundments in West Bengala", *Indo-Pacific Fisheries Council Current Affairs Bulletin* (FAO) (11).

Parker, H. 1974. "The Culture of the Red Algal Genus *Euchema*, in the Philippines", *Aquaculture* (3) 425-439.

Pillay, R.V.R. 1972. *Coastal Aquaculture in the Indo-Pacific Region* (London : Fishing News).

- 1973. "The Role of Aquaculture in Fishery Development and Management", *in : FAO Technical Conference, Vancouver* FI : FMD (73/S-47).

PIM. Voir FAO 1969.

Pino, John A. 1974. *A Proposal for the Creation of an International Center for Living Aquatic Resources Management (ICLARM)* (New York : The Rockefeller Foundation).

Piquemal, Alain. 1973. "Le Fond des mers, patrimoine commun de l'humanité", *CNEXO. Rapports scientifiques et techniques* (2).

Pirie, N.W. 1970. "Weeds Are Not All Bad", *Cérès* 3(4).

Popiel, J. ; Sosinski, J. 1973. "Industrial Fisheries and their Influence in the Catches for Human Consumption", *in : FAO Fishing Technical Session, 1973* FI : FMD/73/R-9.

Prasad, R.R. 1973. "Protein Crisis and Aquaculture", *Indian Farming* 23(6)5.

Proceedings. IIIe Congrès des sciences et technologies alimentaires (Washington, DC 1970).

Rabanal, H.R. 1951. "The Rate of Algal (Lumut) Production in the Dagat Dagatan Salt Water Fish Ponds", *The Philippine Journal of Fisheries* 1(2)155-169.

Racek, A. 1972. "Indo-Pacific Penaeid Prawns of Commercial Importance", *in* : Pillay 1972.

Raimbault & Tournier, H. 1973. "Les cultures marines sur le littoral français de la Méditerranée", *Science et pêche* (223).

Rappaport, R.A. 1971. "The Flow of Energy in an Agricultural Society", *Scientific American* 224(3)116-134.

Revistas de estudios del Pacifico 1971. (Publicacion del Centro de Estudios del Pacifico, Organismo interuniversitario, Valparaiso, Chile).

Robinson, M.A. 1973. "Determinants of Demand for Fish and their Effects upon Resources", *in : FAO Technical Conference, Vancouver, 1973* FI : FMD/73/5-1.

- 1974. "La pêche doit être gérée à l'échelle mondiale", *Le Monde diplomatique* sept. 1974.

Rockefeller Foundation, The. 1974. *Perspectives on Aquaculture* Working Papers (New York : The Rockefeller Foundation).

Rouviere, L. 1974. "La conchyliculture dans l'économie française des pêches", *in : Colloque de Bordeaux 1974.* vol. 4 Bx. 402 (Bordeaux).

Ryther, John. 1969. "Photosynthesis and Fish Production in the Sea", *Science* 166(3901) 72-76.

Sachs, Ignacy. 1973. "Développement, environnement et évaluation des techniques", *Revue internationale des sciences sociales* 25(3)301-311.

- 1974. "Environnement et styles de développement", *Annales Economies, Sociétés, Civilisation* (3)553-570.

Salaya, J.J. 1974. "Estado actual de la aquicultura marina en Venezuela", *in* : *FAO/CARPAS, Symposium sobre la acuicultura en America latina, oct. 1974, Roma* DOC : CARPAS/6/74/S-7 (Rome : FAO)

Schuster, W. 1952. *Fish Culture in the Brackishwater in Java* Special Publication IPFC 1,1-143 (Bangkok : FAO).

Schuster, W. ; Kesteven, G.L. ; Collins, G. 1955. "Piscicultura agricola y administración de la pesca continental en la economia rural", *Estudio de pesca* (Junio).

Shehadeh, Z.H. 1973. "Controlled Breeding of Culturable Species of Fish - A Review of Progress and Current Problems", *in* : Pillay 1972.

Shao Wen Ling. 1973. *Status and Development of Coastal Aquaculture in the Countries Bordering the South China Sea* FAO SCS/DEV/73/5 (Rome : FAO).

Shunzo Suto. 1971. "Mariculture of Seaweeds and its Problems in Japan", *in* : *Proceedings of the First US-Japan Meeting on Aquaculture, Tokyo, Japan, 18-19, Oct. 1971* NOAA Technical Report NMFS CIRS-388 (Washington : US Department of Commerce).

Sosa Texcoco S.A. 1972. "Planta semiindustrial de alga spirulina" (Mexico DF : Sosa Texcoco) Mimeogr.

Swedish Salmon Institute. 1975. *Reference Report on Baltic Salmon* LFI MEDD 2/1975 (Alv Karleby).

Swingle, H.S. 1967. *The World Food Problem* - A Report of the President's Science Advisory Committee, vol. 3. Washington, DC : (The White House).

Tassei Shu. 1966. *Description of Chinese Fish Culturel* vol. 1. (Cité par BARDACH *et al.* 1968 : p. 146 et suiv.).

Thorson, G. 1971. "La vie dans la mer", *in* : *L'Univers des connaissances* (Paris : Hachette).

Troadec, J.P. 1973a. "Bilan des pêches mondiales" (Rome).

- 1973b. "Perspectives de l'exploration des ressources vivantes de l'océan" (Rome) (*pro manuscripto*).

Vaas, K.F. 1963. "Fish Culture in Freshwater and Brackish Ponds".

Vaas, K.F. & Sachlan. 1956. "Cultivation of Common Carp in Running Water in West Java", *in* : *Proceedings. Indo-Pacific Fisheries Council* 6th Session, Tokyo (Bangkok : FAO).

Walsh, J.J. 1974. "A Spatial Simulation Model of the Peru Upwelling Ecosystem" (Seattle, University of Washington). Miméogr.

- 1974. "Primary Production in the Sea", pp. 150-154 *in* : *Proceedings of the First International Congress of Ecology, The Hague 1974* (Wageningen : Center for Agricultural Publishing and Documentation).

Wastewater Use in the Production of Food and Fiber. Proceedings. 1974. Environmental Protection Agency Technology Series EPA 660-/-2-74-041 (Washington, DC : Environmental Protection Agency).

Willoughby, Harvey. 1971. "Freshwater Fishculture in the United States", *in* : *Proceedings of the First US-Japan Meeting on Aquaculture, Tokyo, Japan, 18-19 Oct. 1971* NOAA Technical Report NMFS CIRC-388 (Washington, DC : US Department of Commerce).

Wurtz, A.G. 1960. "Le traitement du fond des étangs piscicoles et ses effets sur la productivité", *Etudes et revues* (11).

Yashouv, A. 1969. "Some Remarks on the State of Exploitation of the Brakishwater Bassins in the Mediterranean Region", *in* : *CGPM. Report of the First Meeting in the Working Party, Rome, 8-13 Dec. 1969* Doc. : CGPM 10/69/9 (Rome : Conseil général des pêches pour la Méditerranée).

Bei Fragen zur Produktsicherheit wenden Sie sich bitte an:
If you have any questions regarding product safety,
please contact:

Walter de Gruyter GmbH
Genthiner Straße 13
10785 Berlin
productsafety@degruyterbrill.com